教孩子学编程

（信息学奥赛C语言版）

TEACH YOUR KIDS TO CODE

党松年 方泽波 著

人民邮电出版社
北京

图书在版编目（CIP）数据

教孩子学编程 ：信息学奥赛C语言版 / 党松年，方泽波著. -- 北京 ：人民邮电出版社，2019.10
ISBN 978-7-115-51317-5

Ⅰ. ①教… Ⅱ. ①党… ②方… Ⅲ. ①C语言－程序设计－青少年读物 Ⅳ. ①TP312.8-49

中国版本图书馆CIP数据核字(2019)第096397号

内 容 提 要

本书主要讲 C 语言编程的基础知识，是学习 C 语言的入门级图书。本书以知识点为中心，循序渐进地引导初学者了解计算机的基础知识，揭开计算机程序的神秘面纱，进而逐步讲解 C 语言的基本概念和各种编程基础知识，最终实现用 C 语言编写简单的程序来解决一些数学问题。

本书用通俗化的语言和形象的比喻来解释各种专业术语，同时用大量的图示和实例代码来帮助理解，并辅以各类练习题供学习者自己动手进行编程实践。本书适合小学高年级、中学生及编程爱好者作为学习编程的入门图书使用，也可作为备考青少年信息学奥赛的初级教材使用。

◆ 著　　　党松年　方泽波
责任编辑　俞　彬
责任印制　马振武

◆ 人民邮电出版社出版发行　　北京市丰台区成寿寺路 11 号
邮编 100164　　电子邮件 315@ptpress.com.cn
网址 http://www.ptpress.com.cn
固安县铭成印刷有限公司印刷

◆ 开本：720×960　1/16
印张：20.75　　　2019 年 10 月第 1 版
字数：415 千字　　　2024 年 8 月河北第 6 次印刷

定价：69.00 元

读者服务热线：(010)81055410　印装质量热线：(010)81055316
反盗版热线：(010)81055315
广告经营许可证：京东市监广登字20170147号

前 言

PREFACE

2015年秋天的一天，当时正上小学五年级的儿子放学回家后，表现出一副很沮丧的样子。原来学校举行了一次选拔考试，每个班选取几位同学去选修计算机编程的课程，以后可以参加青少年信息学奥赛。他因为准备不足落选了，但他说他很想学习计算机编程，还问我说：“爸爸你是学计算机的，编写计算机程序是不是很难？”后来，在几位朋友的鼓励下，我开始尝试教几个孩子学习编程，本书的大部分内容就是由给这几个孩子讲课的教案补充完善而成的。

本书主要讲计算机编程的基础知识，是学习C语言的入门级图书，是一本面向孩子的书，当然，任何想学习计算机编程的初学者，都可以阅读这本书。

要看懂这本书，并不需要你之前对计算机以及编程有任何的了解，你只要懂得怎么使用计算机就可以了，比如说启动一个程序、打开和保存文件等。

本书没有像其他C语言教材那样“系统”“全面”地去讲解所有的C语言知识。而是按照初学者的认知规律，以知识点为中心，循序渐进地引导初学者了解计算机的基础知识，揭开计算机程序的神秘面纱，进而逐步了解并掌握C语言的基本概念和各种编程基础知识，最终能够用C语言编写简单的程序来解决一些数学问题。

书中尽量用通俗化的语言和形象的比喻来解释各种专业术语，同时用大量的图示来帮助理解。编程是一个实践性很强的工作，需要学习者亲自动手编写代码，因而书中有大量的实例代码，每一章后面也有各种类型的编程练习题，供学习者自己动手学习编写代码。本书配套资料中含有全部实例的源代码，扫描下方二维码即可获得。编号与书中代码清单编号一一对应，例如，代码清单4.3对应资料中的源文件example_4_3.c。配套资料中也包含每章后面练习题中的编程题源代码，编号与练习题题号一一对应，例如，习题9.8对应资料中的源文件test_9_8.c。

资源下载

本书的编写参考了大量的书籍资料，谨向这些书籍资料的作者表示感谢。同时也感谢人民邮电出版社及特约编辑张蓉老师在出版过程中的大力支持和帮助。

由于作者本人水平所限，书中难免存在疏漏和不足之处，敬请各位读者批评指正。

目录

CONTENTS

第 1 章

揭开计算机的神秘面纱

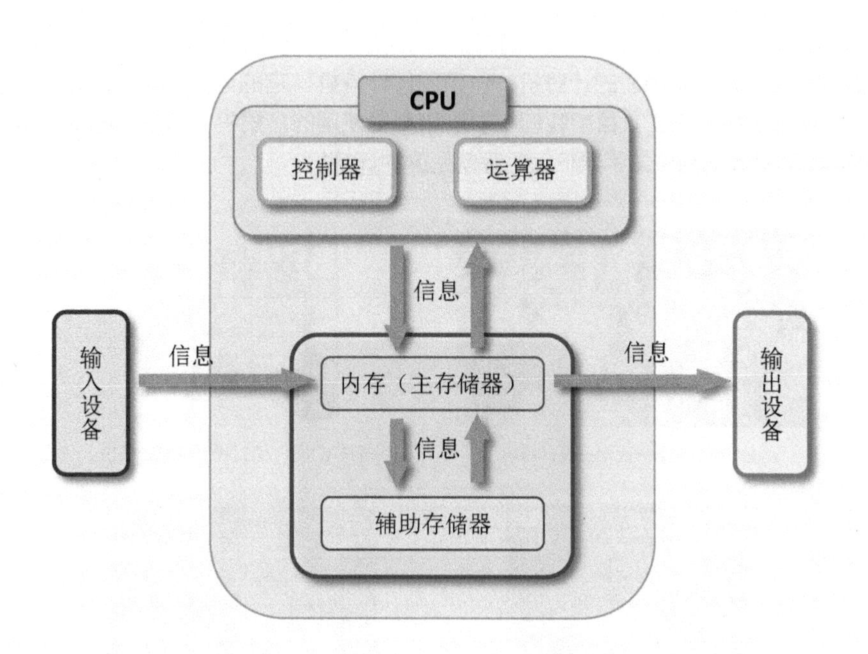

1.1 计算机的发展历程

1946年，世界上公认的第一台电子计算机诞生于美国宾夕法尼亚大学，名为**ENIAC**（中文名：埃尼阿克）。它由18000多个电子管等元器件组成，占地170多平方米，相当于3个教室那么大，重30多吨。它每秒只能做大约5000次加法运算。我们把这种主要由**电子管**组成的计算机称为**第一代计算机**（见图1.1a）。

1954年，美国贝尔实验室研制成功第一台使用**晶体管**电路的计算机，取名**TRADIC**（催迪克），里面装有800多个晶体管。它的体积只有ENIAC的百分之一，但运算速度大大增加，每秒可达10万次。我们称之为**第二代计算机**（见图1.1b）。

又过了几年，随着电子技术的发展，科学家们把**中小规模的集成电路**装在计算机身体里面，用来代替之前的晶体管。这样计算机的体积变得更小了，运算的速度却更快了，达到了每秒几百万次。我们把这种计算机称为**第三代计算机**（见图1.1c）。

大约到1970年，计算机家族最年轻的成员诞生了，这就是身体里装着**大规模/超大规模集成电路**（见图1.1d）的计算机——**第四代计算机**。它的运算速度可以达到每秒上亿次，体积也更加小巧了。目前我们在学校和家里使用的台式机、笔记本电脑、掌上电脑（PDA）和平板电脑（如苹果iPad）等就是这种计算机。

(a) ENIAC（第一代电子管计算机）

(b) TRADIC（第二代晶体管计算机）

(c) 第三代中小规模集成电路计算机

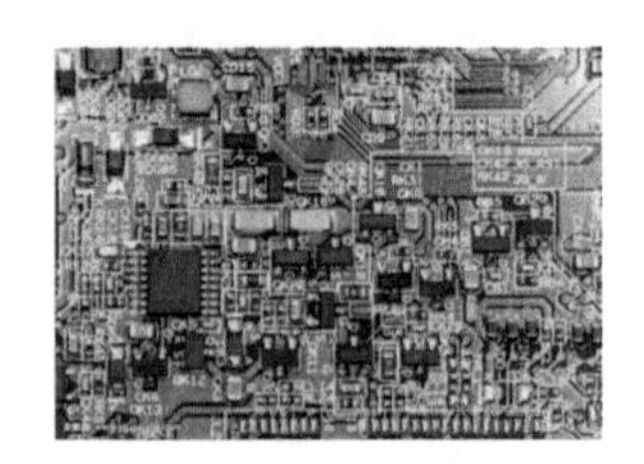

(d) 第四代计算机的大规模集成电路板

图1.1 计算机的发展历程

1.2 计算机的组成原理

可以说计算机是模仿人体的各个器官而被研制出来的。它包括相当于“大脑”的运算、控制、存储设备，相当于“眼睛”和“耳朵”的输入设备，相当于“嘴巴”和“手脚”的输出设备，以及相当于“神经”和“血管”的传输设备。将这些设备组装在一起就构成了计算机。

人所做的所有活动都是由大脑控制的，比如妈妈做很好吃的红烧肉就是这样的。首先妈妈大脑中已经有了如何做红烧肉的食谱，大脑控制妈妈双手按食谱来准备各种食材，然后根据食谱所示步骤一步步地做出好吃的红烧肉来。美国科学家**约翰 · 冯 · 诺依曼**（John von Neumann）就是受此启发提出了计算机的工作原理——**存储程序和程序控制**，并且明确了计算机的5个组成部分（见图1.2）。

① **控制器（相当于大脑）**
② **运算器（相当于大脑）**
③ **存储器（相当于大脑）**
④ **输入设备（相当于眼睛和耳朵）**
⑤ **输出设备（相当于嘴巴和手脚）**

如果要让计算机算出$x\times(y+z)$的值，事先就要把计算方法（比如先算括号内的加法，再做乘法）转化为计算机可以识别的一条条的指令（程序），并把这些指令保存在计算机的存储器中（即**存储程序**）。接下来我们用键盘把x、y、z的值输入计算机并且也保存在存储器（内存）中，然后计算机的控制器就会发出已经存储好的指令给运算器，通知它从存储器中取出x、y、z的值，并按照事先已经保存在存储器中的指令来完成这个运算，最后把运算结果也保存在存储器（内存）中并且把它用输出设备（显示器）显示出来，告诉我们运算结果。这里的从键盘接收输入的数据、运算器执行运算以及输出运算结果都是由事先已经存储在存储器中的程序来控制完成的（即**程序控制**），由此你会发现，计算机实际上就是只会执行输入、运算、输出3种操作的机器（见图1.3）。

知识点总结

计算机由控制器、运算器、存储器、输入和输出设备5个功能部件组成。
计算机的基本工作原理是存储程序和程序控制，它是由世界著名的科学家冯 · 诺依曼提出的。他因此被称为“计算机之父”。

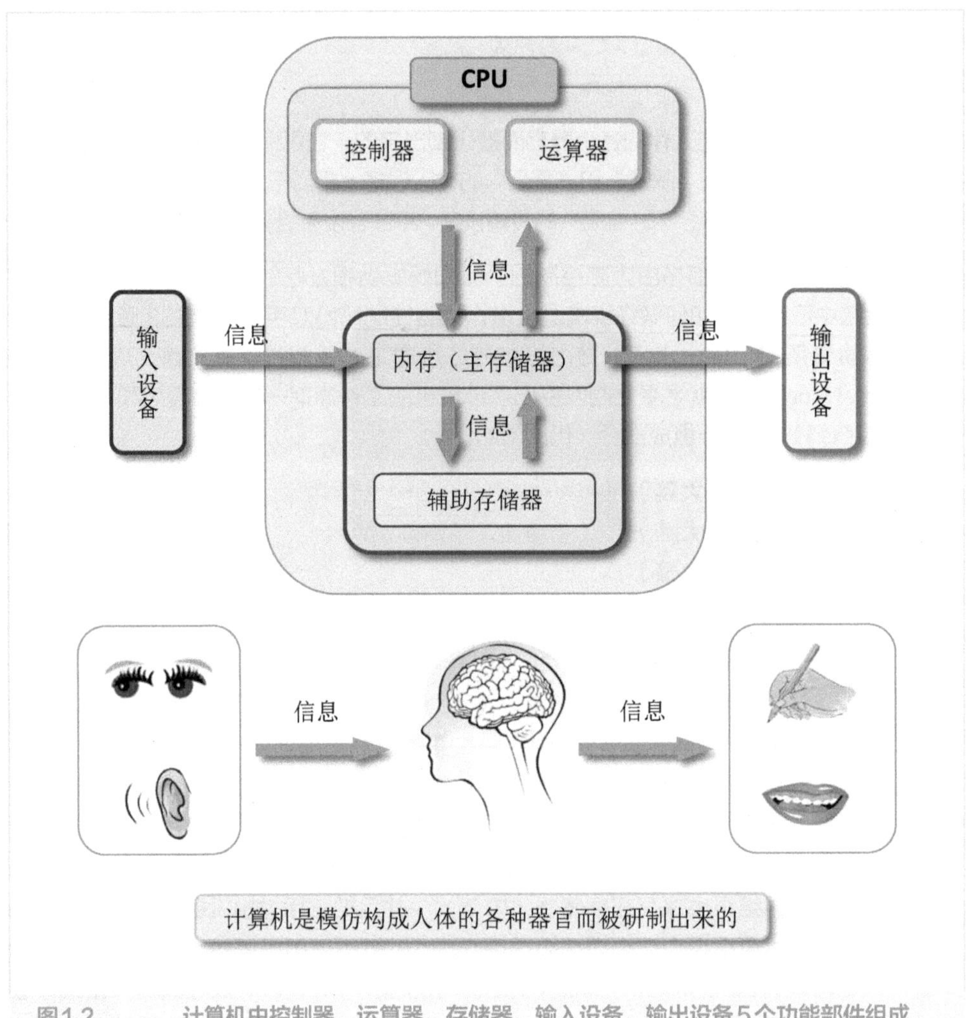

图1.2 计算机由控制器、运算器、存储器、输入设备、输出设备5个功能部件组成

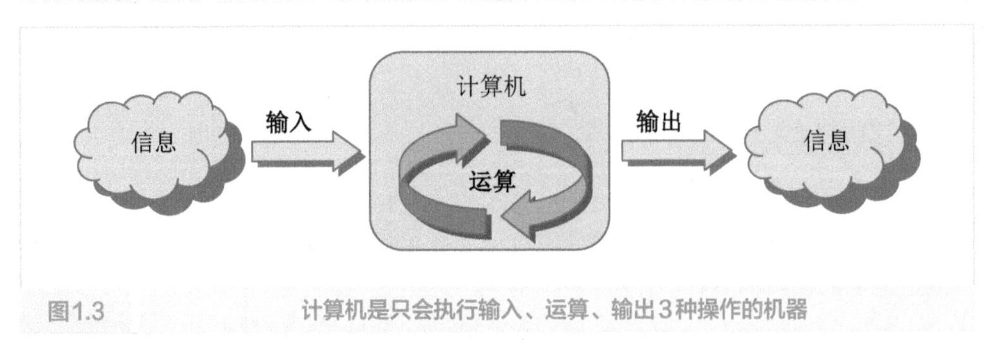

图1.3 计算机是只会执行输入、运算、输出3种操作的机器

在计算机中把负责控制功能的**控制器**和负责计算功能的**运算器**合称为**中央处理器**（Central Processing Unit，CPU）。

负责存储功能的存储器有两种：**内存储器**和**辅助存储器**。

内存储器（内存，Memory），也称为**主存储器**，包括随机存储器（RAM）、只读存储器（ROM），以及高速缓存（CACHE）。我们通常讲的内存指的是**随机存储器（RAM）**，它是计算机中必须有的，而且只有在计算机接通电源开机以后它才能保存内容，计算机关机或断电以后它里面保存的内容也就消失了。**只读存储器**（ROM）里面保存的内容是固定的，只能读取，不能再往里面保存新的内容，而且即使计算机关闭或断电它里面保存的内容也不会消失。**高速缓存**（CACHE）是为了提高计算机的处理速度而设置的，它相当于是在中央处理器和内存之间架设的一座桥梁，能使得CPU更快速地获得需要处理的数据。

辅助存储器，也称为**外存储器**（外存）。计算机即使没有辅助存储器也可以运行。辅助存储器可以长时间甚至永久性地保存内容，而且计算机关机或断电以后，保存在它里面的内容依然存在。硬盘、光盘（CD、VCD、DVD）、USB存储器（优盘）等都属于辅助存储器。

输入设备就是计算机的“眼睛”和“耳朵”，它们负责把外部信息输入到计算机。键盘、鼠标、触摸屏、扫描仪、摄像头、录音话筒等都是输入设备。

输出设备就是计算机的“嘴巴”和“手脚”，它们负责把计算机内部的信息和处理结果表达出来，能让我们看到或听到。显示器、打印机、音箱、耳机等都是输出设备。

除了以上5个功能部件外，计算机中还有大量的数据线，被称为**数据总线**（Bus）。它们把计算机的各个部件连接起来，并在这些部件之间传输各种信号（数据、指令等），类似于人体中的“神经”和“血管”。

知识点总结

计算机由CPU进行控制和运算。

我们将在各个功能部件之间传输信息的通道称为总线。

计算机是只会执行输入、运算、输出3种操作的机器。

如果将计算机比作人，那么在计算机中，负责指令和运算的CPU和负责存储的内存就相当于人的大脑。思考、想象、记忆与回忆……像这些人类大脑的“思考”行为，只要有CPU和内存，计算机就能够实现。但是无论计算机内部能够得出多么好的“思考”结果（计算结果等），如果不将这些结果表现出来就起不到作用。

人类是通过语言或者手脚的动作（比如用手写等）把自己的想法表达出来的。计算机也一样，为了把CPU和内存的处理结果表达出来，就需要**输出设备**。计算机毕竟只是一种电子工具，是需要人来操作的，想要计算机的CPU和内存进行“思考”，我们必须得先把“思考”所用的各种指令和数据事先输入计算机（存储程序），这就需要**输入设备**。

输入设备有键盘、鼠标、扫描仪等；输出设备有显示器、打印机等；既可以输入数据又可以输出数据的设备有硬盘、USB存储器（优盘）、网卡等。我们把这些设备统称为**外部设备**。

外部设备和CPU之间是通过**输出输入接口**来连接并传输数据的（见图1.4）。我们通常用的连接打印机的RS-232C数据接口、连接优盘和鼠标的USB接口、连接摄像机的IEEE 1394接口以及连接硬盘的串行ATA数据接口等都是输出输入接口。

计算机在运行时，会在计算机各功能部件内部和与计算机连接的设备之间进行指令和数据的传输（交换）。计算机内部传输信息所用的公共通道就是**总线**。总线分为**串行总线**和**并行总线**（见图1.5）。串行总线只有一根数据线（电线丝），逐位依次传输，一次只能传输一位数据；并行总线有2根以上的数据线，一次能够同时传输多位（如8位、16位、32位）数据。计算机内部的这些数据线实际上都是电线丝，通过给这些电线丝通电或者不通电来表示和传递信息。

知识点总结

外部设备是为了与计算机外部交换信息的设备。

输出输入接口是外部设备与CPU的连接桥梁。

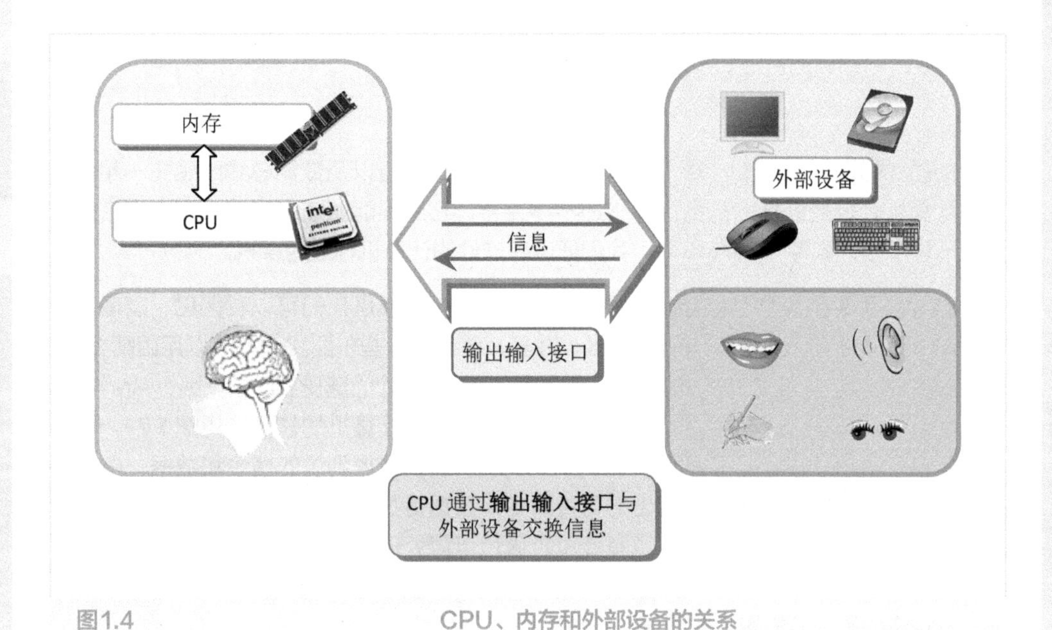

图1.4　CPU、内存和外部设备的关系

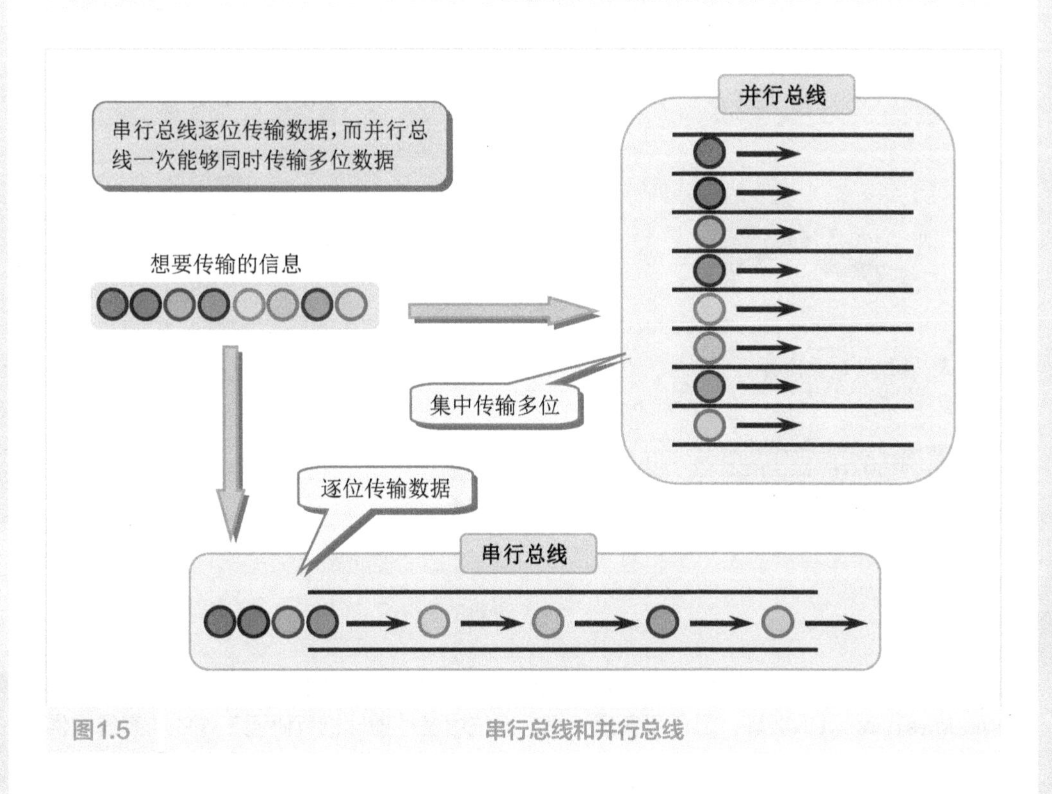

图1.5　串行总线和并行总线

1.3 一台完整的计算机是由硬件和软件构成的

前面我们说到把CPU、存储器、输入设备、输出设备以及数据总线组装在一起就构成了计算机，但是这样的一台计算机还不够完整，它还不能做任何事情，原因是它里面还缺一样东西：**软件**（Software）。我们把没有软件的计算机称之为裸机。

CPU、存储器、输入设备、输出设备以及数据总线都是我们可以看得见、摸得着的一些电子元器件，比如计算机的显示器、键盘、硬盘等这些东西我们都可以用眼睛看到，用手触摸到它们。我们把这些看得见、摸得着的设备称为计算机的**硬件**（Hardware）（见图1.6），而把那些计算机中看不到、摸不着的东西称为计算机的**软件**（见图1.7）。那么计算机中什么东西看不到、摸不着呢？就是我们前面曾经提到过的指令和数据。**指令**是控制计算机进行输入、运算、输出的各种命令，数据有我们通过键盘等输入设备输入计算机准备让计算机运算处理的，也有计算机通过运算处理以后的结果。我们把这些控制计算机进行输入、运算、输出的命令一条条地列出来连同它们要处理的数据一起称为**程序，软件也就是计算机里面的程序及各种文档**。

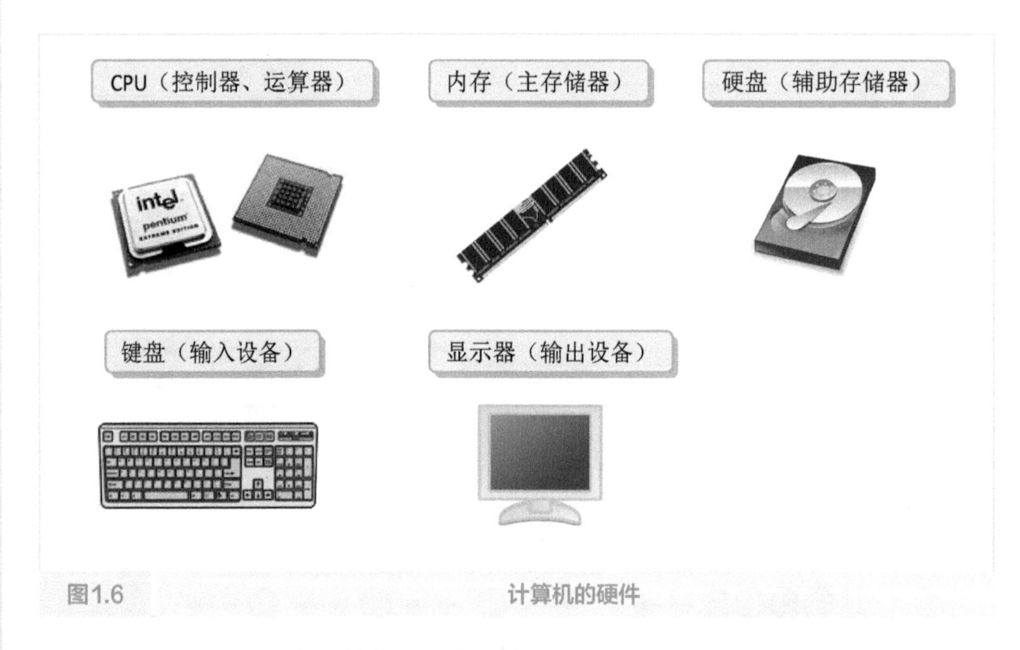

图1.6 计算机的硬件

计算机软件总体分为**系统软件**和**应用软件**两大类。系统软件是各类操作系统，如Windows、Linux、UNIX等，是负责管理计算机系统中各种硬件相互协调工作的。系统软件使得我们可以把计算机当作一个整体而无须考虑其内部每个硬件是如何工作的。应用软件是为了某种特定的用途而被开发的软件。它可以是一个特定的程序，比如一个图像浏览器、一个小游戏以及我们常用的QQ等；可以是一组功能联系紧密，可以互相协作的程序的集合，比如微软的Office软件；也可以是一个由众多独立程序组成的庞大的软件系统，比如银行管理系统、学生档案管理系统等。

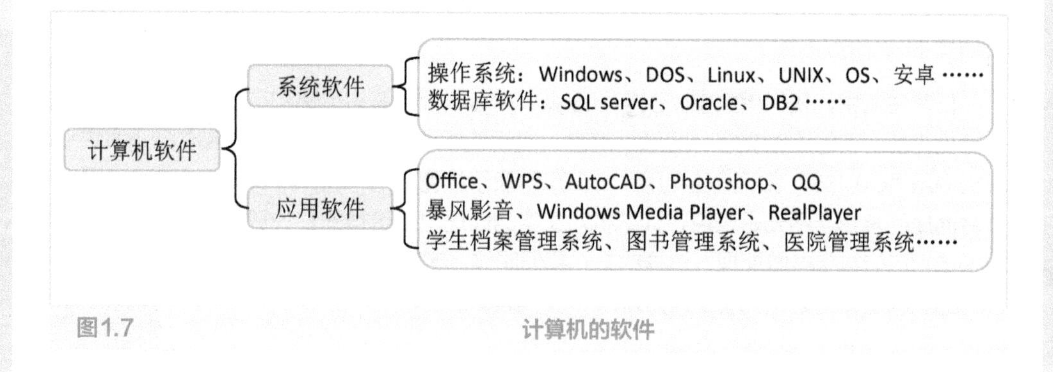

图1.7　计算机的软件

代码清单1.1　C语言程序示例

```
1  #include "stdio.h"                  //引入标准输入输出头文件
2  main()                              //主函数
3  {
4      int a,b,c;                      //定义a、b、c三个整数型变量
5      a=10; b=20;                     //a赋值10,b赋值20
6      c=a+b;                          //计算a+b的和，并把它赋值给c
7      printf("%d+%d=%d\n",a,b,c);     //屏幕打印"10+20=30"
8  }
```

知识点总结

完整的计算机是由硬件和软件构成的。
CPU、存储器、输入设备、输出设备以及数据总线都是计算机的硬件。
软件是计算机所执行的程序以及各种文档。
程序是指令和数据的集合。
计算机软件分为系统软件和应用软件。

1.4 对计算机来说所有的东西都是数字

计算机本身只不过是为我们处理特定工作的机器，是要人来操作的。使用计算机的目的就是为了提高手工作业的效率，但是也有一些手工作业的事情是不能直接由计算机来处理的，原因是**计算机有计算机处理问题的方式**，有时这些处理方式还跟人类的思维习惯是不一样的。

日常生活中，我们用数字、汉字、图像、声音、视频等来传递和存储各种信息，而在计算机内部所有的这些文字、图像、声音、视频等都是用数字来传递和存储的。比如在计算机中用“0,0,255”表示蓝色，用“255,0,0”表示红色，用“255,0,255”表示蓝色和红色混合而成的紫色。不光是颜色，计算机对文字的处理也是这样的。计算机内部会先把文字转换成相应的数字再做处理，这样的方式我们叫作“**字符编码**”，例如，“A”的编码是65，“a”的编码是97。表1.1列出了常用的ASCII（美国信息交换标准代码）标准字符代码。

表1.1 ASCII（美国信息交换标准代码）标准字符代码表（部分）

二进制	十进制	字符	解释	二进制	十进制	字符	解释	二进制	十进制	字符	解释
00100000	32	(space)	空格	01000000	64	@	E-mail符号	01100000	96	`	开单引号
00100001	33	!	叹号	01000001	65	A	大写字母A	01100001	97	a	小写字母a
00100010	34	"	双引号	01000010	66	B	大写字母B	01100010	98	b	小写字母b
00100011	35	#	井号	01000011	67	C	大写字母C	01100011	99	c	小写字母c
00100100	36	$	美元符号	01000100	68	D	大写字母D	01100100	100	d	小写字母d
00100101	37	%	百分号	01000101	69	E	大写字母E	01100101	101	e	小写字母e
00100110	38	&	和号	01000110	70	F	大写字母F	01100110	102	f	小写字母f
00100111	39	'	闭单引号	01000111	71	G	大写字母G	01100111	103	g	小写字母g
00101000	40	(	开括号	01001000	72	H	大写字母H	01101000	104	h	小写字母h

续表

二进制	十进制	字符	解释	二进制	十进制	字符	解释	二进制	十进制	字符	解释
00101001	41	)	闭括号	01001001	73	I	大写字母I	01101001	105	i	小写字母i
00101010	42	*	星号	01001010	74	J	大写字母J	01101010	106	j	小写字母j
00101011	43	+	加号	01001011	75	K	大写字母K	01101011	107	k	小写字母k
00101100	44	,	逗号	01001100	76	L	大写字母L	01101100	108	l	小写字母l
00101101	45	-	减号/破折号	01001101	77	M	大写字母M	01101101	109	m	小写字母m
00101110	46	.	句号	01001110	78	N	大写字母N	01101110	110	n	小写字母n
00101111	47	/	斜杠	01001111	79	O	大写字母O	01101111	111	o	小写字母o
00110000	48	0	数字0	01010000	80	P	大写字母P	01110000	112	p	小写字母p
00110001	49	1	数字1	01010001	81	Q	大写字母Q	01110001	113	q	小写字母q
00110010	50	2	数字2	01010010	82	R	大写字母R	01110010	114	r	小写字母r
00110011	51	3	数字3	01010011	83	S	大写字母S	01110011	115	s	小写字母s
00110100	52	4	数字4	01010100	84	T	大写字母T	01110100	116	t	小写字母t
00110101	53	5	数字5	01010101	85	U	大写字母U	01110101	117	u	小写字母u
00110110	54	6	数字6	01010110	86	V	大写字母V	01110110	118	v	小写字母v
00110111	55	7	数字7	01010111	87	W	大写字母W	01110111	119	w	小写字母w
00111000	56	8	数字8	01011000	88	X	大写字母X	01111000	120	x	小写字母x
00111001	57	9	数字9	01011001	89	Y	大写字母Y	01111001	121	y	小写字母y

续表

二进制	十进制	字符	解释	二进制	十进制	字符	解释	二进制	十进制	字符	解释
00111010	58	:	冒号	01011010	90	Z	大写字母Z	01111010	122	z	小写字母z
00111011	59	;	分号	01011011	91	[	开方括号	01111011	123	{	开花括号
00111100	60	<	小于	01011100	92	\	反斜杠	01111100	124	|	垂线
00111101	61	=	等号	01011101	93	]	闭方括号	01111101	125	}	闭花括号
00111110	62	>	大于	01011110	94	^	脱字符	01111110	126	~	波浪号
00111111	63	?	问号	01011111	95	_	下划线	01111111	127	DEL	删除

我们输入计算机的任何内容，不管是文字、图像还是一段录音、视频等，在计算机内部全部都会转换为数字来处理，因而我们常常把计算机称为**数字计算机**，把通过用计算机来阅读的图书称为**数字图书**，对应的图书馆称为**数字图书馆**；同样，我们把学生的档案资料输入计算机来处理的这个过程称为档案资料的**数字化**。

计算机是一种电器，通电后才能运行，它在内部传输数据也是用电线来传输的，前面提到的总线其实就是一种电线，串行总线里面只有一根电线丝，而并行总线里面有多根电线丝并排在一起。计算机为了利用电，它里面只设置了两种状态，一种“有电”（电流通过），另一种“没电”（电流不通过）。传输数据的时候一根电线丝也只能传输两种状态，要么“有电”要么“没电”。在计算机中这样的两种状态，通常用“0”表示“没电”，用“1”表示“有电”。计算机内部所有的数字都只有“0”和“1”两种数值符号。只有“0”和“1”两种数值符号构成的数字我们称之为**二进制数**。

知识点总结

计算机的处理方式有时与人们的思维习惯不同。
在计算机内部所有的内容都转换为数字来处理。
计算机内部所有的数据都是用二进制数表示的。
计算机的CPU只能认识并处理二进制数。

1.5　二进制

我们在小学算术课中进行各种计算时，一个数的各位都是取0～9这几个值，当某位的值达到10以后就会向高位进一位（逢十进一）。我们将这种计数方法称为十进制计数法。通常我们使用的数值，如100、1234、9999等都是十进制数。

计算机是由一些依靠电来运行的装置构成的，它采用的数据表示方法很简单，并且适合用电来表示。因为电只有两种状态（“有电”和“没电”），所以在计算机内部只存在0和1两个值（“0”表示“没电”，“1”表示“有电”），计算机内部的所有数据都是由0和1这两个值构成的。在计算机内部进行加减等运算时，当某位的值达到2以后就会向高位进一位（逢二进一）。我们将这种计数方法称为**二进制计数法**。**计算机内部所有的数据都是用二进制数来表示的**。表1.2列出了0～11的数值分别用十进制和二进制表示的情况。

表1.2　二进制数与十进制数对应关系

十进制数	二进制数	十进制数	二进制数
0	0	6	110
1	1	7	111
2	10	8	1000
3	11	9	1001
4	100	10	1010
5	101	11	1011

计算机中表示数据的最小单位是**bit**（位），其值可以取0或1。一个bit就是一个电信号，即一根电线丝上“有电”或“没电”的电流状态。“有电”（用ON表示）就是1，“没电”（用OFF表示）就是0。当8bit的电信号是（ON,ON,OFF,ON,OFF,OFF,ON,OFF）时，用二进制数表示就是11010010，这个二进制数我们从视觉上就能够感觉出信号状态，所以很容易理解和识别，这就是二进制数的优点。由此也可以看出**二进制计数法是一种非常适合表示计算机内部数据的方法**（见图1.8），计算机的CPU也只能识别和处理二进制数（见图1.9）。

知识点总结

在二进制计数法中，数的各位上的值只有0和1两种数字。

计算机中表示数据的最小单位是bit（位）。

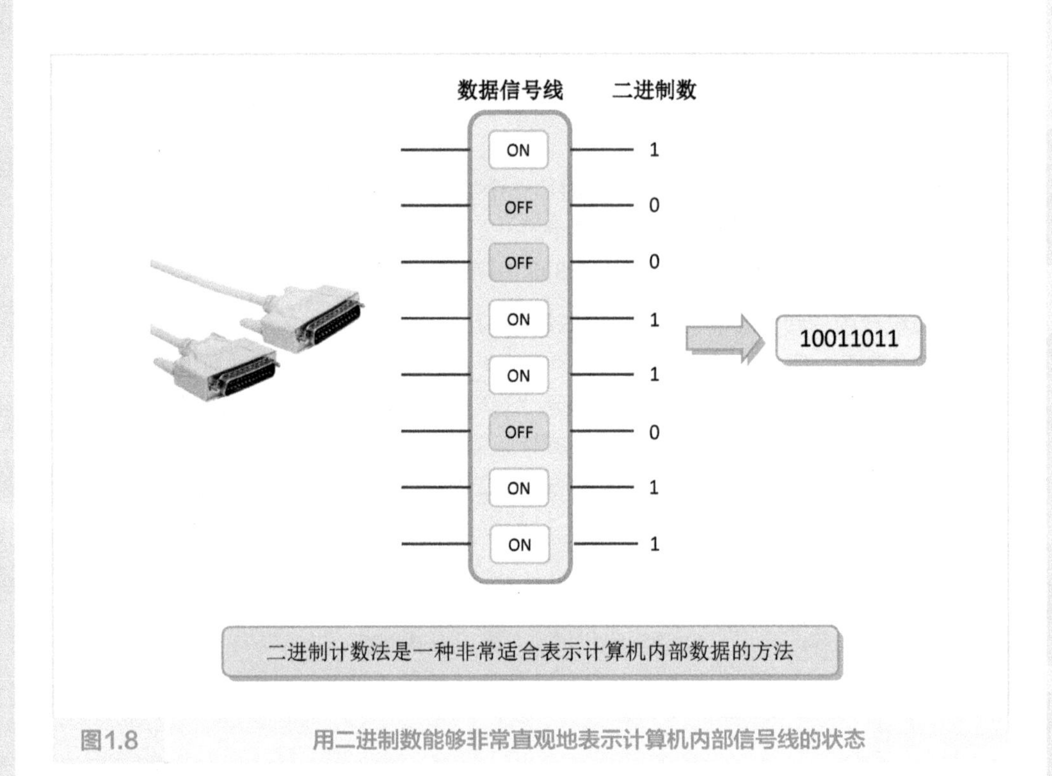
数据信号线
二进制数
ON
OFF
OFF
ON
ON
OFF
ON
ON
1
0
0
1
1
0
1
1
10011011
二进制计数法是一种非常适合表示计算机内部数据的方法

图1.8 用二进制数能够非常直观地表示计算机内部信号线的状态

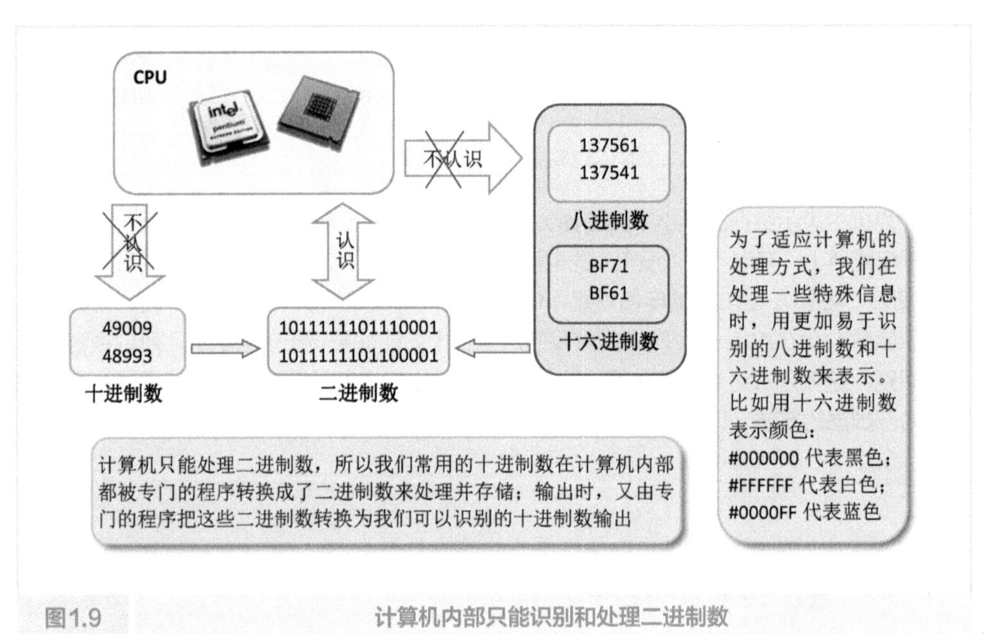
CPU
不认识
137561
137541
八进制数
BF71
BF61
十六进制数
不认识
认识
49009
48993
十进制数
1011111101110001
1011111101100001
二进制数
为了适应计算机的处理方式，我们在处理一些特殊信息时，用更加易于识别的八进制数和十六进制数来表示。比如用十六进制数表示颜色：
#000000 代表黑色；
#FFFFFF 代表白色；
#0000FF 代表蓝色
计算机只能处理二进制数，所以我们常用的十进制数在计算机内部都被专门的程序转换成了二进制数来处理并存储；输出时，又由专门的程序把这些二进制数转换为我们可以识别的十进制数输出

图1.9 计算机内部只能识别和处理二进制数

1.6 八进制和十六进制

虽然二进制数在表示计算机内部电信号时非常直观。但对我们人来说，当0和1的二进制数位数增加时，就很容易看错数值。

为了弥补这个缺点，并且使所表示的数值变得更容易让人接受和识别，从而在计算机编程过程中引入了**八进制数**和**十六进制数**。

在八进制数中，只用0～7这几个数字符号表示数据，每一位上的数只要满8就要向高位进一位（逢八进一），而十六进制数则是每一位上的数满16进一位（逢十六进一）。十六进制数中即使一位的值达到10～15也不会向高位进位，而此时10～15的两位十进制数字是写不进一位的，因此需要用单一符号来表示10～15。于是就把英文字母A～F作为数字来使用。具体规定是用A、B、C、D、E和F分别表示10、11、12、13、14和15六个数字。不同计数法中组成各位数值的符号如表1.3所示。

表1.3 不同计数法中组成各位数值的符号

计数法	组成各位数值的符号
二进制	0,1
八进制	0,1,2,3,4,5,6,7
十进制	0,1,2,3,4,5,6,7,8,9
十六进制	0,1,2,3,4,5,6,7,8,9,A,B,C,D,E,F

例如，表1.4中的两个二进制数就不容易区分，相比之下，八进制和十六进制的数值位数减少很多，也更加容易读取和区分。

表1.4 用八进制、十六进制、十进制表示的数更易识别

二进制	八进制	十六进制	十进制
1011111101110001	137561	BF71	49009
1011111101100001	137541	BF61	48993

知识点总结

在二进制中，各位上的数只要满2就要向高位进一位（逢二进一）。
在八进制中，各位上的数只要满8就要向高位进一位（逢八进一）。
在十六进制中，各位上的数只要满16就要向高位进一位（逢十六进一）。

1.7 数制转换

我们在小学算术中学过，十进制数的个位（从右向左第1位）上的1表示数值1，十位（从右向左第2位）上的1表示数值10，百位（从右向左第3位）上的1表示数值100，千位（从右向左第4位）上的1表示数值1000，依此类推，从右向左第n位上的1表示的数值是$\mathbf{10^{n-1}}$。我们把一个数从右向左第n位上的1所表示的数值大小称为该数位上的**位权**。表1.5列出了十进制数、二进制数、八进制数和十六进制数各个数位上的位权大小。

表1.5 各个数位上的位权

计数法	从右向左第*n*位上的1表示的数值（位权）						
	第*n*位	……	第5位	第4位	第3位	第2位	第1位
十进制	10^{n-1}	……	10000	1000	100	10	1
二进制	2^{n-1}	……	16	8	4	2	1
八进制	8^{n-1}	……	4096	512	64	8	1
十六进制	16^{n-1}	……	65536	4096	256	16	1

一个十进制数所表示的数值大小就等于各个数位上的位权乘以该数位上的值（0～9）再相加得到的总和。例如：

$$9504=1000\times9+100\times5+10\times0+1\times4$$

二进制数也是同样的原理。二进制数从右向左第1位上的1表示数值1(2^0)，第2位上的1表示数值2(2^1)，第3位上的1表示数值4(2^2)，第4位上的1表示数值8(2^3)，依此类推，从右向左第n位上的1表示的数值是$\mathbf{2^{n-1}}$。

二进制数各位的位权与各位上的值（0或1）的乘积的总和就是这个二进制数所对应的十进制数（见图1.10）。例如把二进制数101011转换为十进制数就是：

$$2^5\times1+2^4\times0+2^3\times1+2^2\times0+2^1\times1+2^0\times1=32+0+8+0+2+1=43$$

同理，八进制数各位的位权（$\mathbf{8^{n-1}}$）与各位上的值（0～7）的乘积的总和就是这个八进制数所对应的十进制数（见图1.11）。例如把八进制数1753转换为十进制数就是：

$$8^3\times1+8^2\times7+8^1\times5+8^0\times3=512+448+40+3=1003$$

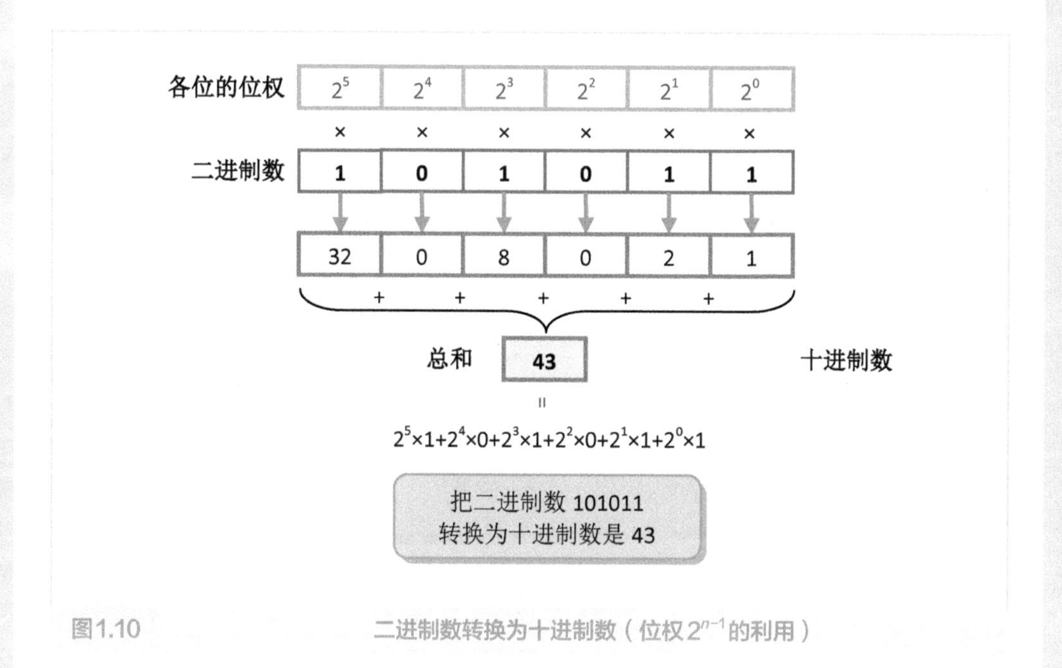

图1.10　二进制数转换为十进制数（位权 2^{n-1} 的利用）

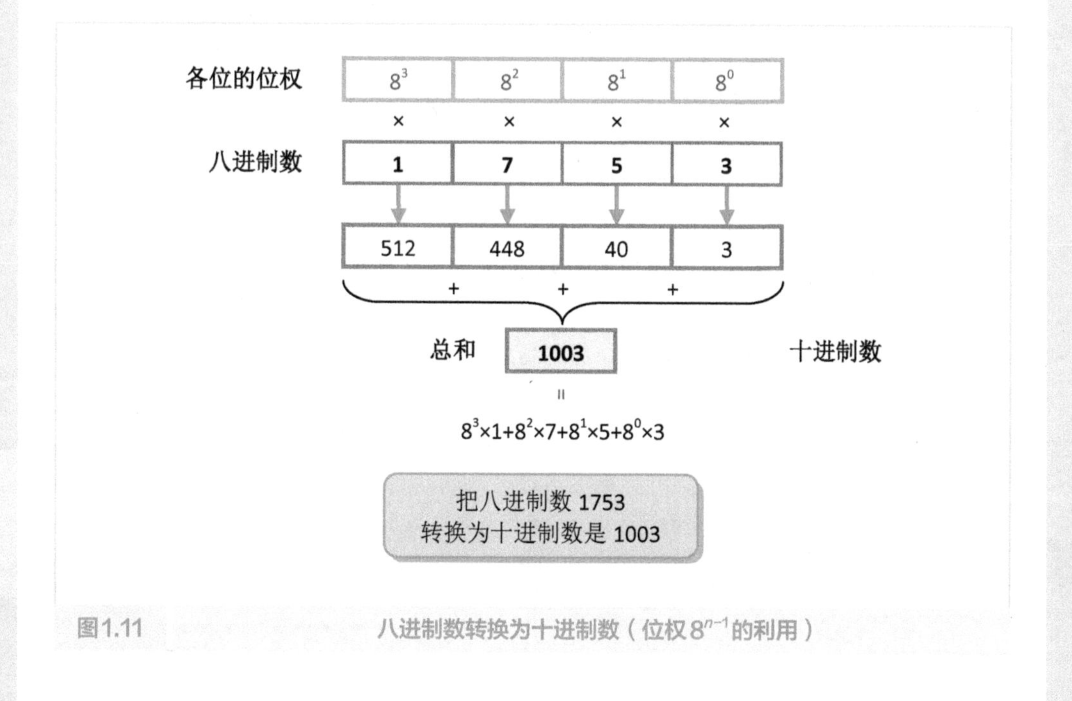

图1.11　八进制数转换为十进制数（位权 8^{n-1} 的利用）

十六进制数各位的位权（16^{n-1}）与各位上的值（0～F）的乘积的总和就是这个十六进制数所对应的十进制数（见图1.12）。例如把十六进制数27DB转换为十进制数就是：

$$16^3\times2+16^2\times7+16^1\times13+16^0\times11=8192+1792+208+11=10203$$

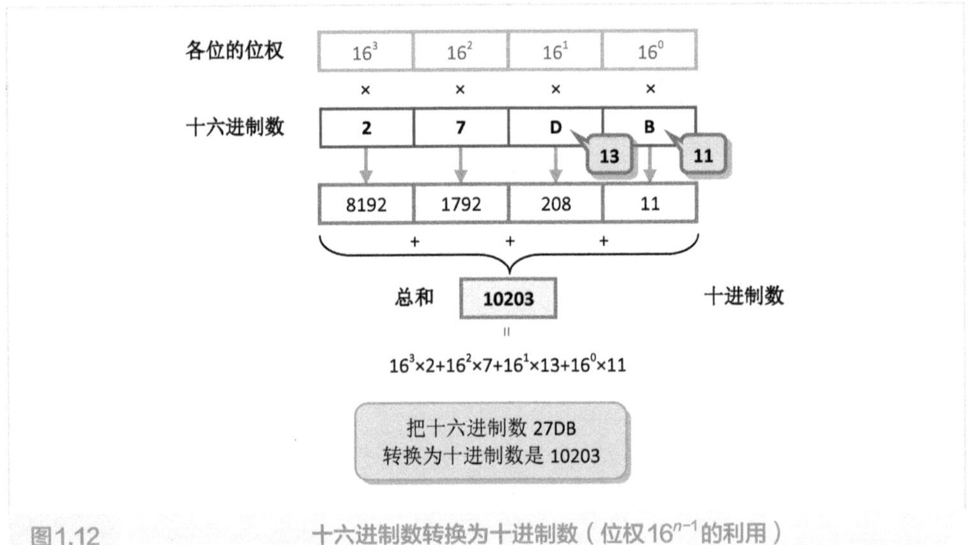

图1.12 十六进制数转换为十进制数（位权16^{n-1}的利用）

利用二进制数各位的位权，可以把一个二进制数转换为十进制数，那么如果要知道十进制数所对应的二进制数是多少，该怎么办呢？

我们通常使用**辗转相除求余法**来得到一个十进制数所对应的二进制数，具体的操作步骤如下：用2去除十进制数，得到商和余数，这个余数就是对应的二进制数从右向左第1位的值；然后把商作为被除数继续用2去除，又得到一个商和余数，此时的余数就是对应的二进制数从右向左第2位的值；再次把得到的第二个商作为被除数继续用2除，得到第三个商和余数，这时的余数就是对应的二进制数从右向左第3位的值；像这样把每次得到的商作为被除数用2除，获取余数，直到商为0。最后把得到的所有余数从右向左依次排列就是这个十进制数对应的二进制数（见图1.13）。

知识点总结

在二进制数中，从右向左第n位拥有2^{n-1}（2的$n-1$次方）的“位权”。
在八进制数中，从右向左第n位拥有8^{n-1}（8的$n-1$次方）的“位权”。
在十六进制数中，从右向左第n位拥有16^{n-1}（16的$n-1$次方）的“位权”。
各位的位权与各位上的值的乘积的总和就是这个数所对应的十进制数。

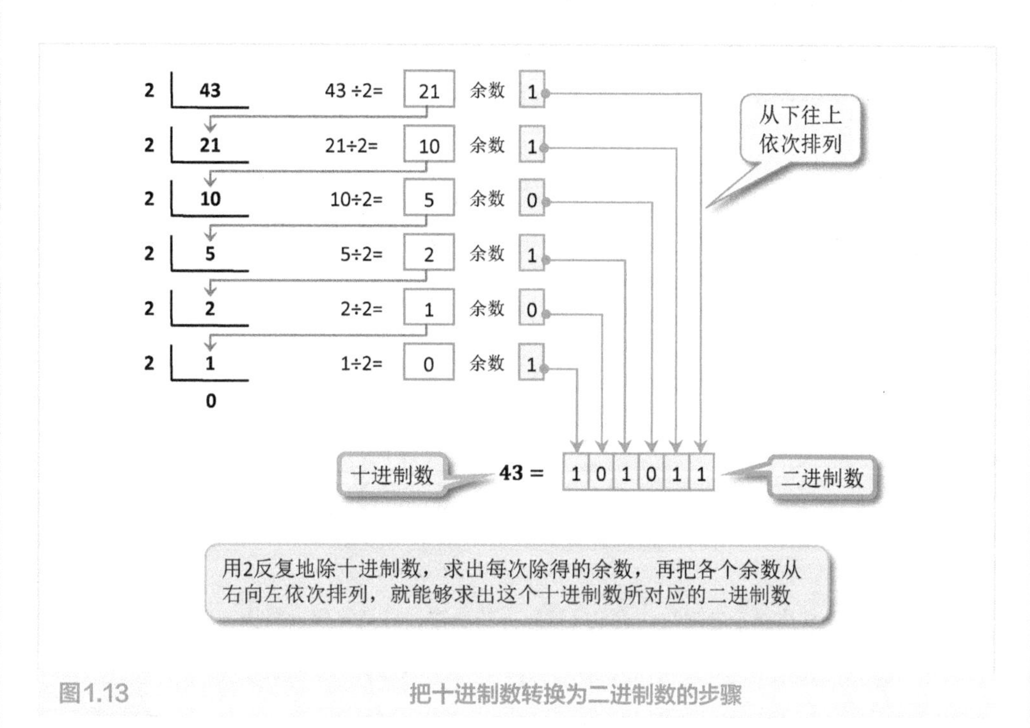

图1.13　把十进制数转换为二进制数的步骤

同样的原理，用8作为除数对一个十进制数进行辗转相除，把得到的所有余数从右向左依次排列，可以得到这个十进制数对应的八进制数（见图1.14）。

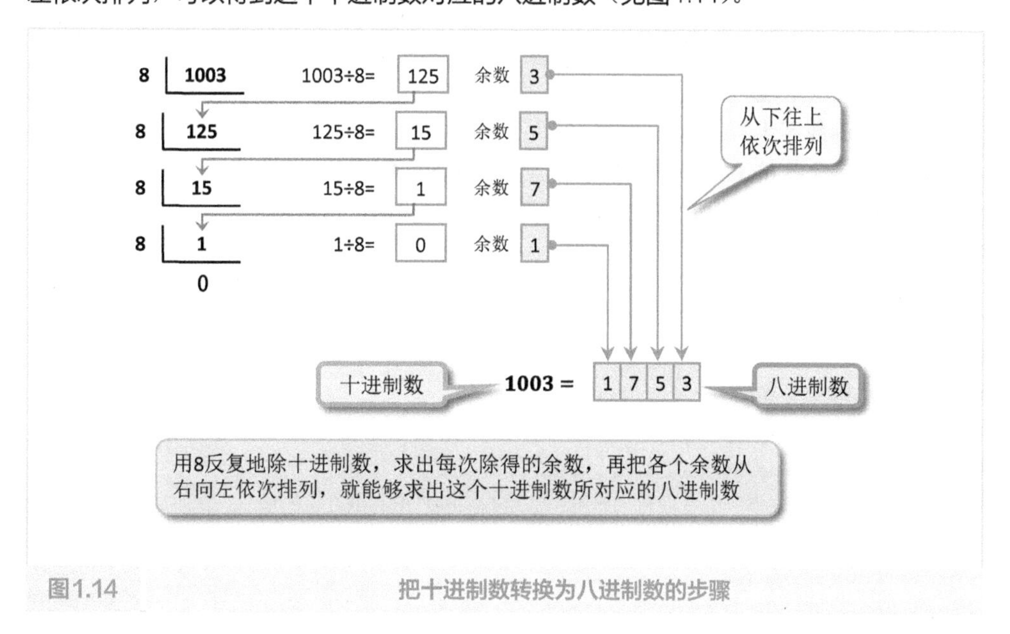

图1.14　把十进制数转换为八进制数的步骤

用16作为除数对一个十进制数进行辗转相除，把得到的所有余数从右向左依次排列，可以得到这个十进制数对应的十六进制数（见图1.15）。

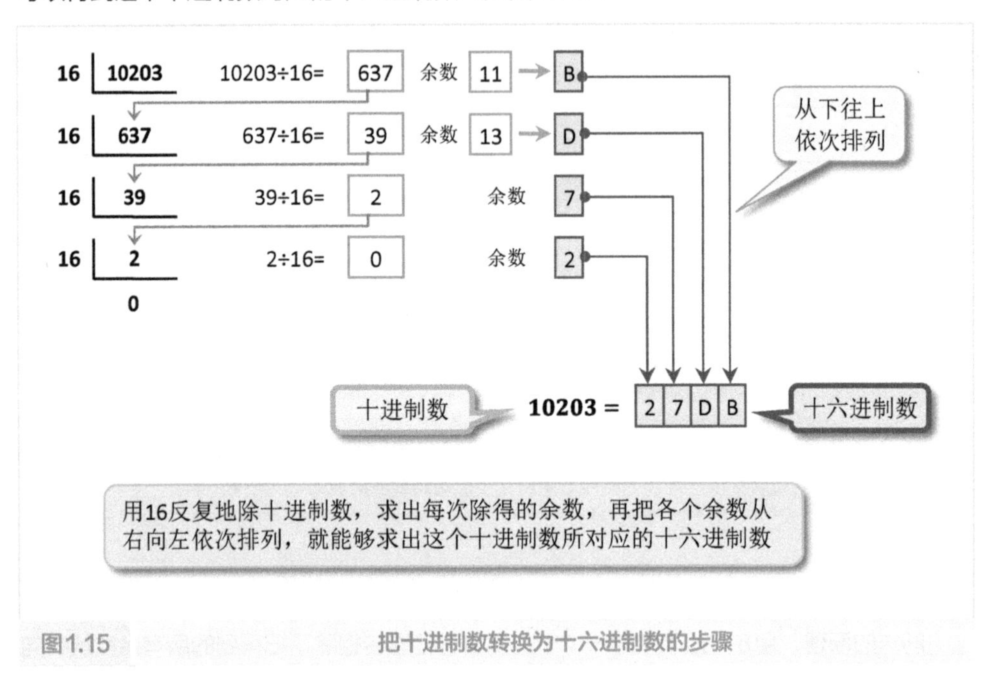

图1.15 把十进制数转换为十六进制数的步骤

当把二进制数转换为八进制数或十六进制数时，可以先把二进制数转换为十进制数，然后再把这个十进制数转换为八进制数或十六进制数；反过来，八进制数或十六进制数转换为二进制数时，则先把它转化为十进制数，再把这个十进制数转换为二进制数；八进制数与十六进制数之间的相互转换也是如此。除此之外，我们也可以利用前面讲过的各个数位上的位权，把二进制数直接转换为八进制数或十六进制数。要进行这种直接转换需要了解二进制数与八进制数、十六进制数之间的特殊关系。

知识点总结

用2除十进制数时得到的余数就是十进制数所对应的二进制数各位的值。
用8除十进制数时得到的余数就是十进制数所对应的八进制数各位的值。
用16除十进制数时得到的余数就是十进制数所对应的十六进制数各位的值。

八进制数的各位可以取0～7这几个值，这正好是用**3位二进制数（000～111）**能表示的值（见表1.6）；十六进制数的各位可以取0～F这几个值，这正好是用**4位二进制数（0000～1111）**能表示的值（见表1.7）。因此我们可以总结出下面的特殊关系：

- **二进制数的3位相当于八进制数的1位；**
- **二进制数的4位相当于十六进制数的1位。**

表1.6　二进制数与八进制数对应表

二进制数	000	001	010	011	100	101	110	111
八进制数	0	1	2	3	4	5	6	7

表1.7　二进制数与十六进制数对应表

二进制数	0000	0001	0010	0011	0100	0101	0110	0111	1000	1001	1010	1011	1100	1101	1110	1111
十六进制数	0	1	2	3	4	5	6	7	8	9	A	B	C	D	E	F

所以当把二进制数转换为八进制数时，可以从低位起（从右向左）把二进制数划分为每3位一个区间，再把每个区间内的3位二进制数转换为对应的十进制数，这样最终得到的数就是这个二进制数对应的八进制数。当把二进制数转换为十六进制数时，可以从低位起（从右向左）把二进制数划分为每4位一个区间，再把每个区间内的4位二进制数转换为对应的十进制数（10～15用A～F表示），这样最终得到的数就是这个二进制数对应的十六进制数（见图1.16）。

反过来，把八进制数转换为二进制数时，将八进制数的各位变换为3位二进制数，就得到了这个八进制数对应的二进制数；把十六进制数转换为二进制数时，将十六进制数的各位变换为4位二进制数，就得到了这个十六进制数对应的二进制数（见图1.17）。

知识点总结

3位二进制数的值正好能用1位八进制数来表示。
4位二进制数的值正好能用1位十六进制数来表示。
在C语言中如果一个数以0x开头，表示这是一个十六进制数。比如0x45表示45是一个十六进制数。
在C语言中如果一个数以0开头，表示这是一个八进制数。比如025表示25是一个八进制数。

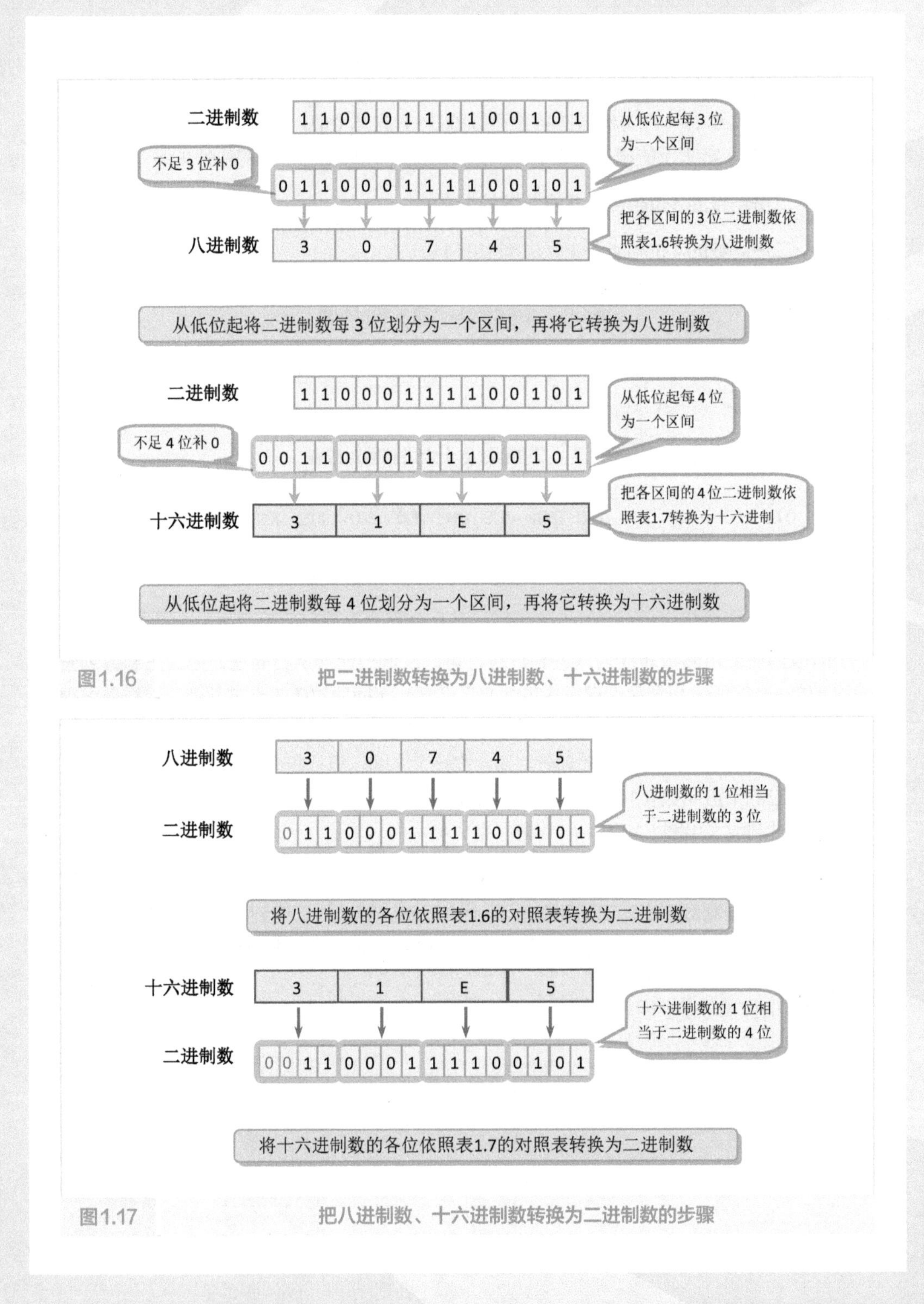

图1.16 把二进制数转换为八进制数、十六进制数的步骤

图1.17 把八进制数、十六进制数转换为二进制数的步骤

1.8 计算机内部数据的基本单位——字节

我们前面介绍了计算机内部数据的最小单位是位（bit），也就是一根电线丝一次传输的电信号状态，我们用二进制数0或1来表示。如果把8根电线丝并排在一起，并行传输数据，则一次可以同时传输8种电信号状态，即8位二进制数（0或1）。在计算机中把8位聚在一起的二进制数称为一个**字节（byte）**，即**1字节（byte）=8位（bit）**。**字节是计算机中表示数据大小的基本单位**。通常字节（byte）用大写字母**B**表示，位（bit）用小写字母**b**表示。例如16位二进制数就是2字节（2B），32位二进制数就是4字节（4B）（见图1.18）。

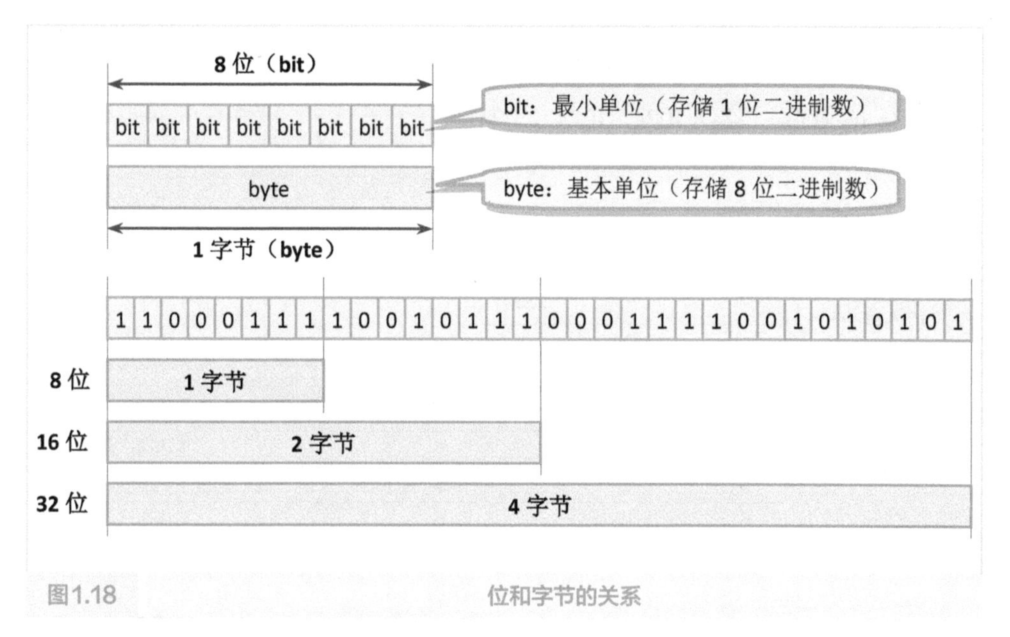

图1.18 位和字节的关系

我们在购买计算机的时候，都会看到有关计算机性能的表示方法。例如，在表示CPU性能时，可以写成16位CPU、32位CPU、64位CPU等，这里的16、32、64指的就是CPU处理数据的能力大小、并行总线一次可以传输的二进制数位多少等，一般这个数值越大，CPU的性能越好。

另外还有表示计算机内存大小的512MB、2GB等，以及表示硬盘存储容量大小的500GB、2TB等，我们还会在计算机中看到某个文件大小表示为320KB这样的形式。前面提到的**B**、**KB**、**MB**、**GB**、**TB**都是计算机中表示数据大小的计量单位，通常我们把**M读作“兆”**，其他几个都按英文字母发音。这里的**K**（kilo）、**M**（mega）、**G**（giga）、**T**（tera）类似于十进制数中的计量单位千、百万、十亿、万亿。十进制数中的十、百、千、万等都是以10^n来计量的，计算机中的数据都是用二进制数表示的。计算机中的**K**、**M**、**G**、**T**都是用2^n来计量的，而且它们依次增大为前一个的1024倍，即2^{10}倍（见图1.19）。

1KB=1024B=1024字节

1MB=1024KB=1024×1024字节

1GB=1024MB=1024×1024×1024字节

1TB=1024GB=1024×1024×1024×1024字节

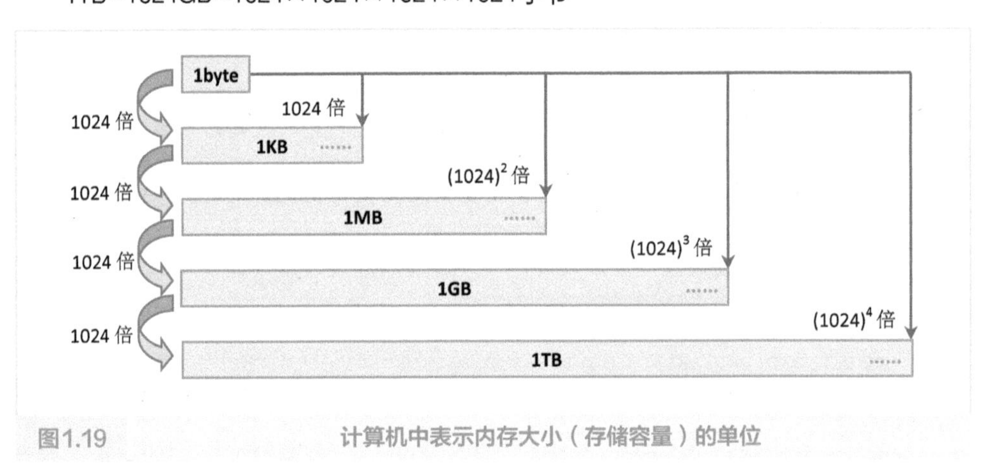

图1.19 计算机中表示内存大小（存储容量）的单位

知识点总结

1字节（byte）=8位（bit）。

字节是计算机中表示数据大小的基本单位。

练习题

习题1.1 选择题

（1）CPU是（　　）的简称。

A．硬盘　　B．中央处理器

C．高级程序语言　　D．核心寄存器

（2）以下各项中，（　　）不是CPU的组成部分。

A．控制器　　B．运算器　　C．寄存器　　D．主板

（3）以下断电之后仍能保存数据的有（　　）。

A．硬盘　　B．高速缓存　　C．ROM　　D．RAM

（4）下列软件中不是计算机操作系统的是（　　）。

A．Windows　　B．UNIX　　C．OS/2　　D．WPS

（5）iOS是一种（　　）。

A．绘图软件　　B．程序设计语言

C．操作系统　　D．网络浏览器

（6）在下列关于计算机语言的说法中，正确的有（　　）。

A．高级语言比汇编语言更高级，是因为它的程序的运行效率更高。

B．随着Pascal、C等高级语言的出现，机器语言和汇编语言已退出了历史舞台。

C．高级语言程序比汇编语言程序更容易从一种计算机移植到另一种计算机上。

D．C是一种面向对象的高级计算机语言。

（7）计算机中，控制器的基本功能是（　　）。

A．控制机器各个部件协调工作

B．实现算术运算和逻辑运算

C．获取外部信息

D．存放程序和数据

（8）关于计算机内存下面的说法（　　）是正确的。

A．随机存储器的意思是当程序运行时，每次具体分配给程序的内存位置是随机而不确定的。

B．1MB的内存通常是指1024×1024字节大小的内存。

C．计算机内存严格说来包括主存、高速缓存和寄存器三个部分。

D．一般内存中的数据即使在断电的情况下也能保留2小时以上。

（9）关于BIOS下面的说法（　　）是正确的。

A．BIOS是计算机基本输入输出系统软件的简称。

B．BIOS里面包含了键盘、鼠标、声卡、显卡、打印机等常用输入输出设备的驱动程序。

C．BIOS一般由操作系统厂商来开发完成。

D．BIOS能提供各种文件拷贝、复制、删除以及目录维护等文件管理功能。

（10）关于ASCII，下面的说法（　　）是正确的。

A．ASCII码就是键盘上所有键的唯一编码。

B．1个ASCII码使用1个字节的内存空间就能够存放。

C．最新扩展的ASCII编码方案包含了汉字和其他欧洲语言的编码。

D．ASCII码是英国人主持制定并推广使用的。

（11）已知大写字母A的ASCII码为65（十进制），则J的十进制ASCII码为（　　）。

A．71　　B．72　　C．73　　D．以上都不是

（12）十进制数125对应的八进制数是（　　）。

A．100　　B．175　　C．170　　D．以上都不是

（13）$(2008)_{10}+(5B)_{16}$的结果是（　　）。

A．$(833)_{16}$　　B．$(2089)_{10}$　　C．$(4163)_8$　　D．$(100001100011)_2$

（14）在下列各项中，只有（　　）不是计算机存储容量的常用单位。

A．byte　　B．KB　　C．UB　　D．TB

拓展

神奇的八卦：八进制

八卦最初是我国上古时期人们用来记事的符号。古代常用八卦图作为除凶避灾的吉祥图案（见图1.20）。

图1.20 八卦图

其实，**八卦中隐含了二进制和八进制的概念**。首先，八卦的基本概念是阴和阳，这就相当于二进制中的0和1。在八卦图中，用一根长实线代表阳，用一根中间断开的线代表阴，然后由3根这样的线条符号组成8种形式（相当于3位二进制，可以表示8种状态），因此叫作八卦。这样表示8种状态的数据（图形）就是一种八进制计数方法。

在八卦中，每一卦形都代表一定的事物。乾代表天、坤代表地、坎代表水、离代表火、震代表雷、艮（gěn）代表山、巽（xùn）代表风、兑代表泽。

经过几千年的发展演变，八卦被赋予了很多的含义，除了上面介绍的代表自然现象之外，还可以代表方位、家族、五行等。可以将八卦转换为二进制数，表1.8所示就是八卦中各卦象所代表的不同含义。

表1.8 八卦的含义

八卦名	卦象	自然	方位	二进制
乾	☰	天	西北	111
兑	☱	泽	西	110

续表

八卦名	卦象	自然	方位	二进制
离	☲	火	南	101
震	☳	雷	东	100
巽	☴	风	东南	011
坎	☵	水	北	010
艮	☶	山	东北	001
坤	☷	地	西南	000

第 2 章
程序的“奥妙”：进入 C 语言的世界

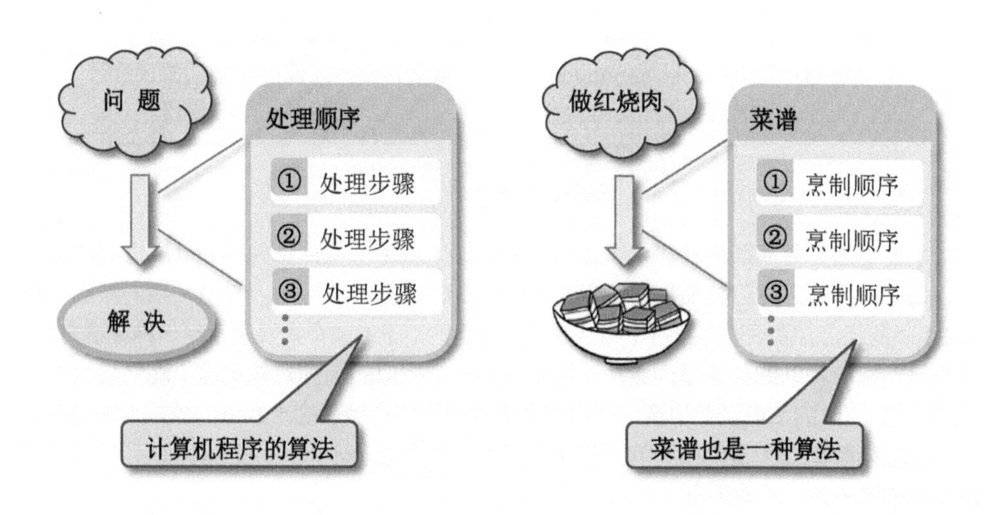

2.1 机器语言

在第1章中我们知道了计算机做任何工作都是由存储在其中的程序来控制的，而程序（Program）是由一条条的指令和各种数据组成的，而且这些指令和数据都是由只有0和1两种符号的二进制数来表示的（代码清单2.1）。在计算机世界中我们把这种用二进制代码表示的计算机能直接识别和执行的指令和数据的集合（程序）称为**“机器语言”**（面向机器的语言）。就如同我们人类世界中把用a～z这26个英文字母组成的语言称为英语一样。在人类世界中，除了英语之外还有汉语、日语、法语等等各种不同的语言，它们的组成符号都各不相同。在计算机世界中也有多种类型的语言。除了用二进制代码表示的机器语言之外，还有汇编语言、BASIC语言、Pascal语言、C语言、Java语言、Visual Basic语言、PHP语言、HTML语言等，这些我们都统称为计算机的**程序设计语言**。

代码清单2.1　机器语言代码片段

```
1    00000000 00111110 11001111
2    00000010 11010011 00000000
3    00000100 00111110 11111111
4    00000110 11010011 00000000
5    00001000 00111110 11001111
6    00001010 11010011 00000011
7    00010100 11000011 00010000 00000000
```

机器语言是唯一一种CPU能直接理解并执行的编程语言。用其他语言编写的程序计算机是不能直接运行的，必须先转换成机器语言

机器语言是最底层的计算机语言。用机器语言编写的程序都是由8bit二进制数构成的，每个8bit的二进制数都是有特定含义的指令或数据。可是对人来说，我们看到的都是0和1的组合，是很难判断各个组合都表示什么的。于是就有人发明了另一种编程方法，根据表示指令功能的英语单词给每一种指令起一个相似的昵称，并用这个昵称来代替表示指令的0和1的二进制数组合，而数据则用我们更容易接受的十六进制数或十进制数来表示（代码清单2.2）。这种类似英语单词的昵称叫作“助记符”，我们把这种使用“助记符”的编程语言称为**“汇编语言”**。

知识点总结

机器语言是唯一一种CPU能直接理解并执行的编程语言。

用汇编语言编写的程序计算机是不能直接运行的，必须先转换成机器语言。

代码清单2.2　汇编语言程序示例（输出“Hello, world！”）

```
1   section .data                          ; 数据段声明
2           msg db "Hello, world!", 0xA    ; 要输出的字符串
3           len equ $ - msg                ; 字串长度
4   section .text                          ; 代码段声明
5   global _start                          ; 指定入口函数
6   _start:                                ; 在屏幕上显示一个字符串
7           mov edx, len                   ; 参数三：字符串长度
8           mov ecx, msg                   ; 参数二：要显示的字符串
9           mov ebx, 1                     ; 参数一：文件描述符(stdout)
10          mov eax, 4                     ; 系统调用号(sys_write)
11          int 0x80                       ; 调用内核功能
12                                         ; 退出程序
13          mov ebx, 0                     ; 参数一：退出代码
14          mov eax, 1                     ; 系统调用号(sys_exit)
15          int 0x80                       ; 调用内核功能
```

注释

用汇编语言编写的程序计算机是不能直接运行的，必须先转换成机器语言

用汇编语言编写的程序计算机是不能直接运行的，必须先转换成机器语言。机器语言是唯一一种CPU能直接理解并执行的编程语言。

汇编语言的助记符以及数据和机器语言的二进制代码都是一一对应的，都是针对计算机硬件的，也就是说都是面向机器的语言。不同的计算机硬件（CPU）所用的助记符和二进制代码是不一样的，所以这样的程序其通用性不好，如果把它移植到其他的计算机上就无法正常运行了。我们**通常把机器语言和汇编语言称为低级语言**。

2.2 高级语言

低级语言分机器语言（二进制语言）和汇编语言（符号语言），这两种语言都是面向机器的语言，和具体机器的指令系统密切相关。采用了助记符的汇编语言虽然比机器语言直观且容易理解和记忆，但是由于汇编语言依赖于硬件体系，且助记符量大难记，学习和理解这样的程序对于我们来说还是非常困难，于是人们又发明了更加易用的所谓高级语言。**高级语言**是以人类的日常语言为基础的一种编程语言，使用一般人易于接受的文字和数学公式来表示（通常用英语），其语法和结构更类似于普通英文，且由于远离对硬件的直接操作，使得人人经过学习之后都可以编程，亦有较高的可读性，以方便对电脑认知较浅的人也可以大概明白其内容。用高级语言编写的程序我们通常称之为**源代码**（Source code）。

高级语言并不是特指的某一种具体的语言，而是包括很多编程语言，如流行的C、C++、C#、Pascal、BASIC、Visual Basic、Java、Python、Lisp、PHP等等，这些语言的语法、命令格式都各不相同。

用高级语言编写的程序源代码不能直接被CPU识别和执行，必须转换成对应的目标代码（机器语言）才能被识别和执行。对CPU来说母语是机器语言，而转换成机器语言的程序就是**本地代码**。这种转换过程被称为**编译**（Compile），如图2.1所示。编译过程实际上也是由一种特定的程序来执行的，我们把这种执行源代码编译任务的程序称为**编译器**（Compiler）。不同的高级语言因其所用的语法及命令格式都不一样，所以将其转换为目标代码（机器语言）的方式也不一样，因而每一种高级语言都有对应的编译器。比如常用的C语言编译器（C compiler）有Turb C、gcc、C-Free、Borland C++、Microsoft Visual C++等。

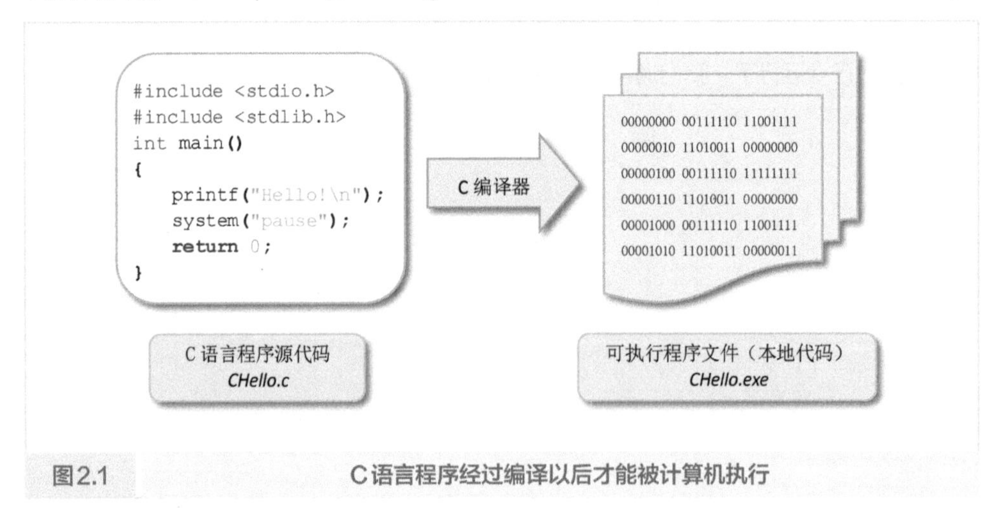

图2.1 C语言程序经过编译以后才能被计算机执行

C语言是现今最流行的一种编程语言。要编写C语言程序通常要在电脑上下载并安装一种C语言编译器（比如Turbo C或C-Free）。安装好C编译器以后就可以使用其提供的编辑器来编写、修改、编译、运行程序以及查看结果。通过编译源代码可以找出程序中的各种错误，如果你拼错了一条命令或者用错了某个符号，C编译器就会在编译程序时通知你（见图2.2）。程序中的错误称为bug，修正错误称为调试程序（debugging）。

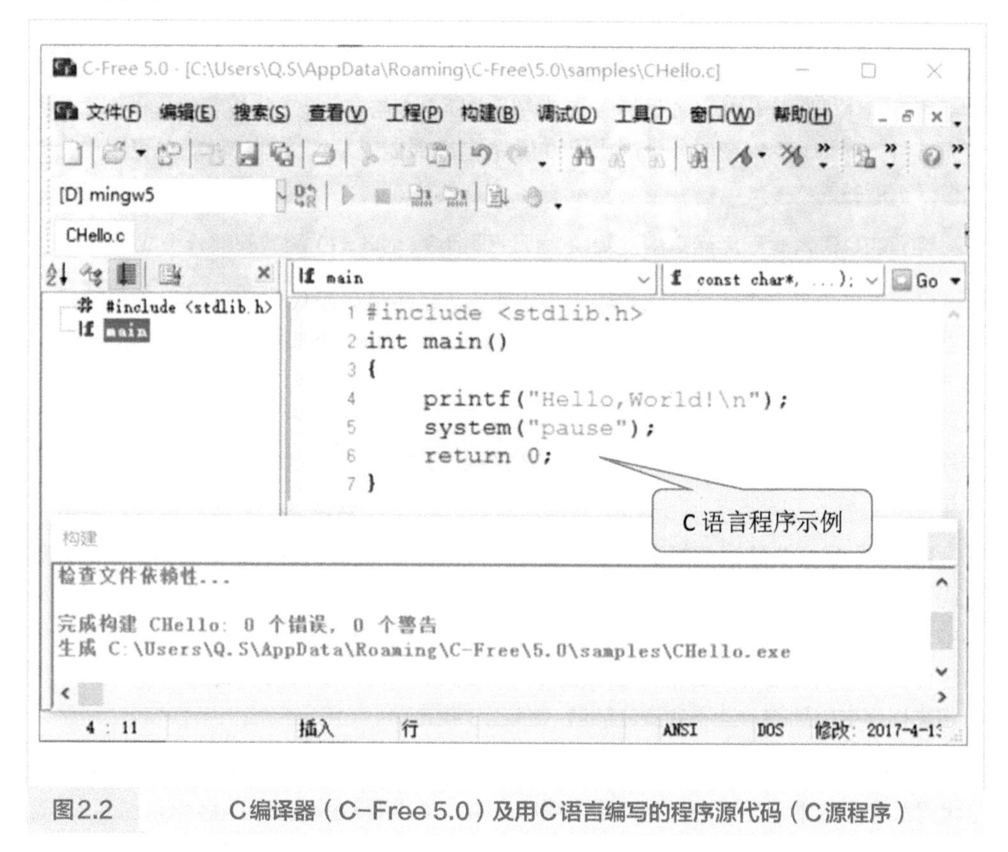

图2.2　C编译器（C-Free 5.0）及用C语言编写的程序源代码（C源程序）

用C编译器编译以后的程序就是可执行程序（通常以“.exe”为文件后缀名，而C语言源程序文件都以“.c”为文件后缀名），可以在任何计算机中运行。

2.3 完整的C语言程序长啥样

为了创建完整的C语言程序需要在C源文件中输入代码。任何文本编辑器（比如Windows中的“记事本”）都可以创建C源文件，它们的文件名通常以“.c”结尾。在计算机中通常把文件名后面的以“.”引领的字符串称为文件的**扩展名**或**后缀名**。比如word文件名中的“.doc”、文本文件名中的“.txt”、可执行文件名中的“.exe”等。文件的扩展名是计算机中用来表示文件类型的一种方式，比如文件名中带有“.doc”扩展名的文件都是word文档，用Word软件可以打开它。文件名中带有“.c”扩展名的文件都是C语言源文件，可以用我们在上一节中提到的C语言编译器来编译处理成计算机可以执行的文件（扩展名为“.exe”）。

完整的C语言源程序通常由**注释块、预处理指令、`main()` 函数**三部分组成（图2.5）。

C语言源程序通常以注释开头。注释描述了文件中这段代码的意图，也可能包含一些许可协议或版权信息。在文件的开头或其他任何地方添加注释不是必需的，但加上注释是个很好的编程习惯，这些注释有助于我们更好的理解代码的含义。C语言中的注释有两种表示方式。一种是“块注释”，用符号“/*”和“*/”包围起来，可以放在程序的任意位置；另一种是“行注释”，用符号“//”表示，一行内“//”之后的内容都是注释。

以“#”号打头的语句都是预处理指令。*`#include`*指令告诉C编译器要使用的外部代码所在的库文件名（称之为**头文件**），*`stdio.h`*和*`stdlib.h`*是最常见的头文件，`stdio`库中包含了那些能在终端设备读写数据（输入输出）的程序代码（函数），`stdlib`库中包含了分配计算机内存、中止运行程序以及获取随机数等的程序代码（函数）；*`#define`*指令定义程序中用到的一些不会变化的值（称之为**常量**）。

`main()` 函数是C程序源文件中的主体。C语言程序由一个或多个函数组成，所有的C代码都在函数中运行。对任何C语言程序来讲，最重要的函数就是`main()`函数，它是程序中所有代码的起点，每个C语言程序都有一个`main()`函数，由`main()`函数在需要的时候调用其他函数。代码清单2.3中的`main()`函数调用了`printf()`函数和`system()`函数。`printf()`函数包含在头文件*`stdio.h`*中，`system()`函数包含在头文件*`stdlib.h`*中。C语言程序的一般形式如图2.3所示。

代码清单2.3　C语言源程序文件示例

```
1   /*
2    我的第一个C语言程序。
3    屏幕第1行显示“Hello,World! ”;
4    屏幕第2行显示“圆周率约等于3.14159”;
5    (c)2017，壹创程序小组。
6   */
7
8   #include <stdio.h>        //预处理指令#include包含头文件stdio.h
9   #include <stdlib.h>       //预处理指令#include包含头文件stdlib.h
10  #define PI 3.14159        //预处理指令#define定义常量PI的值
11
12  int main()                            //main 主函数（每一个C程序都必须包含它）
13  {                                     //函数体开始符
14     printf("Hello,World!\n");          //printf 函数
15     printf("圆周率约等于%f\n",PI);      //printf 函数
16     system("pause");                   //system函数
17     return 0;       //函数返回值
18  }                  //函数体结束符
19
```

块注释

行注释

预处理指令部分

包含在stdio.h中

包含在stdlib.h中

main()函数

```
1   预处理指令部分（可无）
2   全局变量声明部分（可无）
3   int main(参数表)
4     {
5      ……
6      return 0;
7     }
```

主程序部分（main()函数）

图2.3　C语言程序的一般形式

2.4 main()函数

C语言之所以能成为现今最流行的一种编程语言，主要是因为它是一种结构化（函数为主）的编程语言。C语言能够把执行某个特殊任务的指令和数据从程序的其余部分中分离出去，使其单独成为一个程序块，并且还给它取一个名字，通常我们把它称为**函数**，给它取的名字就是**函数名**，这些程序块就是**函数体**。这些独立的函数（程序块）可以在程序其余部分中用其函数名多次重复使用（**函数调用**）。

所有的C语言程序实际上都是由一个或多个函数构成的。C语言程序中最重要的部分就是一个叫main的函数，**每个C语言程序必须包含一个main()函数**，由main()函数在需要的时候调用其他函数。

代码清单2.4展示了一个简单的main()函数。计算机会从main()函数开始运行程序代码。它的名字很重要：如果一个C程序中没有一个叫main的函数，程序就无法启动。

代码清单2.4　main()函数示例

```
10  int main()                          //main 主函数（每一个C程序都必须包含它）
11  {                                   //函数体开始符
12      printf("Hello,World!\n");       //printf 函数
13      printf("圆周率约等于%f\n",PI);//printf 函数
14      system("pause");                //system函数
15      return 0;                       //函数返回值
16  }                                   //函数体结束符
```

main()函数代码片段中的“int”是指main()函数**返回值**的类型是整数。这是什么意思呢？当计算机在运行程序时，它需要一些方法来判断程序是否运行成功，计算机正是通过检查main()函数的返回值来做到这一点的。如果让main()函数返回整数0，就表明程序运行成功，如果让它返回其他整数值，就表示程序在运行时出了问题。

函数名“main”在返回值类型之后出现，如果函数在调用时需要事先提供一些数据（我们称之为“**参数**”），可以跟在函数名后面的括号里面。最后是函数体，也就是该函数要执行的各条指令和数据（程序块），函数体必须被花括号“{”和“}”包围起来。

2.5　C语言程序中的语句

前面我们知道了C语言程序中最主要的部分就是main()函数，那么在main()函数内部又是什么样子呢？

main()函数内部其实就是按顺序排列的一条条的指令和相关的数据，我们可以把这些指令和数据理解为我们向计算机发出的命令。在程序设计语言中，我们把这样的命令称为**语句**。为了区分一条条的语句，不至于让计算机混淆，我们在每一条语句末尾用“；”结束（代码清单2.5）。

简单的语句就是要求计算机做出的一些动作，它们可以是从键盘读入一个数或者在屏幕上显示数据，也可以是定义一个变量或者给某个变量赋值等（“变量”和“赋值”的含义我们会在后面的章节中会详细介绍）。当把多条语句组合在一起，用来完成某一项工作时，这些语句被称为**块语句**。块语句要用花括号“{”和“}”包围起来。

比较复杂一些的语句有两种：**选择结构**（判断语句）和**循环控制**语句。

选择结构在运行之前先检查一个判断条件，如果条件成立就执行接下来的一条语句或者多条语句（块语句），条件不成立就执行另外一条语句或者多条语句（块语句）。

循环控制语句就是一条语句或块语句连续重复执行多次。一般在循环控制语句中会设置一个判断条件来控制语句重复执行的次数，当条件成立时结束执行，当条件不成立时继续执行循环语句。如果没有这样的判断条件来控制循环结束，这些循环语句就会永远一遍遍地执行下去，不会停止，这样的循环就是**死循环**，这在计算机编程中是一种错误，编程时要避免出现死循环。

程序运行时，这些语句一般都是按照其在程序中出现的先后顺序依次执行的。

知识点总结

C语言程序必须包含一个main()函数，它是程序运行的开端。
C语言中的语句必须以“；”结尾。
C语言中的块语句必须用“{”和“}”包围起来。

代码清单2.5　C语言程序语句示例

```
1   #include <stdio.h>
2   int main()
3   {
4       int sum,i;      //定义变量的语句
5       sum=0;          //赋值语句
6       i=100;          //赋值语句
7       if(i>0)
8         {
9         sum=sum+i;
10        i=i-1;
11        }
12      else
13        printf("i的值不大于0!");
14      sum=0;i=0;       //赋值语句
15      while(i<=100)
16        {
17        sum=sum+i;
18        i=i+1;
19        }
20      printf("1到100的和是%d",sum);  //调用printf函数语句
21      system("pause");               //调用system函数暂停程序运行的语句
22      return 0;                      //函数返回语句
23  }
```

块语句

选择结构（判断语句）

块语句

循环控制语句

2.6　流程：程序中语句的执行次序

C程序中的语句一般都是按照其出现的先后顺序依次执行的，我们把程序中语句的执行顺序称为程序的**流程**。程序的流程一般有三种结构，分别是**顺序结构**、**选择结构**（分支结构）、**循环结构**，如图2.4所示。有一位日本的计算机工程师把程序的执行流程比喻为像河水一样流动着。在程序执行过程中，把犹如水流向着一个方向流淌的流程称作“顺序执行结构”；把犹如水流碰到河中央的巨石或分水岭而产生不同方向的支流一样的流程称作“选择结构”（条件分支结构）；而把犹如水流遇到阻碍而形成旋涡一样的流程称为“循环结构”。

顺序结构是语句按照其在程序中出现的先后顺序依次执行的一种流程。

选择结构有时也被称为“分支结构”或“条件分支”，它是根据若干个判断条件的成立与否，在程序执行过程中产生不同的执行分支的一种流程。

循环结构是程序在运行过程中如果某个判断条件成立的情况下，把一些语句反复执行若干次的一种流程。

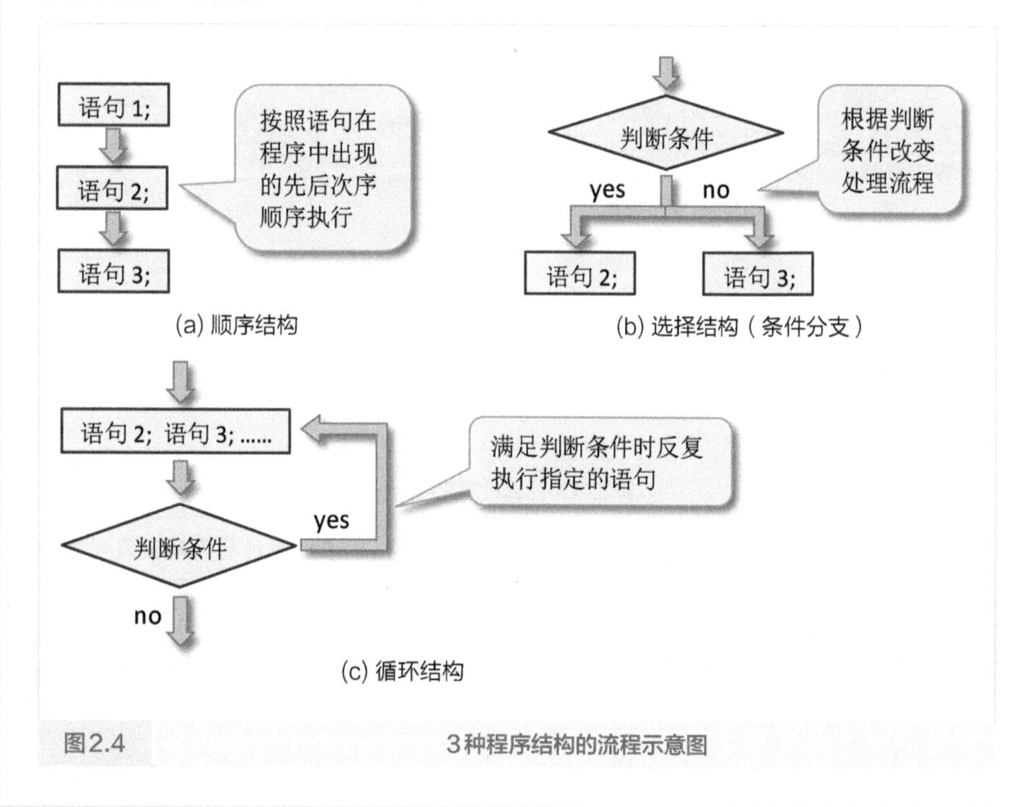

图2.4　3种程序结构的流程示意图

2.7 算法：程序解决问题的处理步骤

编程是为了让计算机帮助我们解决各种各样的问题，任何问题的解决都有一定的方法和步骤，计算机解决问题的处理步骤我们称之为**算法**。

在计算机编程的过程中，提到“算法”总是让人觉得很深奥，很难理解到底什么是算法？以及算法在程序设计过程中起到了什么作用？其实在现实生活中我们经常会用“算法”的思想在解决一些问题，最常见的就是根据菜谱做菜。

菜谱记录了做出各色各样美味菜品的方法步骤。比如制作红烧肉的菜谱，会把制作红烧肉所必需的材料及用量都标注清楚，并且把烹制的过程、每一步需要的时间等都详细记录下来。任何人只要完全按照菜谱的方法和步骤去做，就一定能烹制出美味的红烧肉。而“算法”就是能让程序员编写出可靠、高效的计算机程序的“菜谱”（见图2.5）。

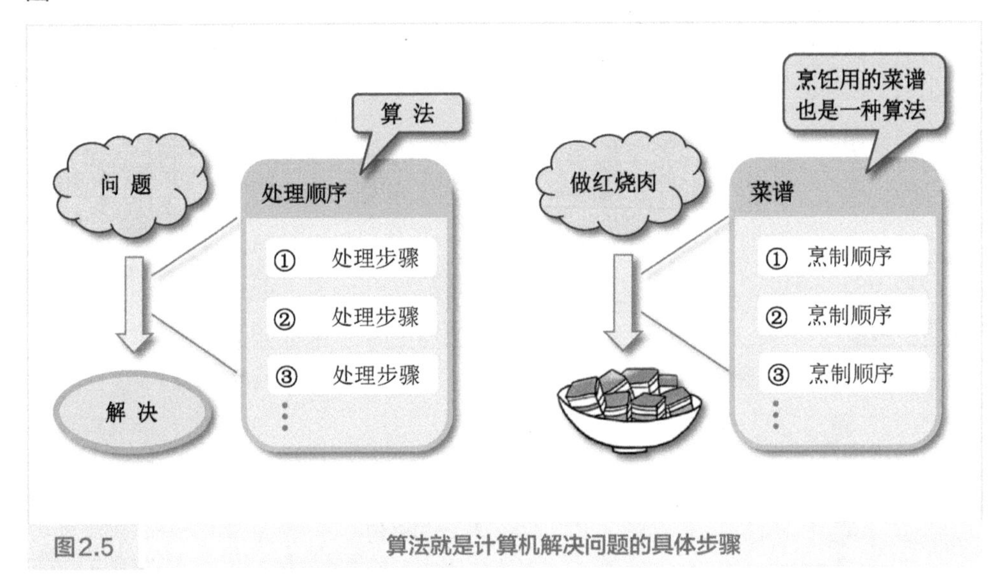

图2.5 算法就是计算机解决问题的具体步骤

编程是为了让计算机解决特定的问题，编程之前首先需要明确计算机解决该问题的具体步骤，这个处理步骤就是编写该程序所需要的“算法”。解决一个问题可以用不同的方法和步骤，因而针对同一问题的算法也有多种（见图2.6）。而编写程序就是通过某一种程序设计语言（比如C语言）对算法的具体实现。算法独立于任何程序设计语言，同一算法可以用不同的程序设计语言来实现（见图2.7）。

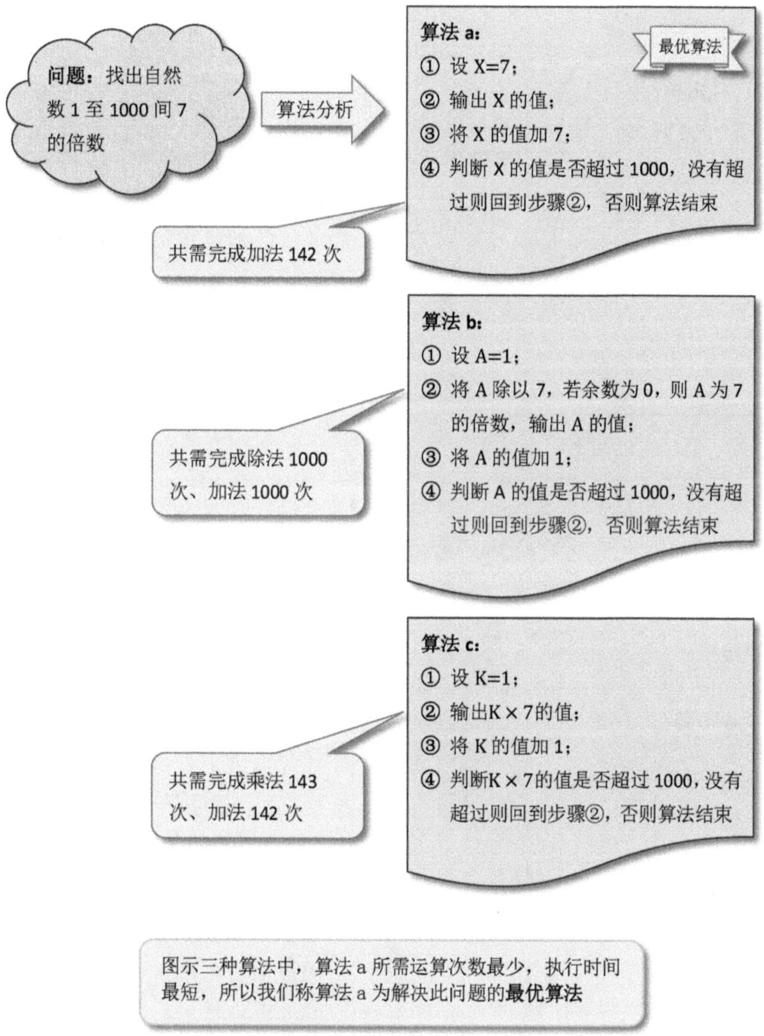

问题：找出自然数1至1000间7的倍数

算法分析

算法a：

最优算法

① 设X=7；

② 输出X的值；

③ 将X的值加7；

④ 判断X的值是否超过1000，没有超过则回到步骤②，否则算法结束

共需完成加法142次

算法b：

① 设A=1；

② 将A除以7，若余数为0，则A为7的倍数，输出A的值；

③ 将A的值加1；

④ 判断A的值是否超过1000，没有超过则回到步骤②，否则算法结束

共需完成除法1000次、加法1000次

算法c：

① 设K=1；

② 输出K×7的值；

③ 将K的值加1；

④ 判断K×7的值是否超过1000，没有超过则回到步骤②，否则算法结束

共需完成乘法143次、加法142次

图示三种算法中，算法a所需运算次数最少，执行时间最短，所以我们称算法a为解决此问题的**最优算法**

图2.6 对于同一个问题，往往会有不同的算法

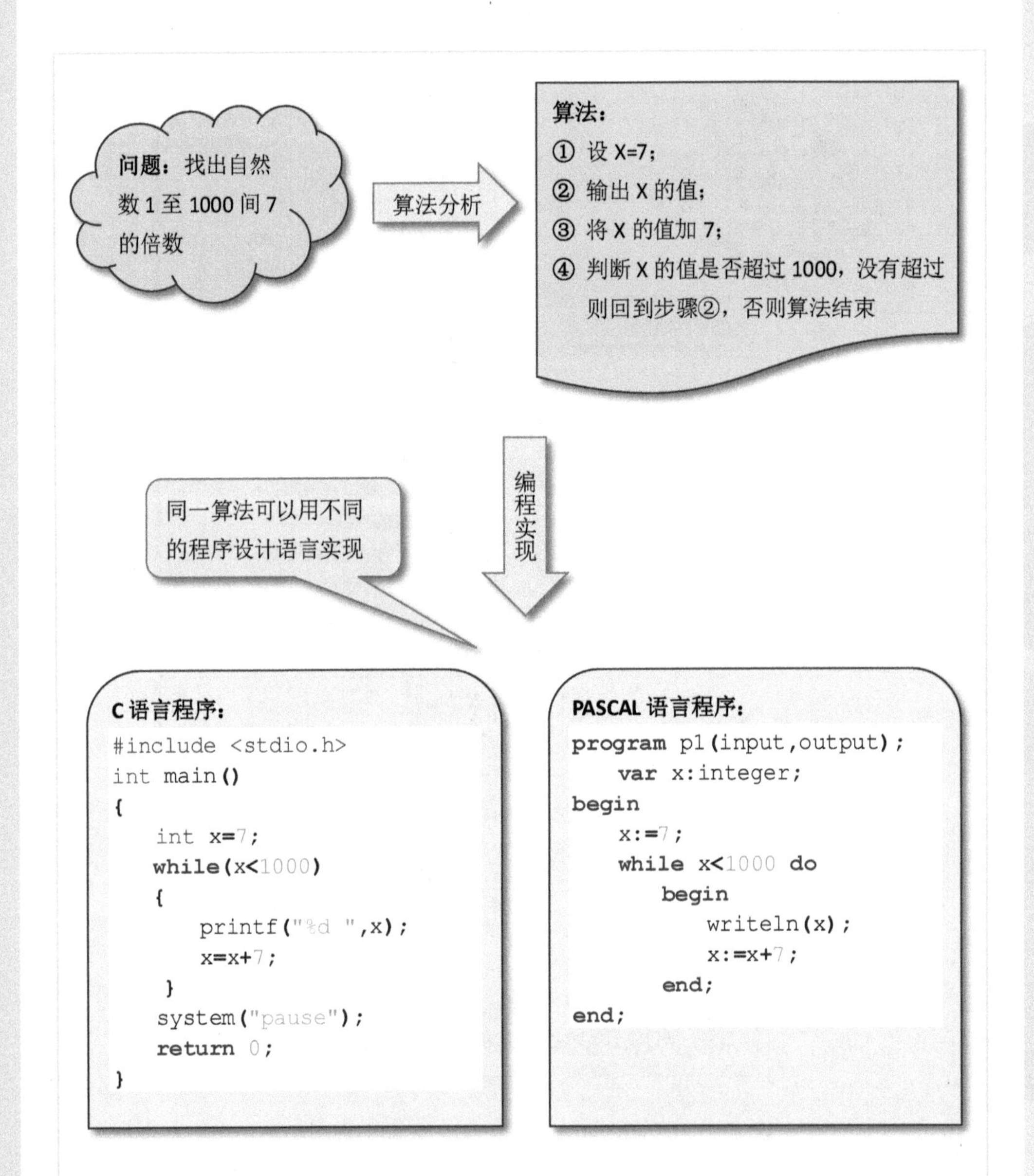

图2.7 同一算法可以用不同的程序设计语言来编程实现

2.8 算法描述

在C语言中，有5种常用的算法描述方法：自然语言、流程图、N-S图、伪代码和程序设计语言。

上一讲中给出的解决问题的算法a、算法b和算法c都是用自然语言来表示算法的（见图2.6）。**自然语言**就是我们日常使用的各种语言，可以是汉语、英语、日语等。

用自然语言描述算法的优点是通俗易懂，当算法中的操作步骤都是顺序执行时比较直观、容易理解。缺点是如果算法中包含了判断结构和循环结构，并且操作步骤较多时，就显得不那么直观清晰了。

用流程图描述算法就可以解决上述缺点。所谓**流程图**（Flow Chart），是指用规定的图形符号来描述算法（见表2.1）。

表2.1 流程图常用的图形符号

图形符号	名称	含义
（圆角矩形）	起止框	程序的开始或结束
（矩形）	处理框	数据的各种处理和运算操作
（平行四边形）	输入/输出框	数据的输入和输出
（菱形）	判断框	根据条件的不同，选择不同的操作
（圆圈）	连接点	转向流程图的他处或从他处转入
↓ →	流向线	程序的执行方向

知识点总结

算法的描述方法：
自然语言 流程图 N-S图
伪代码 程序设计语言

结构化程序设计方法中规定的三种基本程序流程结构（顺序结构、选择结构和循环结构）都可以用流程图明晰地表达出来（见图2.8）。

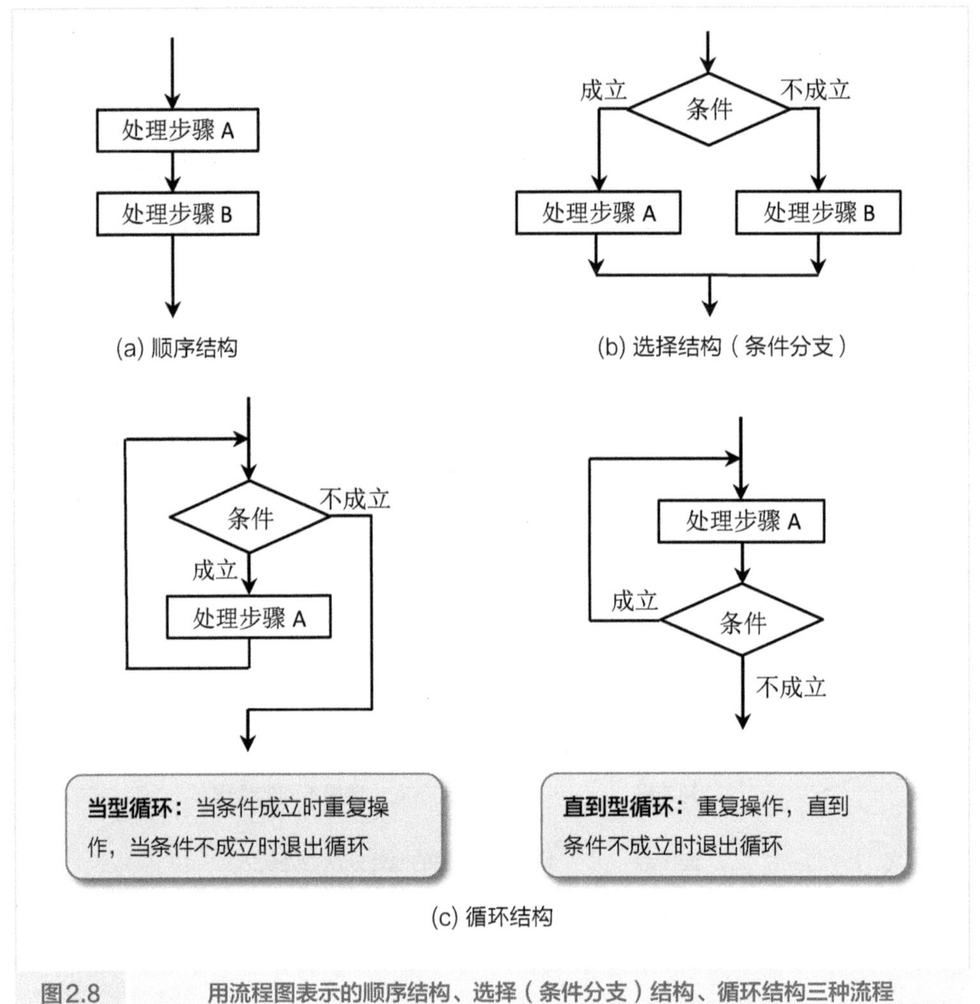

图2.8 用流程图表示的顺序结构、选择（条件分支）结构、循环结构三种流程

虽然用流程图描述的算法条理清晰、通俗易懂，但是它在描述大型复杂算法时，由于流程方向线较多，影响了对算法的阅读和理解。因此有两位美国学者提出了一种完全去掉流程方向线的图形描述方法，称为**N-S图**（两人名字的首字母组合）。

N-S图使用矩形框来表达各种处理步骤和三种基本结构（见图2.9），全部算法都写在一个矩形框中。

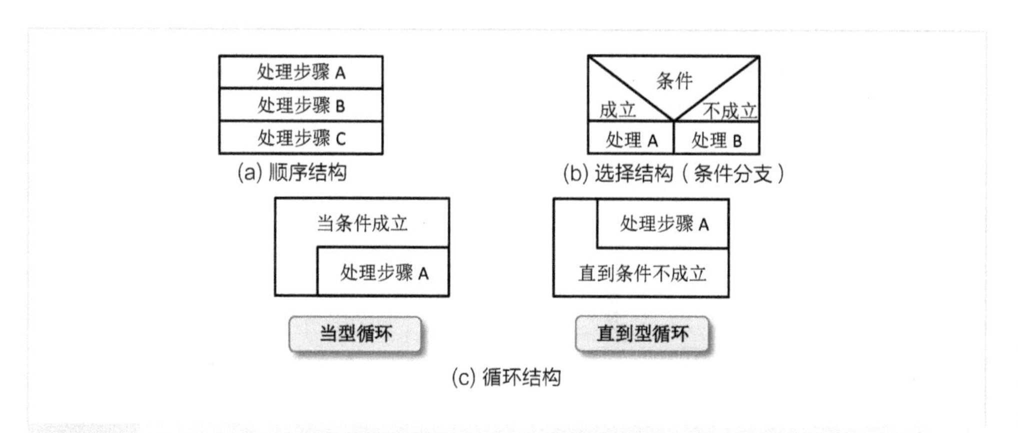

图2.9　用N-S图表示的顺序结构、选择（条件分支）结构、循环结构三种流程

图2.10展示了分别用自然语言、流程图和N-S图解决同一问题的算法描述。

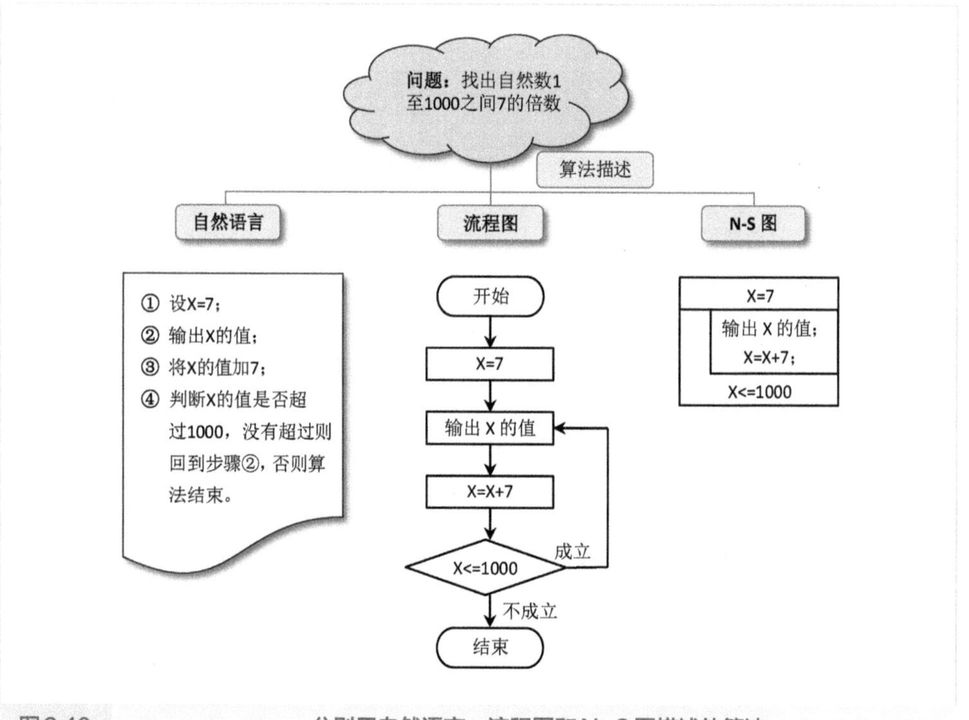

图2.10　分别用自然语言、流程图和N-S图描述的算法

伪代码是在用更简洁的自然语言算法描述中，用程序设计语言的流程控制结构来表示处理步骤的执行流程和方式，用自然语言和各种符号来表示所进行的各种处理及所涉及的数据（见图2.11）。它是介于程序代码和自然语言之间的一种算法描述方法。这样描述的算法书写比较紧凑、自由，也比较好理解（尤其在表达选择结构和循环结构时），同时也更有利于算法的编程实现（转化为程序）。

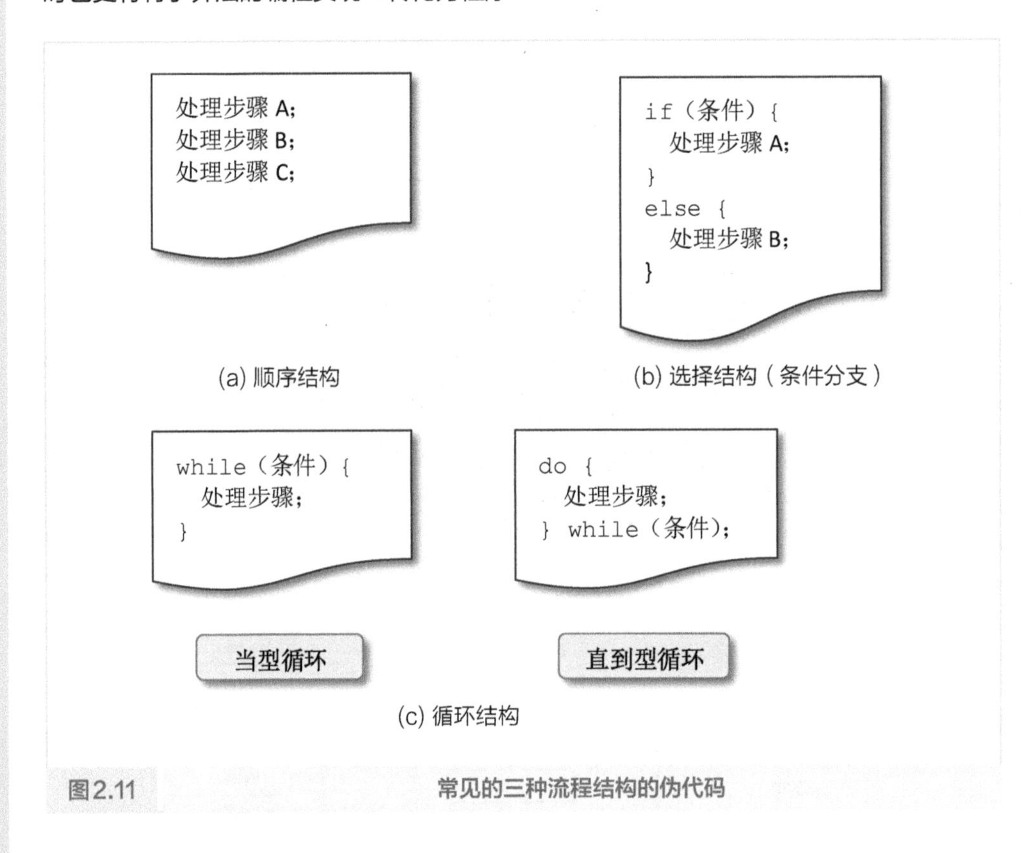

图2.11 常见的三种流程结构的伪代码

算法最终都要通过程序设计语言描述出来（编程实现），并在计算机上执行。程序设计语言也是算法的最终描述形式（见图2.12）。无论用何种方法描述算法，都是为了将其更方便的转化为计算机程序。

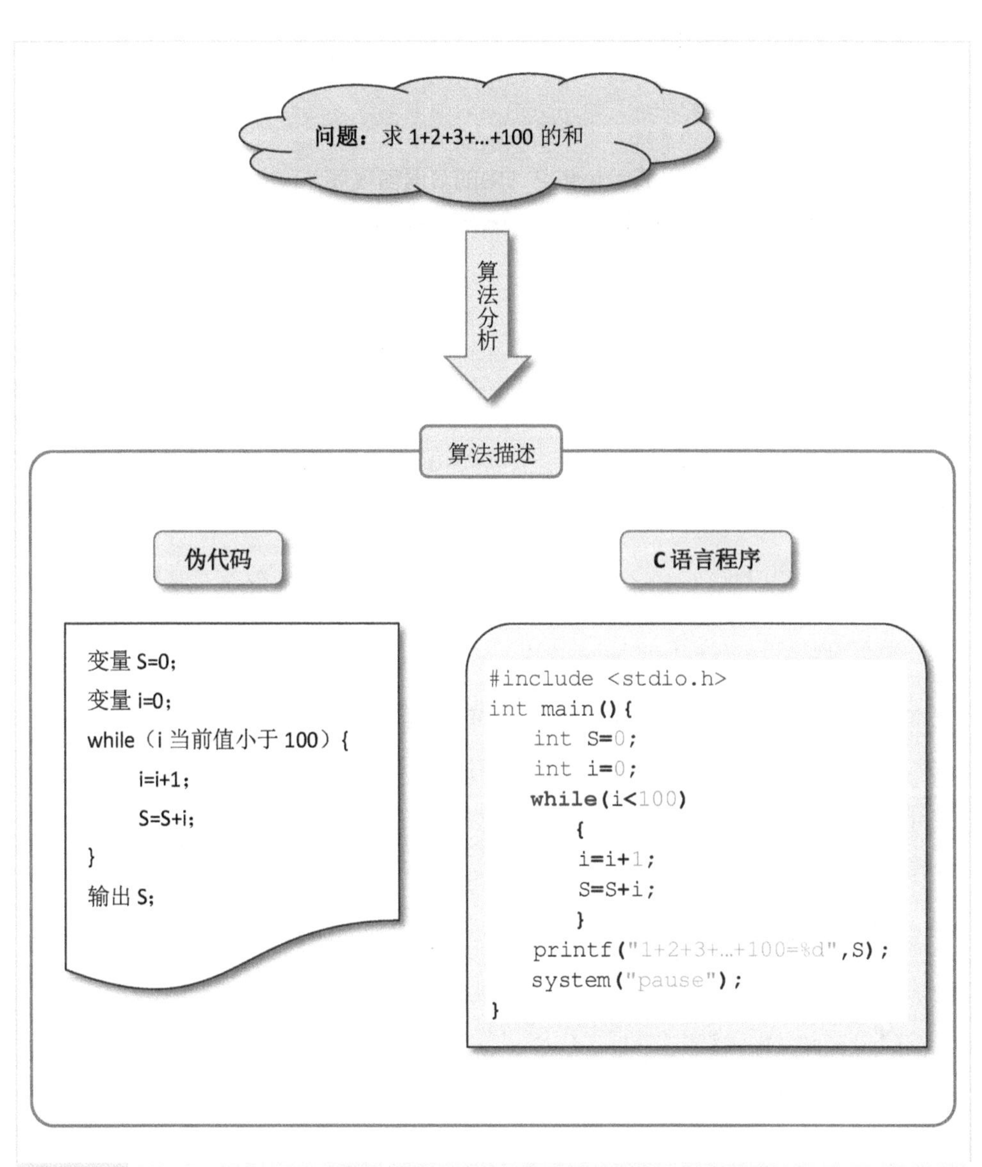
问题：求 1+2+3+...+100 的和
算法分析
算法描述
伪代码
C 语言程序
变量 S=0;
变量 i=0;
while（i 当前值小于 100）{
i=i+1;
S=S+i;
}
输出 S;
#include <stdio.h>
int main(){
int S=0;
int i=0;
while(i<100)
{
i=i+1;
S=S+i;
}
printf("1+2+3+...+100=%d",S);
system("pause");
}

图2.12　用伪代码和程序设计语言（C语言）描述的算法

练习题

— 习题2.1 补充完善代码清单test_2_1中的C语言程序。

代码清单test_2_1　屏幕显示“Hello,World！”

```
1   /*
2    我的第一个C语言程序。
3    屏幕显示“Hello,World! ”;
4    (c)2017，壹创程序小组。
5   */
6   #____①______<stdio.h>    //预处理指令#include包含头文件stdio.h
7   int main()               //main 主函数（每一个C程序都必须包含它）
8   ___②___
9      printf("Hello,World!\n")___③___     //printf 函数
10     return 0___④___                      //函数返回值
11  ___⑤___
```

— 习题2.2 补充完善代码清单test_2_2中的C语言程序。

代码清单test_2_2　屏幕打印由“*”组成的图形

```
1   #include <stdio.h>
2   #include <stdlib.h>
3   int ____①____()                      //主函数
4   {                                    //函数体开始符
5       printf("*\n");
6       printf("**\n");
7       printf("***\n");
8       printf("*****\n");
9       printf("******\n");
10      system("pause");                 //屏幕暂停，以便查看运行结果
11      ____②____0;
12  }                                    //函数体结束符
```

习题2.3 填空题

（1）计算机能够直接识别并执行的程序语言是________。

（2）C语言是一种高级语言，它不能被计算机直接识别并执行，必须经过________，转换为对应的机器语言之后，才能被计算机执行。

（3）用计算机解决问题的处理步骤，我们称之为________。C程序中的语句一般都是按照其出现的先后顺序依次执行的，我们把程序中语句的执行顺序称为________。

（4）C语言是结构化的程序设计语言，是一种高级语言。它有3种基本的程序流程结构，分别是________结构、________结构和________结构。

习题2.4 选择题

（1）下面（　　）程序设计语言能够被计算机直接识别并执行。

A. C语言　　B. Java语言　　C. 高级语言　　D. 机器语言

（2）下面程序设计语言中属于高级语言的是（　　）。

A. C语言　　B. 汇编语言　　C. 英语　　D. 机器语言

（3）下面程序设计语言中不属于高级语言的是（　　）。

A. C语言　　B. 汇编语言　　C. Java语言

D. BASIC语言　　E. Pascal语言

（4）下面流程图的图形符号中表示输入输出操作的是（　　）。

A. 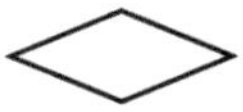 ◇（菱形）　　B.  ▭（矩形）　　C. ▱（平行四边形）　　D.  ⬭（圆角矩形）

（5）下面用N-S图表示的程序流程结构中表示循环结构的是（　　）。

A. 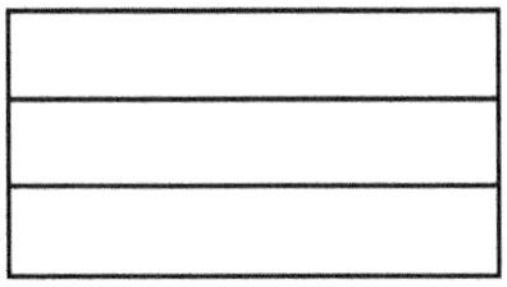　　B.

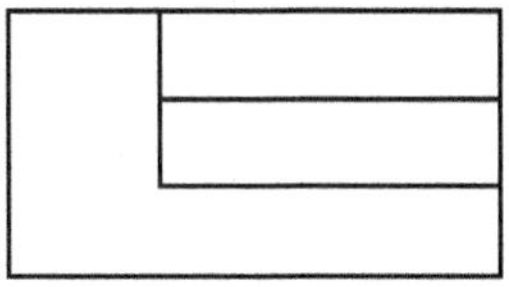

C. 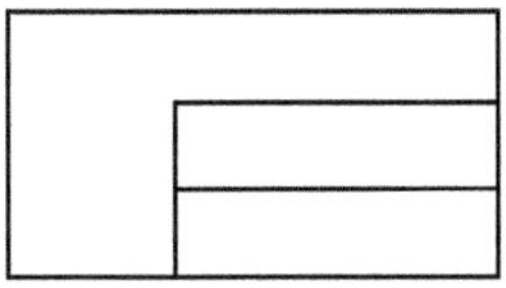　　D.

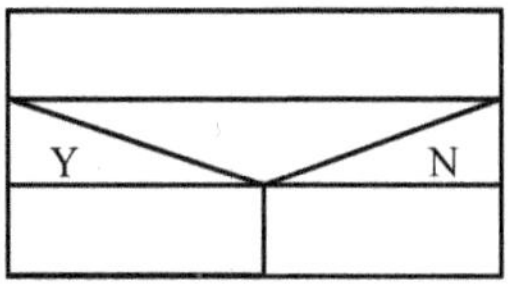

Y　N

第 3 章 变量和数组：C 语言中数据的表示方法

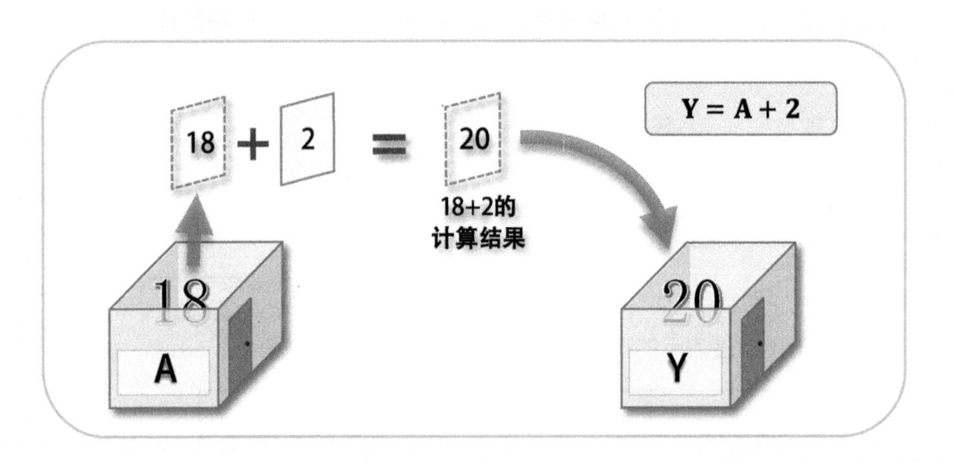

3.1 C语言中的数据及数据类型

C语言程序中有3种数据：

- **数字：**0、100、-123、1.23、3.14159、-99.9；
- **字符：**'A'、'z'、'5'、'0'、'+'、'*'、'%'；
- **字符串：**"ABC"、"china"、"C语言"、"main"、"12+3"。

C语言中的数字与数学中学习的数字表示方法是一样的。

C语言中的字符（character）是计算机能够表示的任意**一个字符**，并且**必须用''（单引号）括起来**。（计算机一般能识别256个不同的字符，请参阅本书第1章中的表1.1）。没有用''括起来的符号都不是C语言中的字符，比如没有用''括起来的5是数字，它可以参加数学运算，而'5'表示是一个字符，它不能参加数学运算。

C语言中的字符串（string）是**多个字符**的组合，**必须用""（双引号）括起来**。

不同的数据在计算机中的处理方式（输入、输出及存储）是不一样的，因而在计算机编程中通常把需要处理的数据根据其处理方式的不同分为不同的组，我们把这样的分组称为**数据类型**。C语言中最常用的数据类型有3种（见图3.1）。

- **整型：**处理整数值（不含小数位）的数据类型

例如：0、1、100、9999、-123。

- **浮点型（实型）：**处理浮点值（含小数位）的数据类型

例如：1.23、3.14159、-99.9。

- **字符型：**处理一个字符的数据类型

例如：'A'、'z'、'5'、'0'、'+'、'*'、'%'。

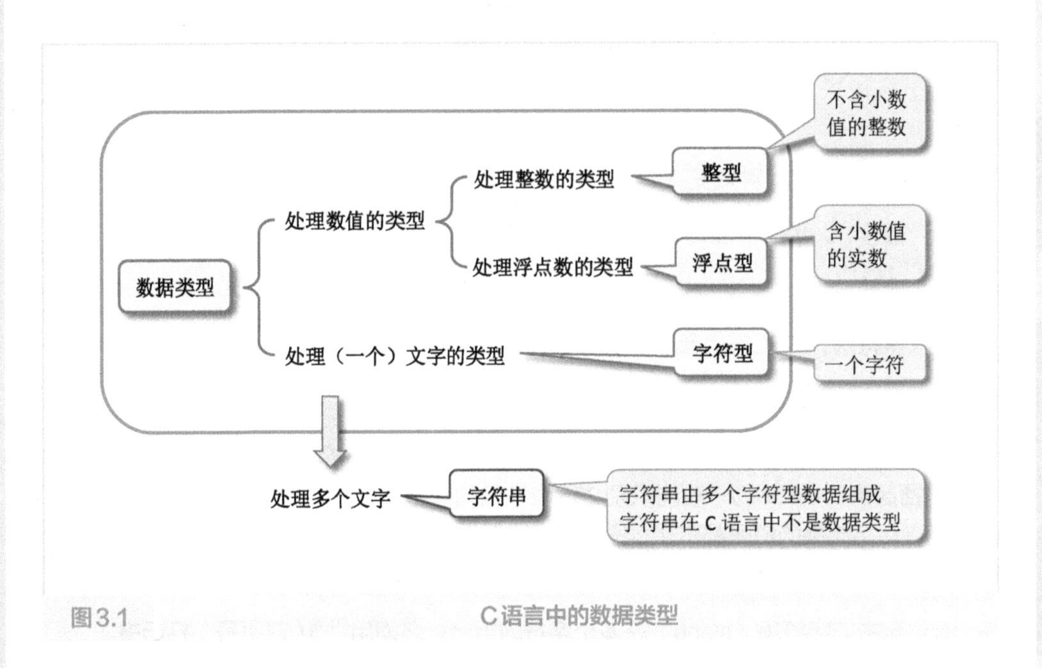

图3.1　C语言中的数据类型

表3.1列出了C语言中常用数据类型的取值范围和占用内存的字节数。

表3.1　C语言中常用基本数据类型表

类型名（C语言命令符）	说 明	字节	取值范围
char	字符型	1	其十进制代码范围为-128～127的256个字符
int	整型	2	-32768～32768（-2^{15}～$2^{15}-1$）
long int	长整型	4	-2147483648～2147483647（-2^{31}～$2^{31}-1$）
float	单精度浮点型	4	+3.4×10^{38}（小数点后6～7位有效数字）
double	双精度浮点型	8	+1.7×10^{308}（小数点后15～16位有效数字）

知识点总结

C语言中常用数据类型有“整型”“浮点型（实型）”“字符型”三种。
字符串在C语言中不是一种数据类型，它是由多个字符型数据组成的。
C语言中的字符用‘’（单引号）括起来；字符串用“”（双引号）括起来。

3.2 变量：保存数据（值）的空间

在第1章中我们曾讲到过，要让计算机对数据进行处理，就必须把需要处理的数据先存放在计算机的内存当中。因而每一个数据在计算机中都会有一个存放空间，在计算机编程中，我们把这些存放数据的空间称为**变量**。

我们可以把计算机内存想象成为一幢拥有很多很多**单人小房间**的大楼，每一个数据都存放在一个房间中，而且一个房间内只能存放一个数据。这些房间当中，有一些房间内只要存放一个数据以后，从开始到结束（程序运行过程）它里面一直存放着的都是这一个特定的数据；而更多的房间内存放的数据会经常改变，开始时（程序运行之初）它里面存放的是一个数据，过一段时间后（程序运行中）它里面又换成了另一个数据，结束时（程序运行结束时）它里面存放的也许又换了一个数据。这些里面存放的数据经常会变化的房间就是**变量**（见图3.2），而那些里面存放的数据不会改变的房间就是**常量**。

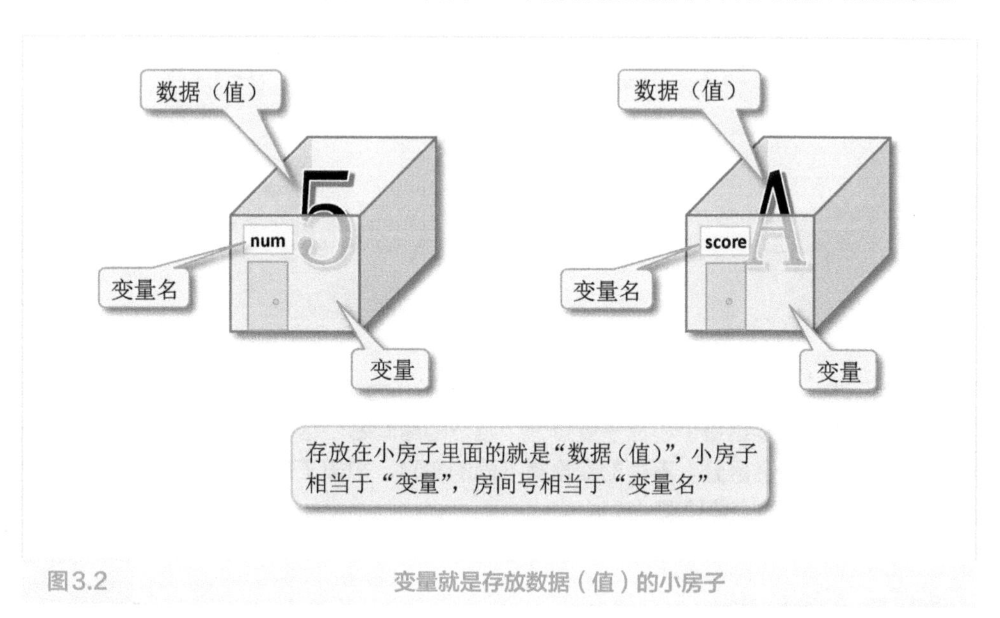

图3.2　变量就是存放数据（值）的小房子

往变量中存放数据（值）的操作我们称之为**代入**。一个变量中只能存放一个数据（值）。如果变量中已经放入了一个数据（值），当把一个新的数据（值）再次放入这个变量中时，新数据（值）就会替代原先存放在该变量中的数据（值），原先存放的数据（值）就会消失（见图3.3）。程序中首次向变量中代入数据（值）称为**变量初始化**，变量可以在定义的同时进行初始化。

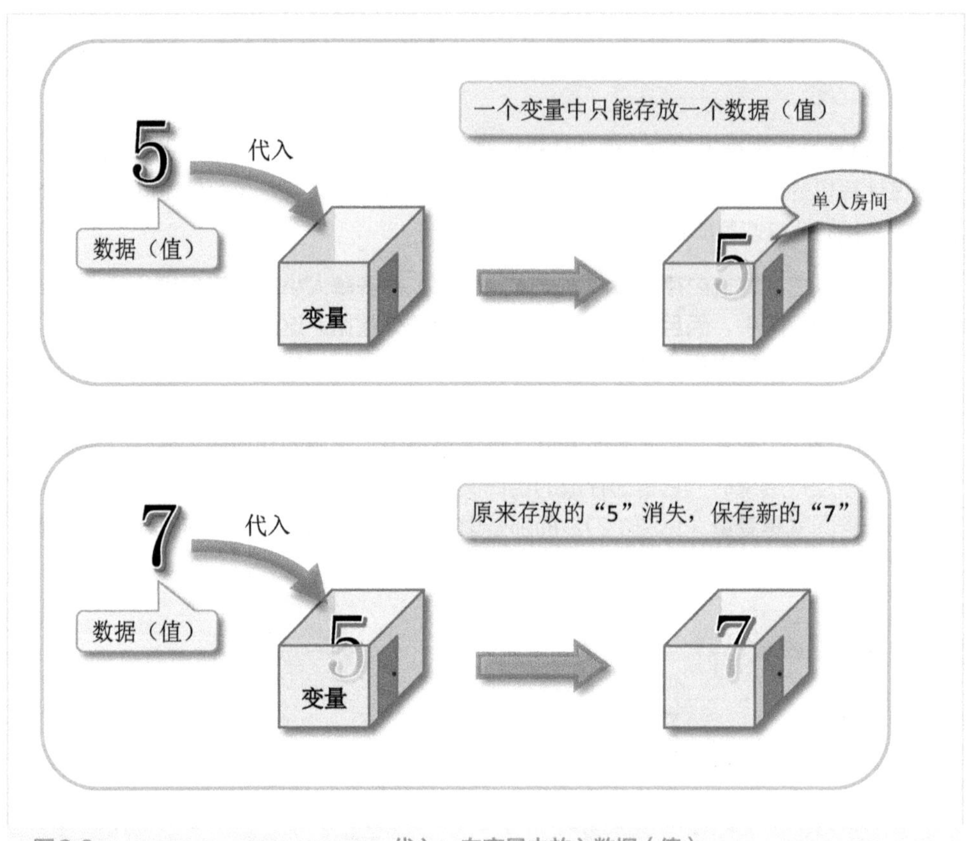

图3.3 代入：向变量中放入数据（值）

如上所述，变量就是存放数据（值）的小房子。为了区分这些存放不同数据（值）的小房子，我们需要给每个小房子安排一个唯一的房间名，这个唯一的房间名就是**变量名**。**变量通过变量名区分，不同的变量有不同的名称**。知道了变量名，就可以确定存放着目标数据（值）的变量是哪一个。

知识点总结

变量是存放数据（值）的小房子。
一个变量中只能放入一个数据（值）。
变量通过变量名区分。
变量名必须要唯一，不同的变量有不同的名称。

3.3 变量的类型

在C语言中，数据（值）有不同的数据类型（整型、浮点型、字符型），用来存放数据（值）的变量也有它的数据类型，而且变量的数据类型和数据（值）的数据类型是一样的。

C语言中的变量在使用之前必须先定义（代码清单3.1）。**定义变量**时，我们要给变量取一个独一无二的名字，同时还要说明该变量中可以存放"什么数据类型的数据（值）"。也就是说，一个变量中只能存放一种与其相同类型的数据（值）。定义为存放整型数据的变量中是不能代入一个字符（字符型）或者小数（浮点型）的。

代码清单3.1　C语言变量定义示例

```
1  #include <stdio.h>
2  int main()
3  {
4  int myScore, id;                          //定义两个整形变量
5  long int distance=1800000;                //定义长整形变量并代入初始值
6  char myFname='Li',job='T';                //定义两个字符型变量并代入初始值
7  float average=86.5;                       //定义单精度浮点型变量并代入初始值
8  double pi=3.1415926536;                   //定义双精度浮点型变量并代入初始值
9  }
```

现在我们知道了用来存放数据的变量这种小房子不但是单人房间，而且还是单一功能的房间，它里面只能入住在定义时允许入住的那一种数据（值），其他类型的数据（值）是不能入住的（见图3.4）。

在C语言中，变量的数据类型也有3种：

- **整型：**可以存放整型的数据；
- **浮点型：**可以存放浮点型的数据；
- **字符型：**可以存放字符型的数据。

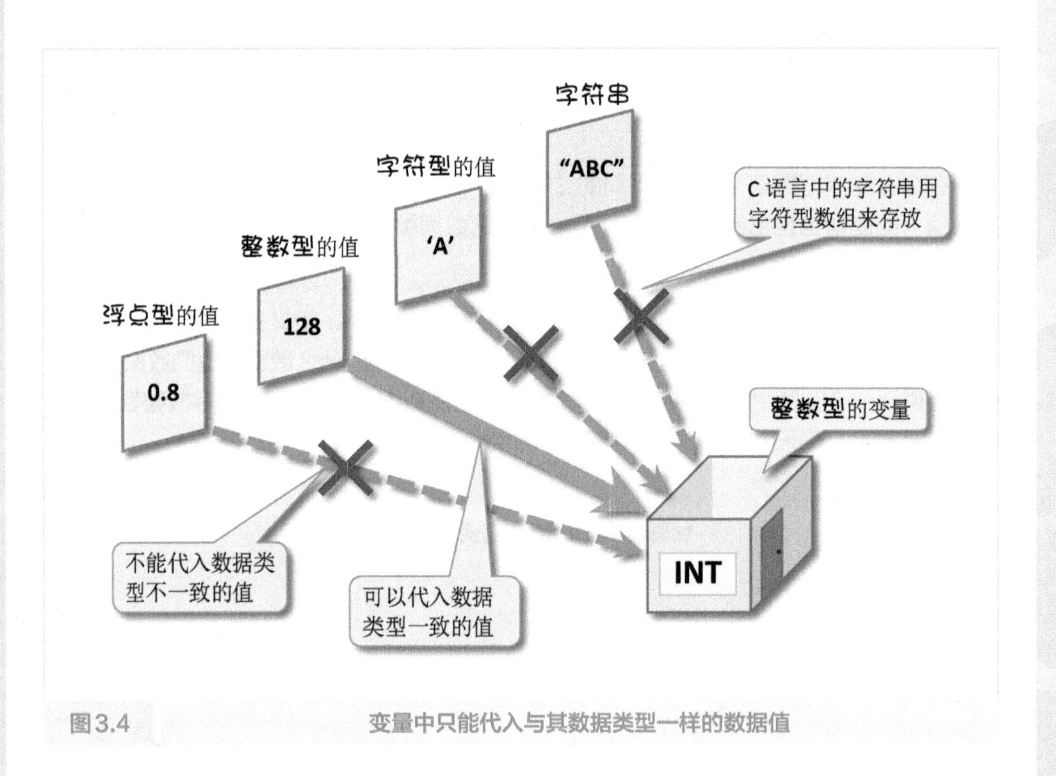

图3.4 变量中只能代入与其数据类型一样的数据值

3.1节的表3.1列出的“类型名”就是C语言用来**定义变量的命令符**。

- **char**：定义字符型变量，可以代入单个的字符。
- **int**：定义整型变量，可以代入不带小数的整数（-2^{15}～$2^{15}-1$）。
- **long int**：定义长整型变量，可以代入不带小数的整数（-2^{31}～$2^{31}-1$）。
- **float**：定义单精度浮点数变量，可以代入有6～7位小数位的小数。
- **double**：定义双精度浮点数变量，可以代入有15～16位小数位的小数。

知识点总结

C语言中所有的变量在使用前必须先声明（定义）。
C语言中的变量主要有整型、浮点型和字符型三种类型。
变量就是内存中分配给要存放的数据的小房子（存储空间）。

3.4 变量的命名规则

变量是通过变量名区分的，所以每个变量都应该取一个与众不同的名字。在C语言中，给变量取名有一些特殊的规定（**命名规则**）（见图3.5）。

在C语言中，有一些字（英文单词）具有特定的含义（在C语言的某个命令符中使用了等等），不能用于其他用途，也就不能用它来做变量的名字。我们称这些特殊的字为C语言的**保留字**，图3.6中列出了标准C语言中所定义的保留字。

除了保留字之外，C语言中还有许多字符串与保留字类似，比如printf和scanf是C语言标准函数库中的函数名称，我们也不能用它来做变量的名字。像这些在C语言标准函数库中已经定义并使用过的字符串我们称为C语言的**标准标识符**。

除了标准标识符外，C语言允许用户自定义一些名称，比如给变量命名或者给用户自定义的函数命名等，这些由用户自定义的名称我们称为**用户标识符**。**最常见的用户标识符就是变量名**。在C语言中，对用户自定义标识符有如下要求（**变量命名规则**）：

- **只能是字母、数字或_（下划线）的组合；**
- **不能以数字开头；**
- **不能和保留字同名。**

下面这些都是不合法的变量名：

```
86Count    my name    you*Age    user's    int
```

它们不合法的原因分别是：86Count以数字开头，my name包含空格，you*Age包含特殊字符（*），user's包含特殊字符（'），int是C语言保留字。

另外，C语言中是**严格区分大写字母与小写字母**的。比如do是保留字，而Do、DO、dO就不是，因而它们三个可以用作变量名。通常情况下，C语言中的所有保留字、标准库函数名和普通标识符都只用小写字母表示，而**常量名则通常用大写字母表示**。

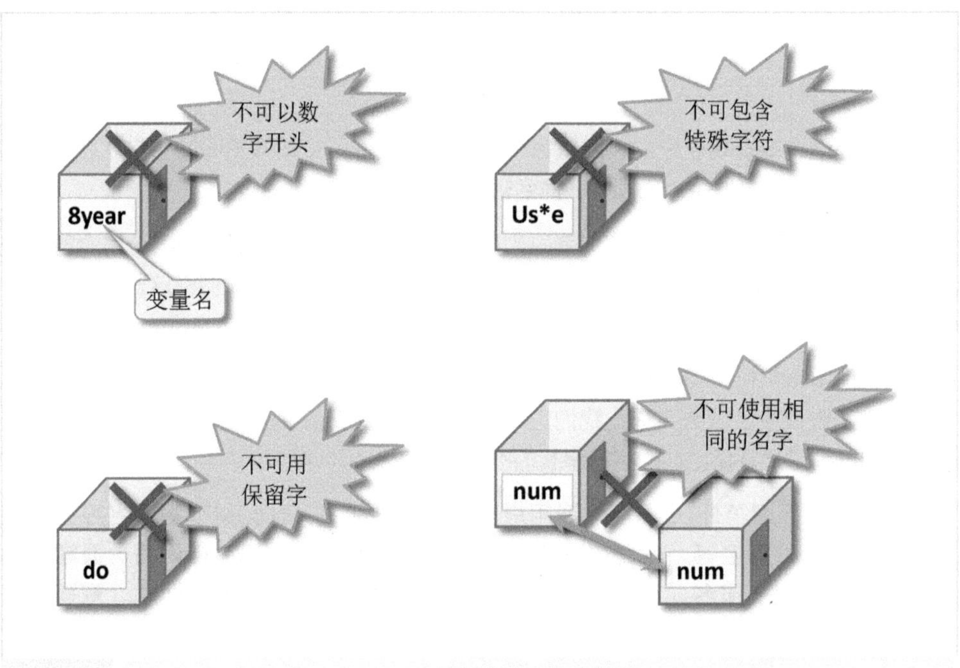

图3.5 变量命名的基本规则

auto	double	int	struct
break	else	long	switch
case	enum	register	typedef
char	extern	return	union
const	float	short	unsigned
continue	for	signed	void
default	goto	sizeof	volatile
do	if	static	while

图3.6 标准C语言的保留字

知识点总结

C语言中是严格区分大写字母与小写字母的。

C语言的保留字不能用作变量名。

3.5 赋值语句：向变量代入数据（值）

在计算机编程中，我们用变量来保存并管理很多数据，并用变量名来区分、识别和处理这些数据。在C语言中，给变量代入值时我们用“=”（等号）表示，一般“=”左边是变量名，“=”右边是要代入的值。例如：

> **变量名=值**

```
MyFname = 'Li'  //向变量MyFname中代入字符‘Li’
average = 86.5  //向变量average 中代入小数86.5
```

如上所述，**向变量代入值的语句称之为赋值语句**。向变量代入值也被称为**赋值**。

向变量中代入值时赋值语句的右边也可以是变量名。例如：

> **变量名=变量名**

```
X = A          //向变量X代入存储在变量A中的值
```

需要注意的是，向变量X中代入变量A，并不是把变量A中的值搬迁到变量X中。变量A向变量X的代入实际意味着下面两个步骤：

（1）复制存储在变量A中的值。

（2）把复制的值存储到变量X中（变量X中原有的值消失）。

赋值语句的右边也可以使用运算符号（+、-、×、÷等）写成公式。例如：

> **变量名=值+值 或 变量名=变量名+值**

```
Sum = 10+8     //10加上8的结果18会被代入变量Sum中
X = Sum+5      //变量Sum的值加上5的结果会被代入变量X中
```

知识点总结

向变更代入值的语句称之为赋值语句。
“=”在C语言中的涵义是给变量赋值。
变量名就是内存中存放数据的小房子的房间名。

图3.7展示了通过赋值语句向变量中代入数据（值）的过程。

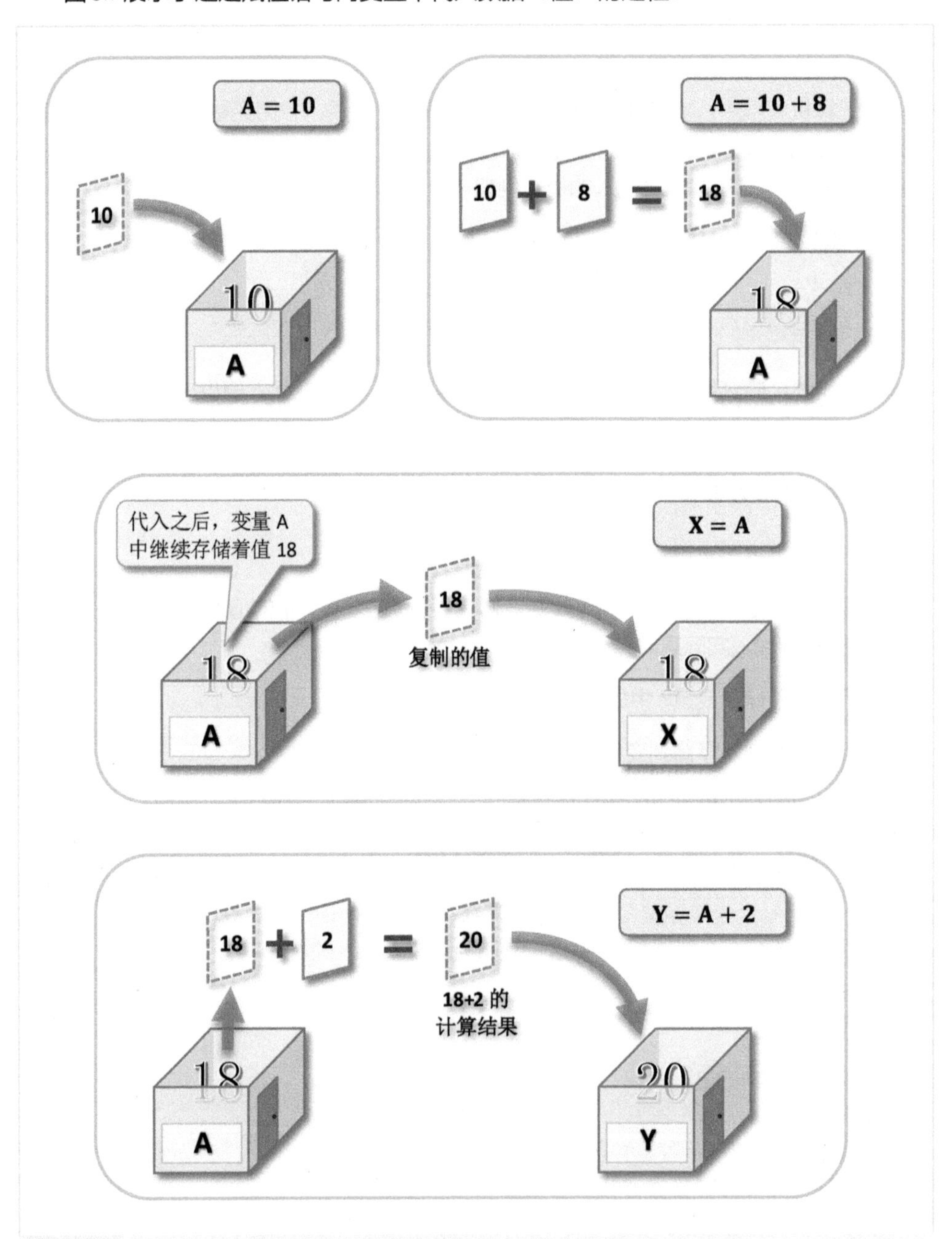

图3.7 通过赋值语句向变量中代入数据（值）

3.6　交换两个变量的值

问题：有两个整型变量A和B，A中存储的值是18，B中存储的值是10，编写程序交换变量A和B的值。

代码清单3.2　交换变量A和B的值（错误代码）

```
1   #include <stdio.h>
2   int main()
3   {
4       int A=18,B=10;
5       A=B;
6       B=A;
7       printf("A=%d,B=%d",A,B);
8       system("pause");
9       return 0;
10  }
```

当把变量B代入变量A后，A中原来的值18就消失了

此时变量A的值为10，当把A代入变量B后，B的值也为10

上面程序代码的执行步骤如下：

步骤（1）定义变量A和B，并分别代入初始值18和10（**变量初始化**）；
步骤（2）把变量B的值代入变量A；
步骤（3）把变量A的值代入变量B；
步骤（4）屏幕打印输出变量A和B的值。

从表3.2可以看出，步骤（2）中当把变量B代入变量A后，A中原来的值18就消失了，此时A的值为10，步骤（3）中再把A代入B以后，B的值也为10。因而这段代码并没有实现变量A和B的值的交换，其算法描述以及执行过程如图3.8所示。

表3.2　代码清单3.2的程序执行过程中变量值的变化情况

顺序	处理	变量A的值	变量B的值
步骤（1）	变量初始化A=18，B=10	18	10
步骤（2）	A=B	10	10
步骤（3）	B=A	10	10
步骤（4）	输出A和B的值	10	10

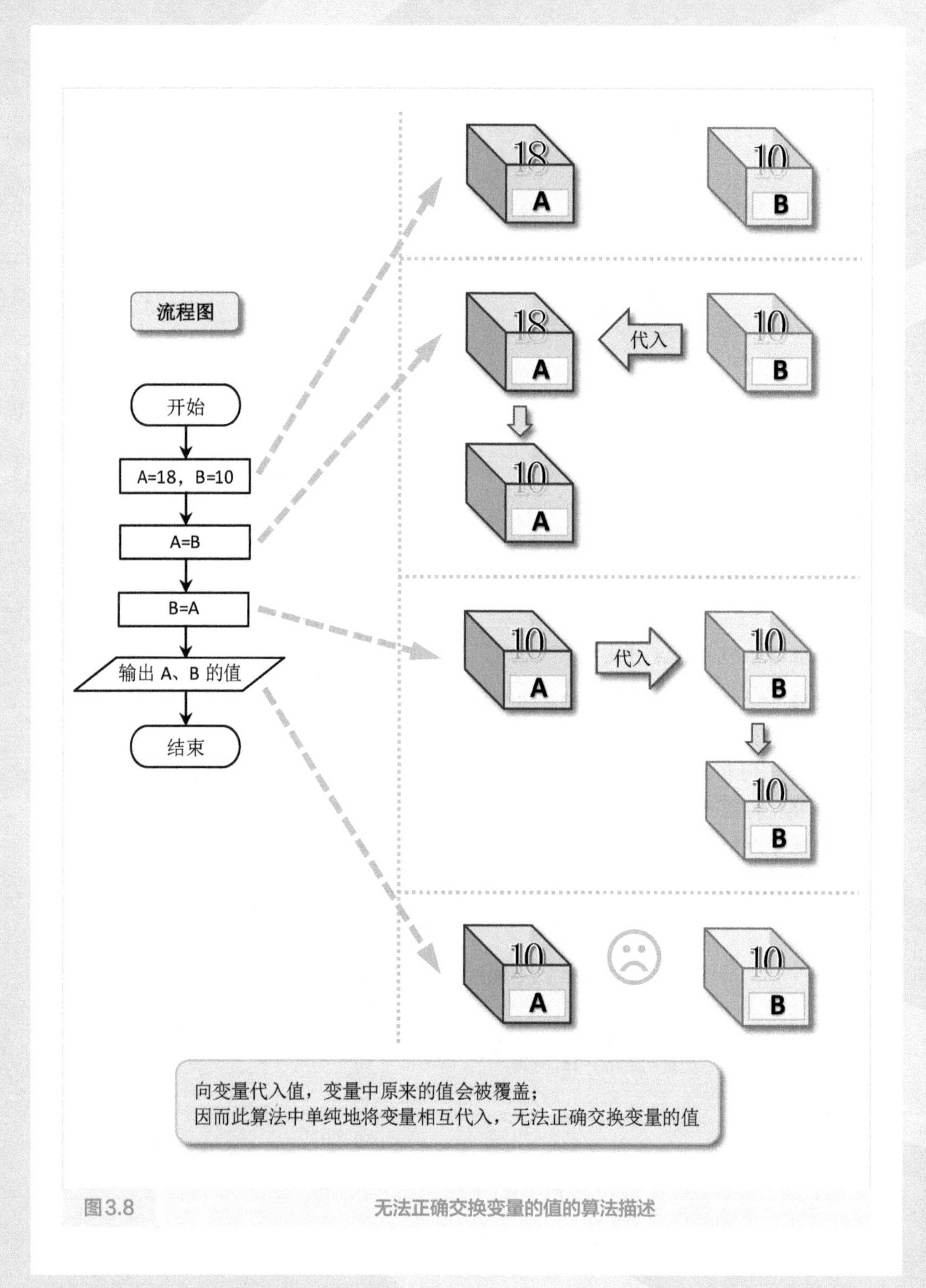

图3.8 无法正确交换变量的值的算法描述

代码清单3.3 利用临时变量交换变量A和B的值（正确代码）

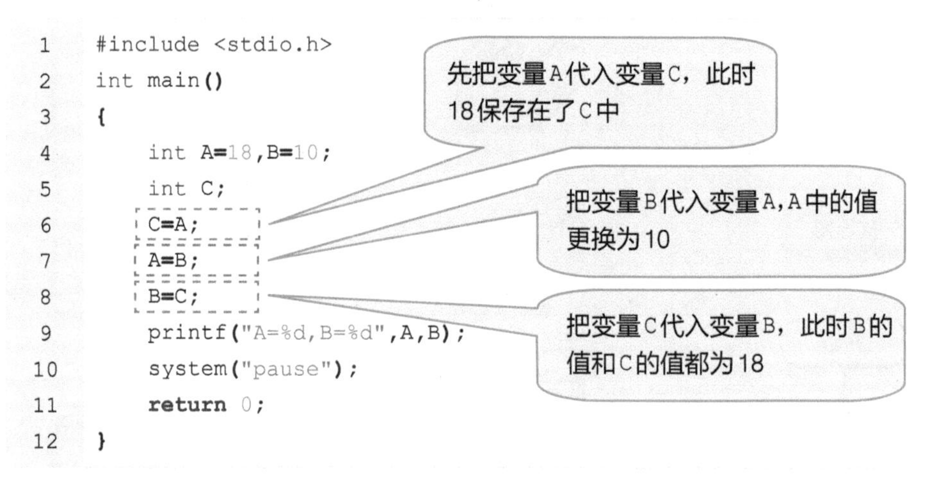

```
1   #include <stdio.h>
2   int main()
3   {
4       int A=18,B=10;
5       int C;
6       C=A;
7       A=B;
8       B=C;
9       printf("A=%d,B=%d",A,B);
10      system("pause");
11      return 0;
12  }
```

先把变量A代入变量C，此时18保存在了C中
把变量B代入变量A,A中的值更换为10
把变量C代入变量B，此时B的值和C的值都为18

上面程序代码的执行步骤如下：

步骤（1） 定义变量A和B，并分别代入初始值18和10(变量**初始化**)；
步骤（2） 定义临时变量C；
步骤（3） 把变量A的值代入变量C；
步骤（4） 把变量B的值代入变量A；
步骤（5） 把变量C的值代入变量B；
步骤（6） 屏幕打印输出变量A和B的值。

表3.3给出了代码清单3.3的程序执行过程中变量值的变化情况。该程序的算法描述以及执行过程如图3.9所示。

表3.3 代码清单3.3的程序执过程中变量值的变化情况

顺序	处理	变量A的值	变量B的值	变量C的值
步骤（1）	变量初始化A=18,B=10	18	10	/
步骤（2）	定义变量C	18	10	空
步骤（3）	C=A	18	10	18
步骤（4）	A=B	10	10	18
步骤（5）	B=C	10	18	18
步骤（6）	输出A和B的值	10	18	18

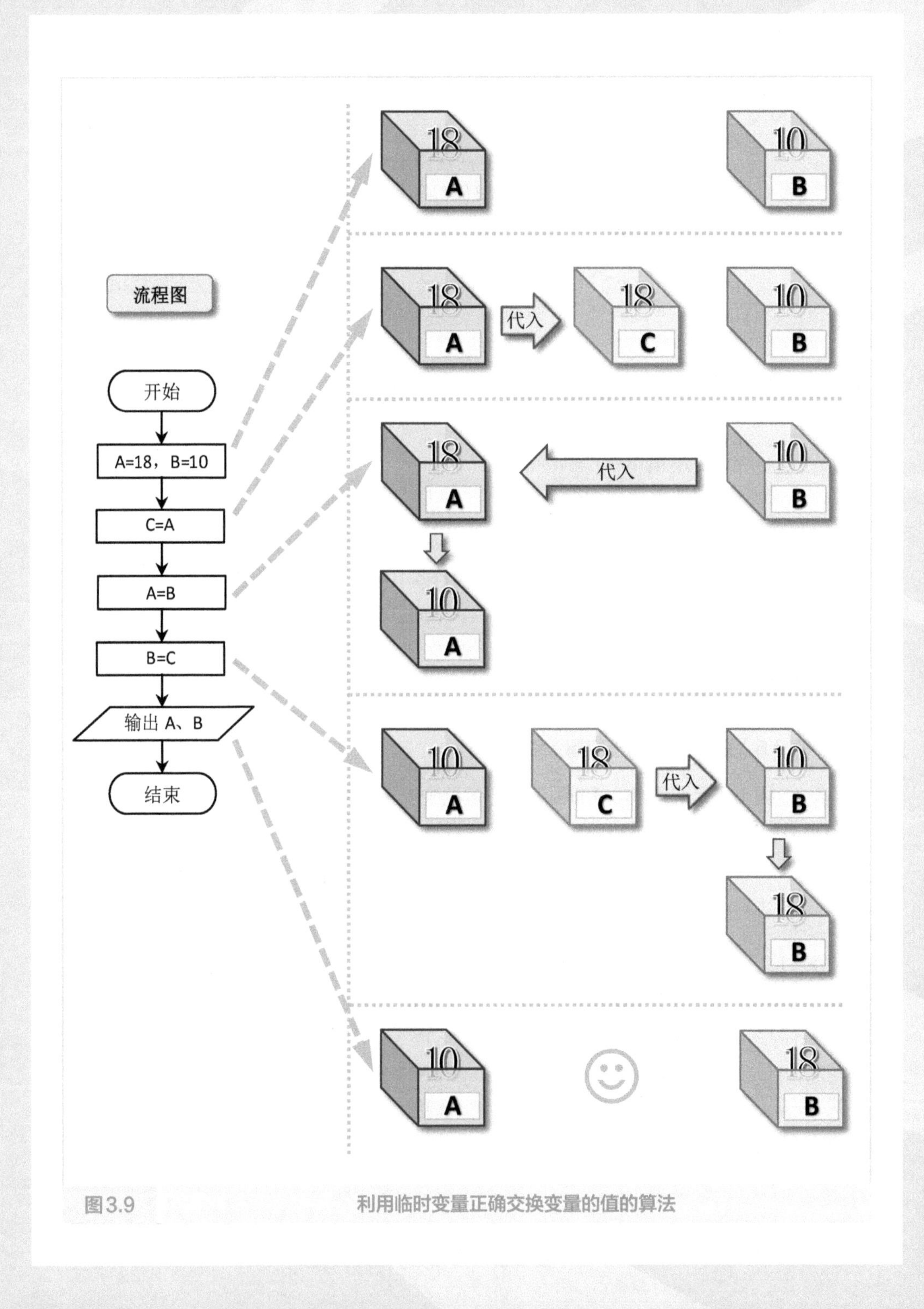

图3.9 利用临时变量正确交换变量的值的算法

3.7 数组

在C语言中我们可以定义如`int`、`char`、`float`等多种类型的变量，但是这样的变量当中只能存放一个数据，当我们需要存储大量数据时就显得比较麻烦。比如我们要存储全校1200名学生的成绩时，用这种方法就得定义1200个变量，这个工作量也太大了。

幸好C语言给我们提供了“数组”，当需要保存大量数据时就可以利用“数组”来处理。**数组**可以**存储一组具有相同数据类型的值**，使它们形成一个小组，可以把它们作为一个整体处理，同时又可以区分小组内的每一个数值。比如一个班50名同学的数学成绩，就可以保存在一个数组中，而这50名同学的性别又可以保存在另外一个数组中。

同一数组中的所有数据必须是相同数据类型和相同含义的值。比如一个班50名同学的数学成绩（浮点型）与性别（字符型）就不能存储在同一个数组中。而50名同学的数学成绩（浮点型）和体重（浮点型）虽然它们的数据类型相同，也不能存储在同一个数组中，因为它们所表示的含义不同。

数组实际上是把多个具有相同类型的变量按顺序排列在一起而形成的一个组合（见图3.10）。前面我们把变量想象成是单身小房子，那么数组就可以想象成是拥有许多相同小房子的一幢楼。

数组是相同数据类型的变量的排列，因而数组本身也有数据类型，它的数据类型跟组成它的单个变量的数据类型是一样的。

为了区分不同的数组，每个数组也需要给它取一个唯一的名字，命名规则跟变量的命名规则是一样的。

知识点总结

“数组”用来保存大量相同类型的数据。
“数组”是相同数据类型的变量的排列。
“数组”和变量一样，在使用前必须先定义（声明数组）。
“数组”的数据类型就是它里面存储的数据的数据类型。

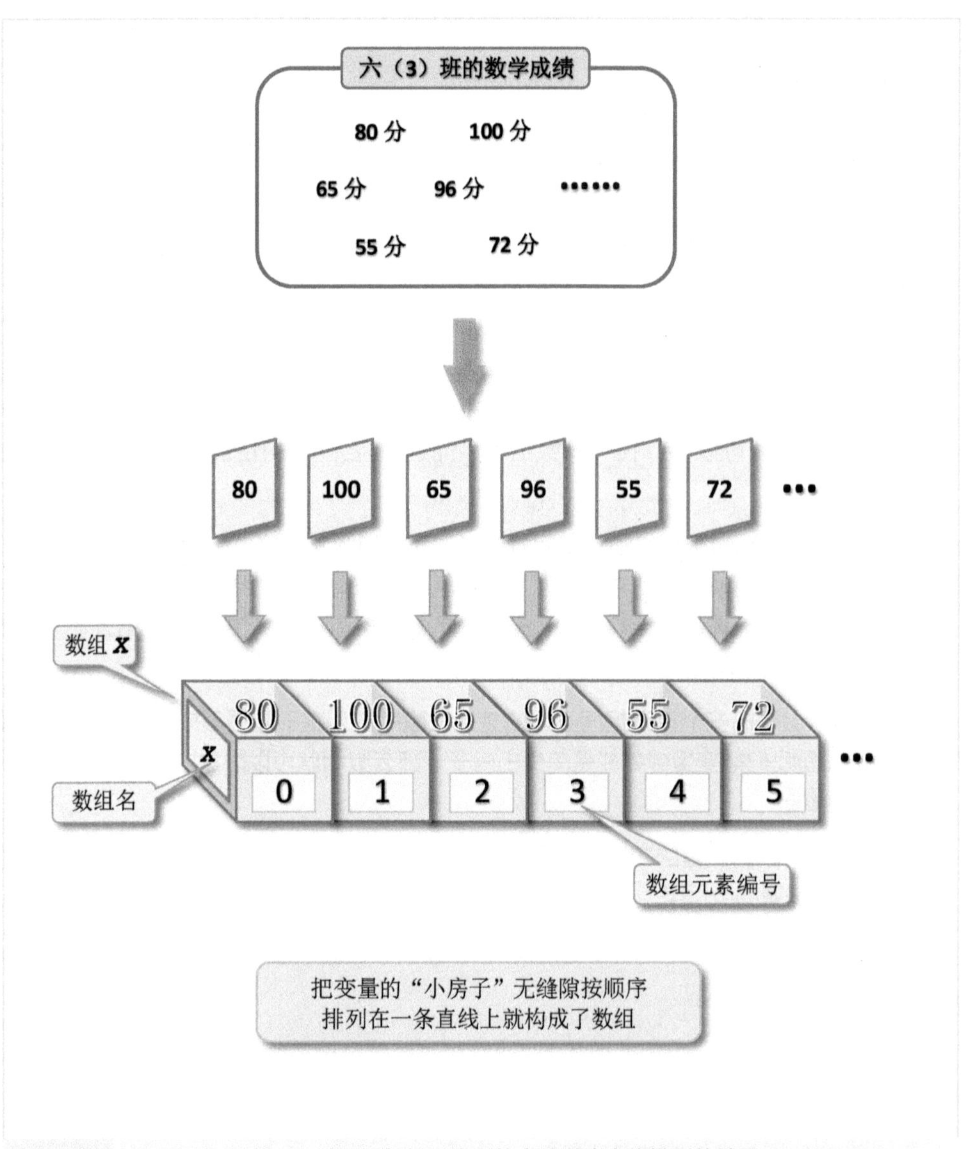

图 3.10 数组是把相同类型的变量顺序直线排列的结果

3.8 数组声明和引用

数组和普通的变量一样，在C语言中必须先定义（称作**声明数组**）才能使用。数组的声明和变量的定义是一样的，需要指定数据类型，并取一个唯一的名字（**数组名**），不同之处在于，数组名后紧跟方括号“[]”，并且在方括号里面给出该数组所包含元素的总数（也称为**数组大小**）（代码清单3.4）。

代码清单3.4　C语言声明数组示例

```
1  #include <stdio.h>
2  int main()
3  {
4      int math[50];                  //定义数组math存储50个数学成绩
5      char myName[10]="王小石";      //定义数组myName并初始化
6      char month[]="September";     //定义数组month并初始化
7      int chengJi[4][50];           //定义二维数组存储50名学生的四门功课成绩
8      ……
9      return 0;
10 }
```

数组的元素指的就是数组里面单个的数据。上一节中提到数组实际上是由多个变量排列而成的，因而数组的元素也就是组成数组的单个变量。

在C语言中，用**数组名[下标]**的方式来指定数组中的某个元素，这里的**下标**指的就是如图3.11中数组X当中的元素编号，C语言的元素编号是从0开始的自然数序列号。如要获得数组X中的数据100，就可以用X[1]来表示，读作“X下标1”或“X1”。对数组当中某个数据的获取和使用我们称为**数组数据的引用**。

比如图3.10中的数组X，其中：

- X[0]表示存储在X数组中下标（元素编号）为0的元素（即第1个数据80）；
- X[1]表示存储在X数组中下标（元素编号）为1的元素（即第2个数据100）；
- X[2]表示存储在X数组中下标（元素编号）为2的元素（即第3个数据65）；
- X[3]表示存储在X数组中下标（元素编号）为3的元素（即第4个数据96）；

……

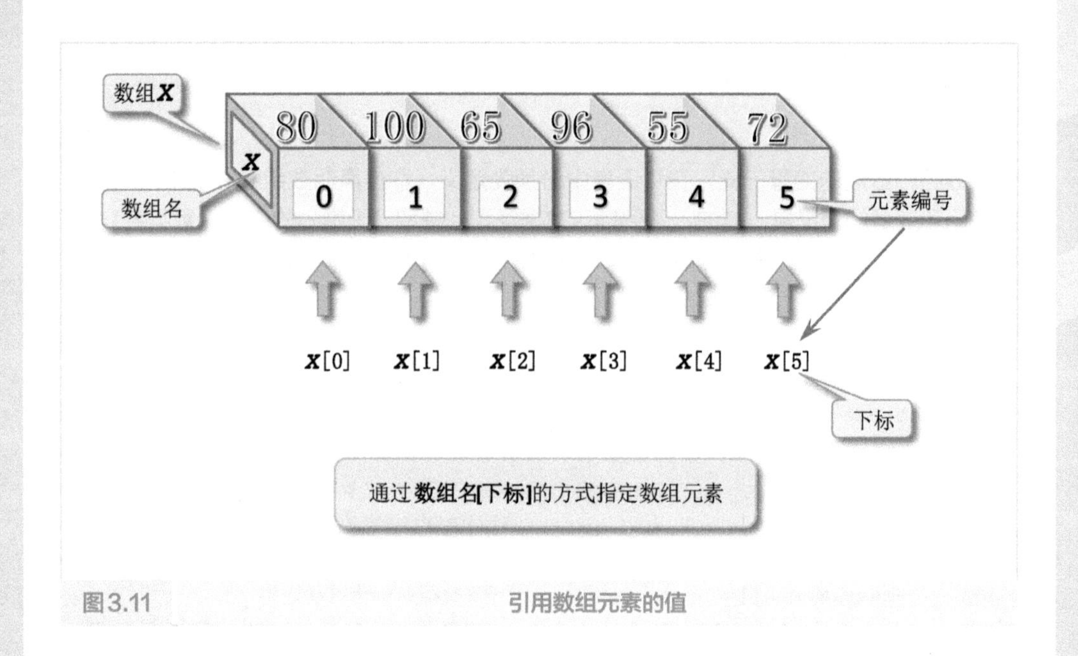

图3.11 引用数组元素的值

知识点总结

构成数组的“小房子”的个数称为数组元素数。

数组元素用元素编号（从0开始的序列号）进行管理。

元素编号（下标）可以标识指定的数组元素：数组名[下标]。

3.9　二维数组

数组中存储着大量相同类型的关联数据。如图3.10中的数组x，只有一行数据，如同在一条直线上排列的许多小房子那样的数组称为**一维数组**，一维数组用一个下标（元素编号）就可以指定数组元素，比如**x[1]**表示数组x中的第2个元素。

日常生活中我们常常需要处理如表3.4所示的大量数据。

表3.4　某班级期中考试各科成绩表

学号 学科	1	2	3	4	5	6	7	8	9	10	…	49	50
语文	95	56	78	85	85	83	80	85	85	75	…	85	85
数学	80	85	85	75	100	88	100	75	82	83	…	82	75
英语	100	75	82	83	75	85	95	56	78	85	…	83	100
科学	88	68	90	88	68	75	80	85	85	75	…	88	90

类似这种多行多列的二维表格数据，我们用**二维数组**来表示。

如果把一维数组比作排列成一排的许多小房子。那么二维数组就是一幢多层楼房，而且每一层都有相同的房间数。这里需要强调的是，每一层的房间数必须是一样的，如果每层的房间数不相同，则不能成为二维数组。

围棋棋盘上黑白棋子位置的管理，以及商品销售量统计表等类似的二维表格数据，都可以使用二维数组（见图3.12）。

知识点总结

“二维数组”如同多层楼房，每层有相同数量的房间。

“二维数组”多用于存储多行多列的二维表格数据。

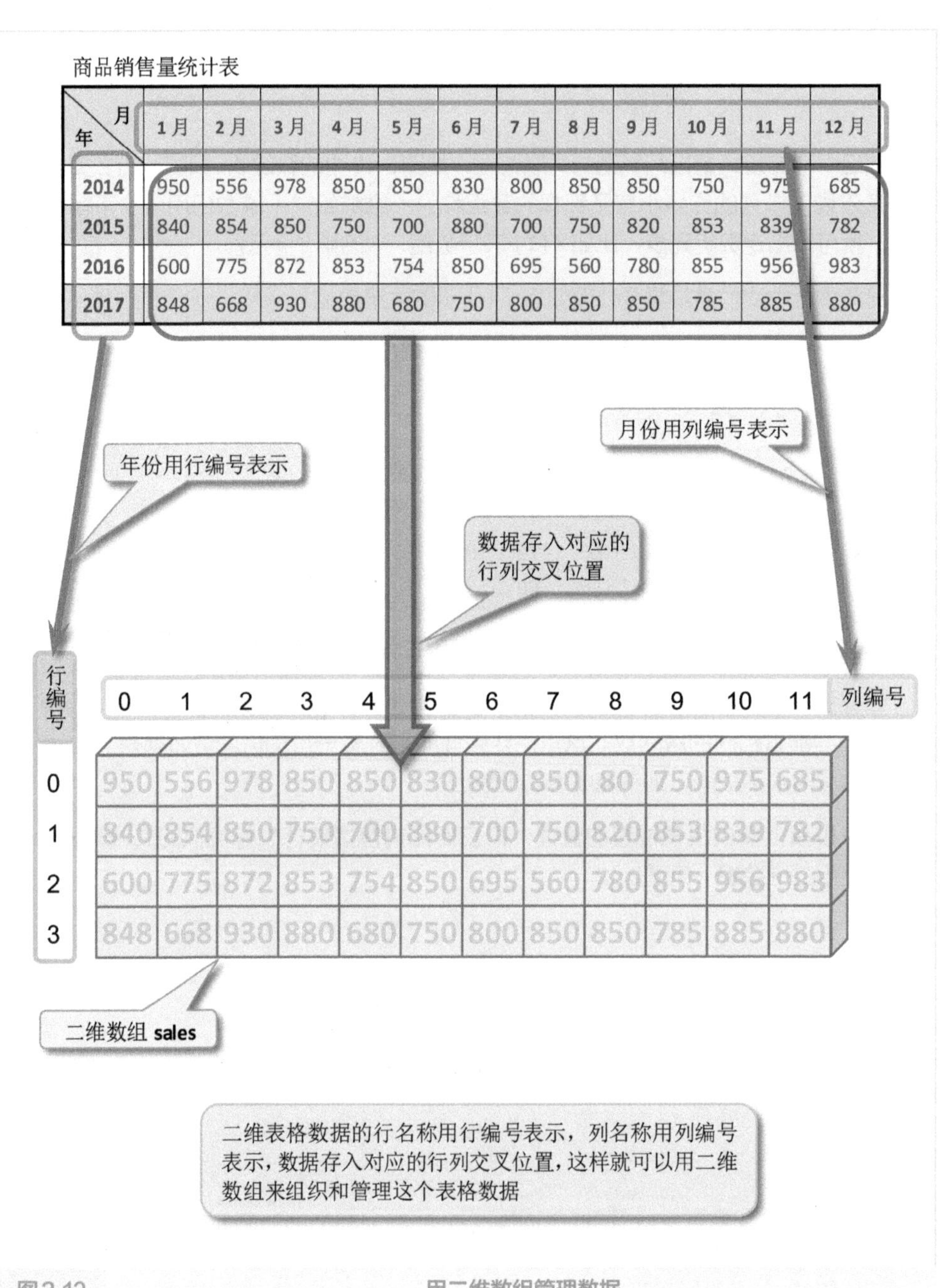
商品销售量统计表

年＼月	1月	2月	3月	4月	5月	6月	7月	8月	9月	10月	11月	12月
2014	950	556	978	850	850	830	800	850	850	750	975	685
2015	840	854	850	750	700	880	700	750	820	853	839	782
2016	600	775	872	853	754	850	695	560	780	855	956	983
2017	848	668	930	880	680	750	800	850	850	785	885	880

图3.12 用二维数组管理数据

3.10 二维数组的引用

二维数组用两个下标来指定和引用数组元素，第一个下标表示元素所在的行编号，第二个下标表示元素所在的列编号。**在“行”和“列”的交叉处所在的元素就是指定的数组元素**。

为了访问二维数组中的某一个特定元素（引用），我们利用数组名和元素行编号与列编号的组合来指定具体的数组元素：

数组名[行编号][列编号]

譬如，把二维数组ARRAY中行编号为2，列编号为6的特定数组元素表示为：

```
ARRAY[2][6]
```

C语言中，二维数组的行编号和列编号都是从0开始的自然数序列号。因而`ARRAY[2][6]`中的行编号2表示`ARRAY`数组的第3行，列编号6表示`ARRAY`数组的第7列（见图3.13），这样`ARRAY[2][6]`则为`ARRAY`数组的第3行第7列交叉位置的数组元素。

知识点总结

“二维数组”用行编号和列编号两个下标来指定和引用数组元素。

“二维数组”数组元素的引用格式：数组名[行编号][列编号]。

“二维数组”的行编号和列编号都是从0开始的序列号。

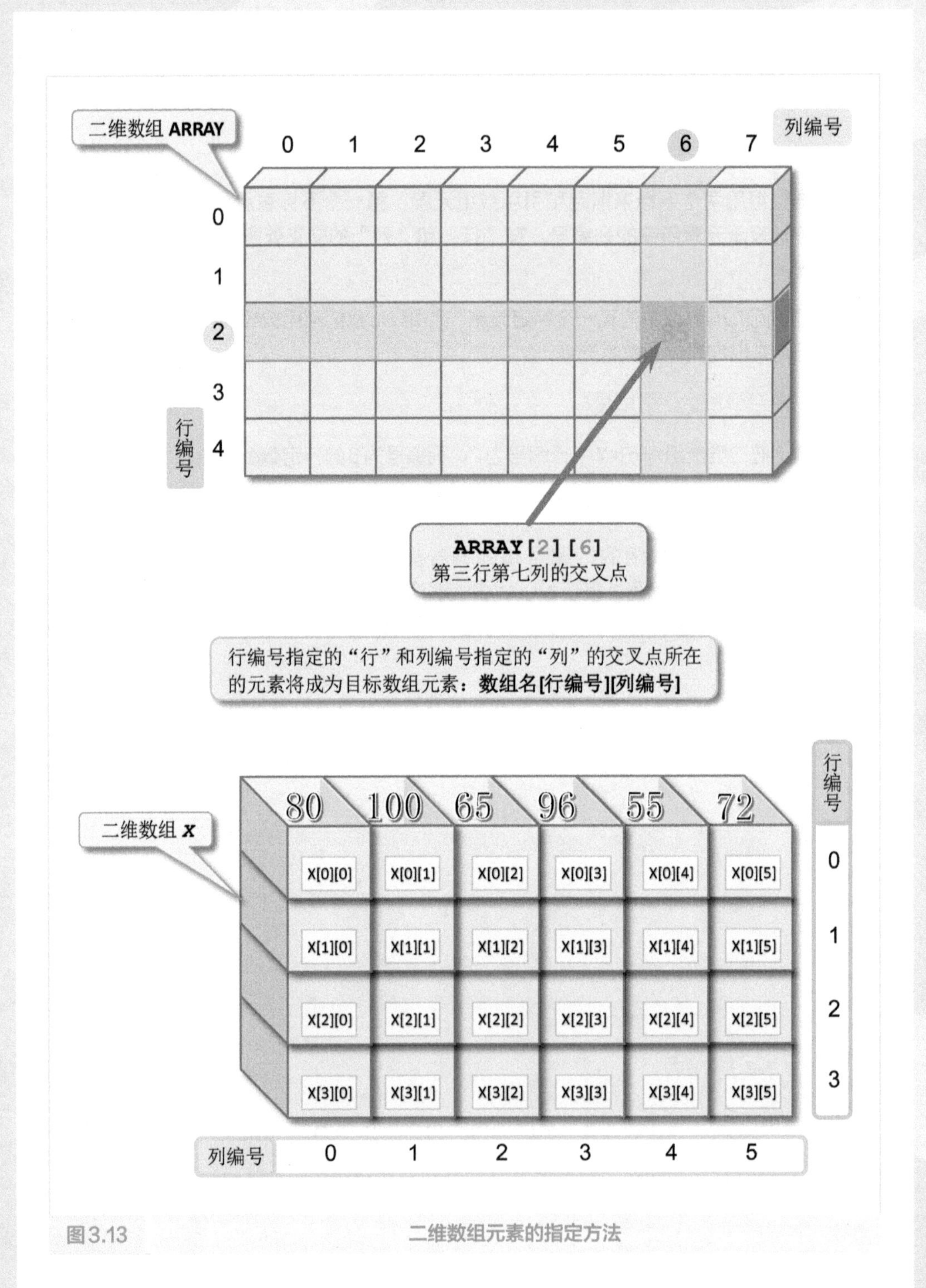

图3.13 二维数组元素的指定方法

3.11 数组的初始化

在C语言中，所有数组都可以像变量一样，在声明语句（定义数组）中进行初始化，也就是在数组定义的时候就给数组的各个元素代入数据（值）。但这些代入数组元素的数据（值）必须包含在一对花括号（{ }）中，而且这些数据（值）只能由常量或常量表达式组成，各个数据（值）之间用逗号（,）隔开（见代码清单3.5）。

代码清单3.5　C语言数组初始化代码片段

```
1   #include <stdio.h>
2   int main()
3   {
4       int math[6]={89,85,90,75,69,95};
5       int mathAll[]={89,85,90,75,69,95};
6       char words[5]={'a','e','i','o','u'};
7       char month[]="September";
8       int score[2][3]={{85,90,95},{65,60,59}};
9       ......
10  }
```

当所有数组元素的值都包含在内时，[] 中的数组大小（元素总数）可以省略

在初始化时，第一个数值被代入下标为0的数组元素，第二个数值被代入下标为1的数组元素，依此类推，直到所有的数值都被代入。比如对于数组声明：

```
int math[6]={89,85,90,75,69,95};
```

初始化后：math[0]=89　math[1]=85　math[2]=90

math[3]=75　math[4]=69　math[5]=95

同样对于二维数组声明：

```
int score[2][3]={{85,90,95},{65,60,59}};
```

初始化后：score[0][0]=85　score[0][1]=90　score[0][2]=95

score[1][0]=65　score[1][1]=60　score[1][2]=59

图3.14形象地展示了数组元素在定义时的初始化过程。

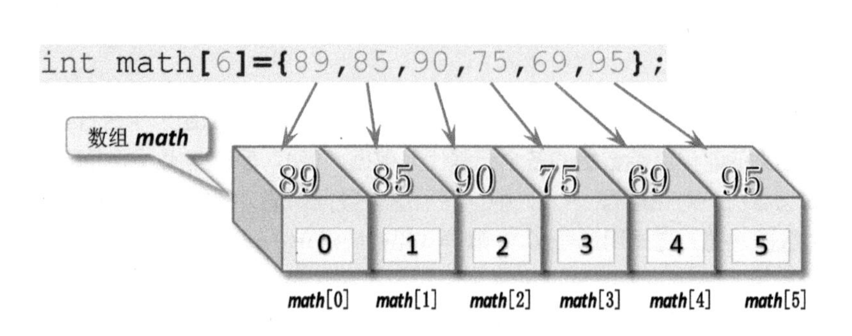
int math[6]={89,85,90,75,69,95};
数组 math
89
85
90
75
69
95
0
1
2
3
4
5
math[0]
math[1]
math[2]
math[3]
math[4]
math[5]

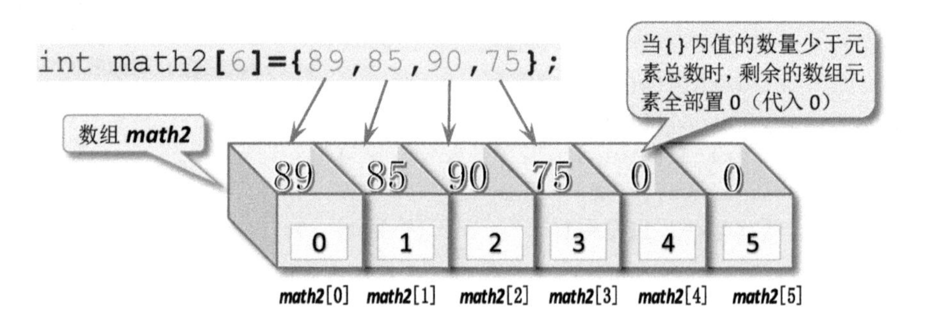
int math2[6]={89,85,90,75};
当{}内值的数量少于元素总数时，剩余的数组元素全部置0（代入0）
数组 math2
89
85
90
75
0
0
0
1
2
3
4
5
math2[0]
math2[1]
math2[2]
math2[3]
math2[4]
math2[5]

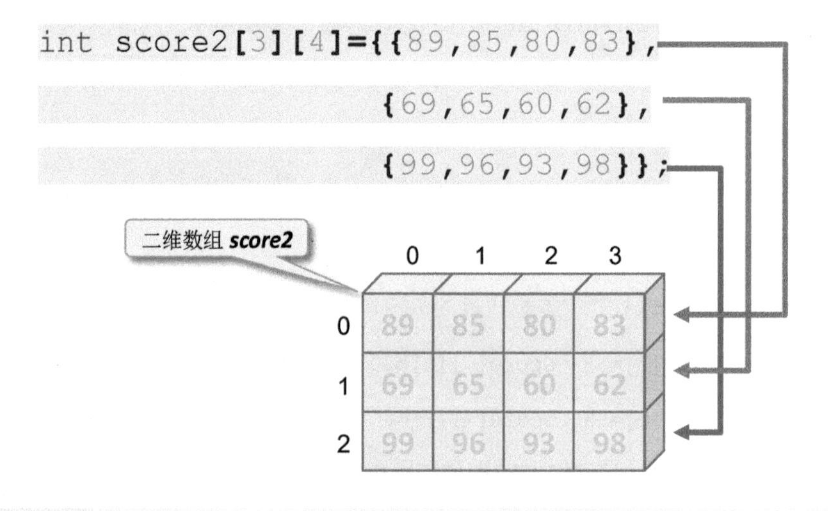
int score2[3][4]={{89,85,80,83},
{69,65,60,62},
{99,96,93,98}};
二维数组 score2
0 1 2 3
0
1
2
89 85 80 83
69 65 60 62
99 96 93 98

图3.14 数组元素的初始化

3.12　字符串：字符数据组成的数组

对于字符，在计算机内部都是用数字（字符编码）来表示的（参见第1章的表1.1），而**字符串是“字符连续排列”的一种表现**。

字符串就是每个元素内都存储着字符的一维数组，通常称之为**字符数组**。

在C语言中，因为字符数组的元素内存储的都是char型的字符，所以字符数组的数据类型是char型，因而字符串实际上就是一个char型的一维数组（见图3.15）。

字符串中包含的字符的个数就是这个**字符串的长度**。

C语言中用字符数组存储字符串时在字符串的末端都要加一个字符“\0”来表示这个字符串的结束，这个“\0”称为**字符串结束符**。因而在定义字符数组时，**数组大小应为要存储的字符串长度的最大值加1**。

C语言中字符数组的声明（定义）及初始化格式如下：

代码清单3.6　C语言声明字符数组代码片段

```
1  #include <stdio.h>
2  int main()
3  {
4  char myName[20];
5  char string[6]={'C','h','i','n','a','\0'};
6  char month[10]="September";
7  char month2[]="September";
8  ......
9  }
```

定义的数组大小比要存储的字符串长度大1

知识点总结

字符串是每个数组元素内都存储着字符的一维数组。
C语言中的字符串是一个char型的一维数组。
字符数组的大小为要存储的字符串长度的最大值加1。

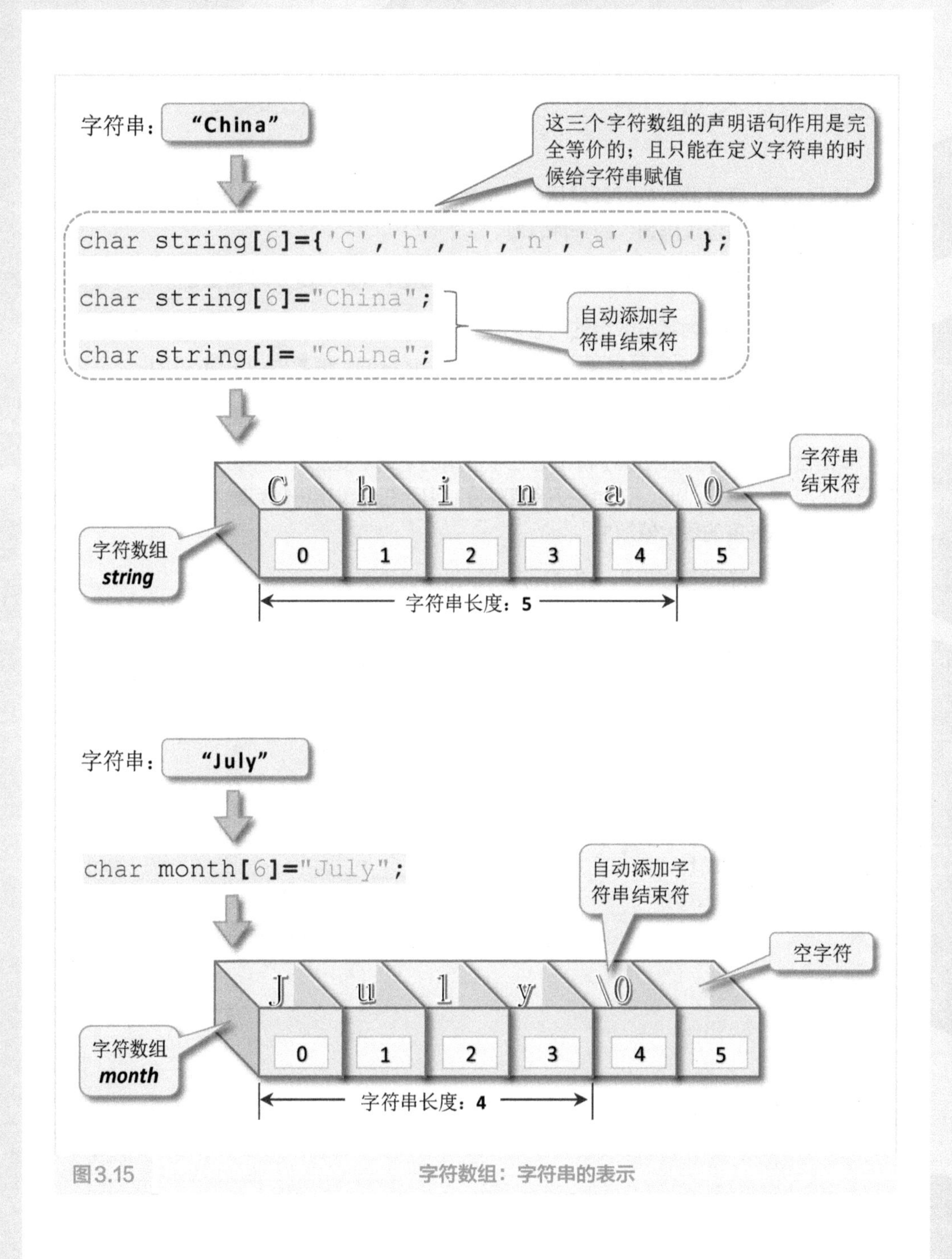

图3.15　字符数组：字符串的表示

定义用于存储字符串的字符数组时，一定要预留足够的字符数组空间容纳最长的字符串，而且还要多增加一个字符空间用于存放字符串结束符‘\0’。

给已经定义好的字符数组中存储字符串（**字符串赋值**）时，我们**不可以**使用上述字符数组声明（定义）部分所用的各种初始化字符串的方法。前面讲到的几种初始化字符串的方法，只能在声明（定义）字符数组的时候使用。在程序其他部分给字符串赋值，必须一次一个字符地赋值给对应的数组元素，或者使用**字符串赋值函数 strcpy()** 来实现（代码清单 3.7）。下面的语句将把字符串“April”赋值给已经定义好的字符数组 **month**：

```
strcpy(month,"July");
```

在 C 语言程序中，经常会用到字符串的长度。要获得一个字符串的长度通常可以可使用下面两种方法：

- 使用 **strlen(str)** 函数：　//求字符数组 **str** 中存储的字符串的长度

```
strLen=strlen(month);         //获得字符数组month中存储的字符串的长度
```

- 使用 **sizeof(str)** 操作符：//计算字符数组 **str** 在内存中所占的字节数

```
strLen2=sizeof(month);        //获得字符数组month有效元素个数，包含'\0'
```

操作符 **sizeof()** 用于计算对象在内存中所占的字节数。一个字符占一个字节，字符串数组的末尾还有字符串结束符‘\0’也占一个字节，所以用 sizeof(str) 获得的是字符数组 str 的有效元素数量（数组大小），包含字符串结束符‘\0’，它比存储在里面的字符串的实际长度大 1（见图 3.16）。

在使用 **strcpy()** 和 **strlen()** 的 C 程序中，必须在程序的预处理指令部分添加指令包含 **string.h** 头文件（代码清单 3.7）：#include <string.h>。

知识点总结

C 语言中用字符串赋值函数 strcpy() 给字符串赋值。

C 语言中用函数 strlen() 获得字符串长度，用 sizeof() 获得字符数组大小。

代码清单3.7　C语言中给字符串赋值

```
1   #include <stdio.h>
2   #include <string.h>
3   int main()
4   {
5       char string[6];
6       char month[10];
▶7      string={'C','h','i','n','a','\0'};
▶8      month="September";
9       string[0]='C';
10      string[1]='h';
11      string[2]='i';
12      string[3]='n';
13      string[4]='a';
14      string[5]='\0';
15      strcpy(month,"July");                //给字符数组month赋值
16      int month_len=strlen(month);         //求字符串"July"的长度4
17      int month_len2=sizeof(month);
              //获得字符数组mouth有效元素个数5(包含字符串结束符'\0')
18  }
```

使用字符串赋值函数strcpy()前，必须在此处包含文件string.h

错误的字符串赋值方法

正确的字符串赋值方法

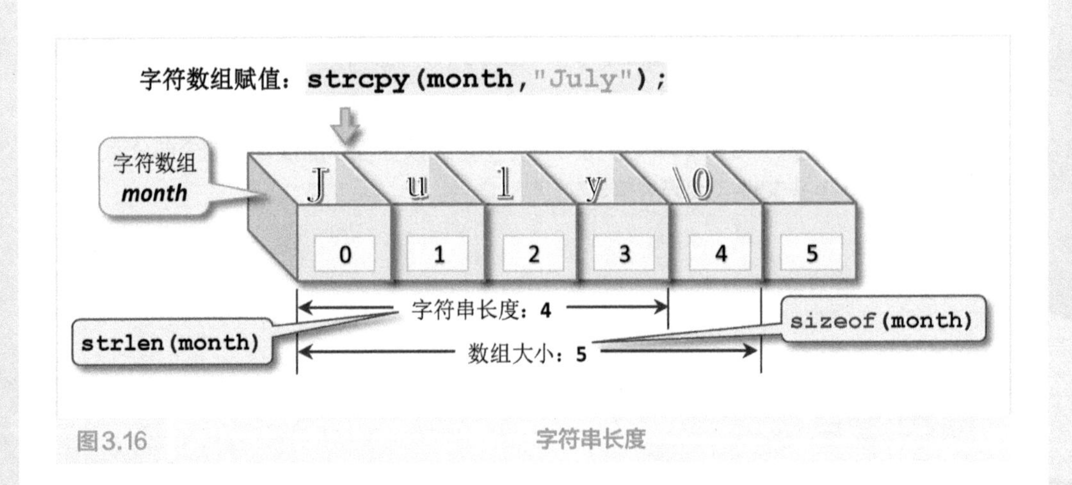

图3.16　字符串长度

练习题

一 习题3.1 选择题

（1）下列哪些是正确的变量名：（　　）

A. Int　　B. long　　C. name#　　D. 2year　　E. day_7

（2）下面哪几条C语句是正确的：（　　）

A. `MyFname = 王小二;`

B. `int score = 86.5;`

C. `Sum = 10+8;`

D. `char myFname='李',job='T';`

（3）下面的数组定义语句错误是的（　　）。

A. `int chengJi[4][50];`

B. `int math[6]={89,85,90,75,69,95};`

C. `char words[5]={a,e,i,o,u};`

D. `int score[2][3]={{85,90,95},}65,60,59}};`

（4）下面的数组定义语句错误是的（　　）。

A. `char myName[20];`

B. `char string[6]={'C','h','i','n','a','\0'};`

C. `char month[9]="September";`

D. `char month2[]="September";`

（5）下面哪一条语句不能给字符串正确赋值：（　　）

A. `strcpy(string,"July");`

B. `char string[6]={'C','h','i','n','a','\0'};`

C. `char string [6]="China";`

D. `char string []='China';`

第4章

输出输入：C程序与用户的交互方式

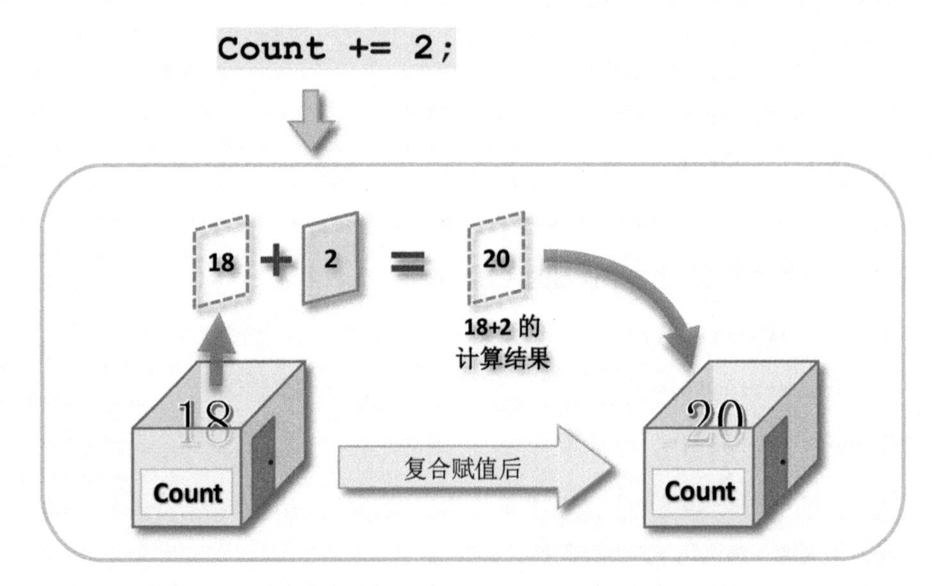

4.1 数据输出：printf()函数和puts()函数的使用

程序在计算机的内存中运行，得出结果以后总是需要输出，这样我们才能查看程序的运行状况。C语言用于输出的主要方法是使用**格式输出函数printf()**用和**字符串输出函数puts()**。

printf()函数的作用就是把字符、数字和单词发送到电脑屏幕上（屏幕打印）。

printf()的一般格式如下：

```
printf("格式控制字符串",输出表列);        //输出表列各项用逗号“,”分隔
```

puts()函数是**把字符串输出到电脑屏幕上并换行**。

```
puts("Hello World!");        //屏幕打印字符串消息并换行
```

只要**把需要在屏幕上显示的字符串消息放在双引号中**，电脑执行**printf()**和**puts()**语句时，就会在屏幕上原样打印出该字符串消息（见图4.1）。

```
printf("%d %f %c %s",16,3.14,'x',"China");      //按数据格式打印
```

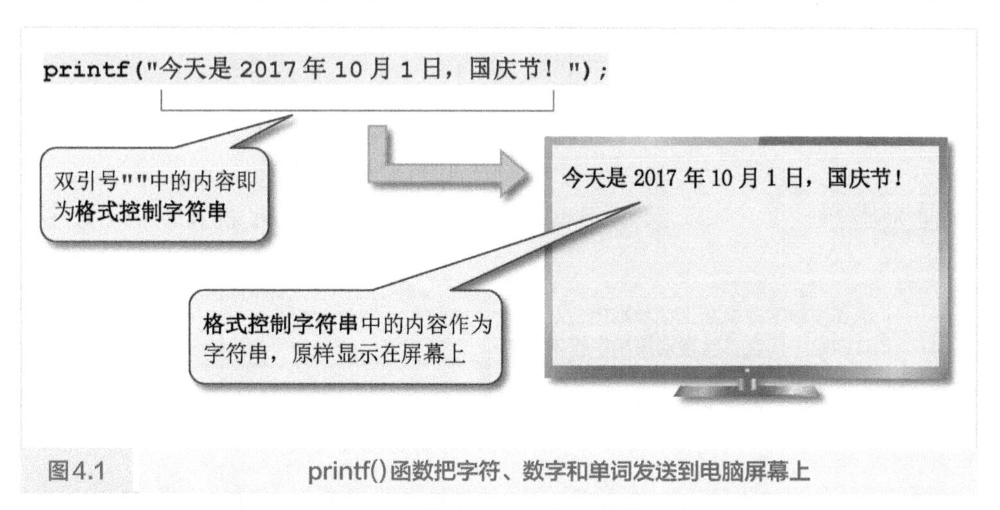
printf("今天是 2017 年 10 月 1 日，国庆节！");
双引号""中的内容即为格式控制字符串
今天是 2017 年 10 月 1 日，国庆节！
格式控制字符串中的内容作为字符串，原样显示在屏幕上

图4.1　printf()函数把字符、数字和单词发送到电脑屏幕上

因为数字、字符在计算机内部都是以二进制数来存储和处理的，所以需要屏幕打印数字和字符时，必须准确地告诉C程序需要打印的内容是什么数据类型（格式）。C语言使

用**转化字符**来表明数据的格式。表4.1列举了C语言中常用的4种转化字符。

表4.1　C语言中的转化字符

转化字符	描述	输出示例	说明
%d	整数	`printf("%d",16);`	输出整数16
%f	浮点数	`printf("%f",3.14);`	输出小数3.140000
%c	字符	`printf("%c",'x');`	输出字符'x'
%s	字符串	`printf("%s","China");`	输出字符串"China"

如果仅仅输出一个字符串，则可以省略转化字符 **%s**，比如：

`printf("%s","Hello World!");` 可简写为：`printf("Hello World!");`

但如果输出与其他数据组合的字符串时，必须用转化字符 **%s**（见图4.2），比如：

```
printf("%s一斤%f元,%s一斤%d元","苹果",2.5,"西瓜",2);
```

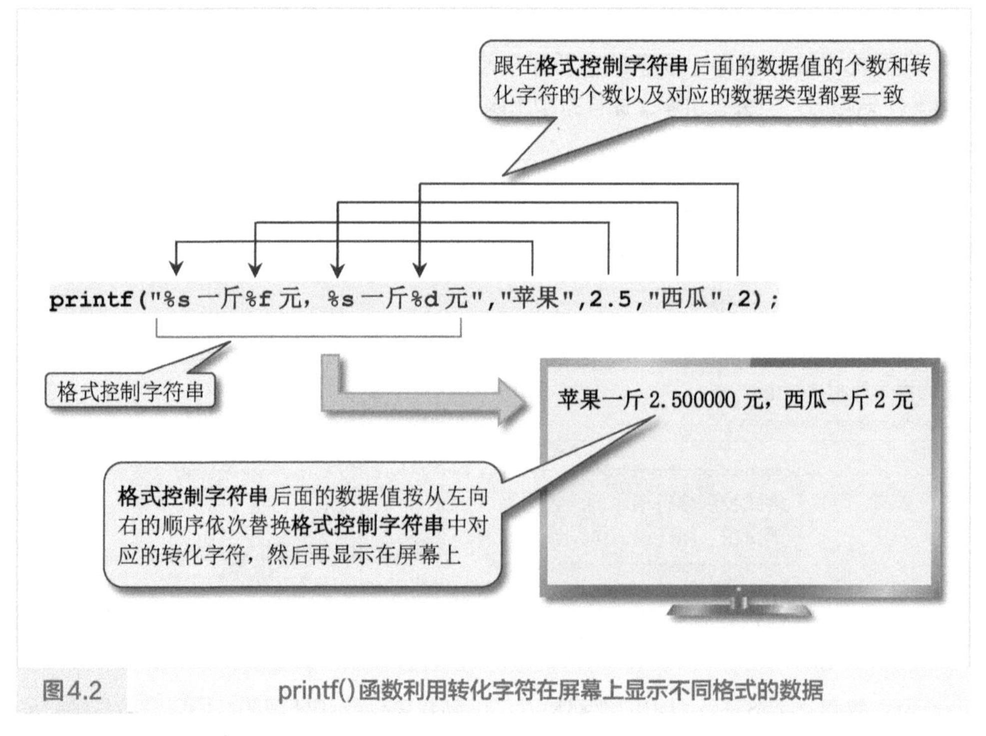

图4.2　printf()函数利用转化字符在屏幕上显示不同格式的数据

注：1斤=500克。

转化字符 **%f** 默认输出一个6位小数位的浮点数，如果不足6位，也会在后面补0，如果超过6位则会四舍五入转化为6位小数位再输出。使用 **%.nf** 的形式可以用其中的n来指定输出的小数位数，比如 **%.2f** 表示输出2位小数位的浮点数（见图4.3）。

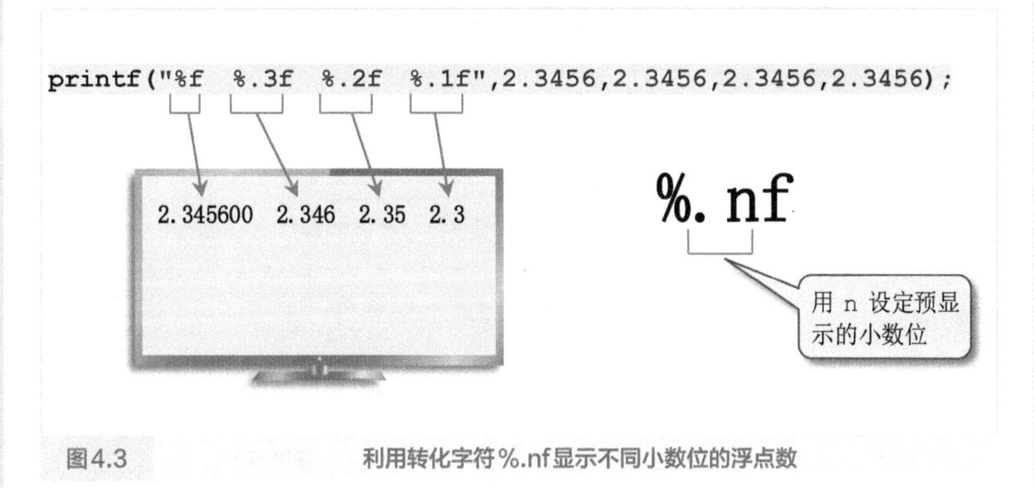

图4.3　利用转化字符%.nf显示不同小数位的浮点数

如果要在屏幕上输出字符“%”，可以使用下面的方式：

```
printf("%%");                //双引号中的两个%在屏幕上只显示一个
printf("%%d %%c %%f %%s");    //屏幕显示：%d %c %f %s
```

如果要在屏幕上输出反斜杠字符“\”或引号“" "”，则必须使用C语言的转义序列。**转义序列**就是在要显示的特殊字符前面加一个**反斜杠“\”**，以便显示该特殊字符，或者让电脑执行某些特殊动作（比如换行、响铃等）（见图4.4）。表4.2列出了C语言常用的转义序列。

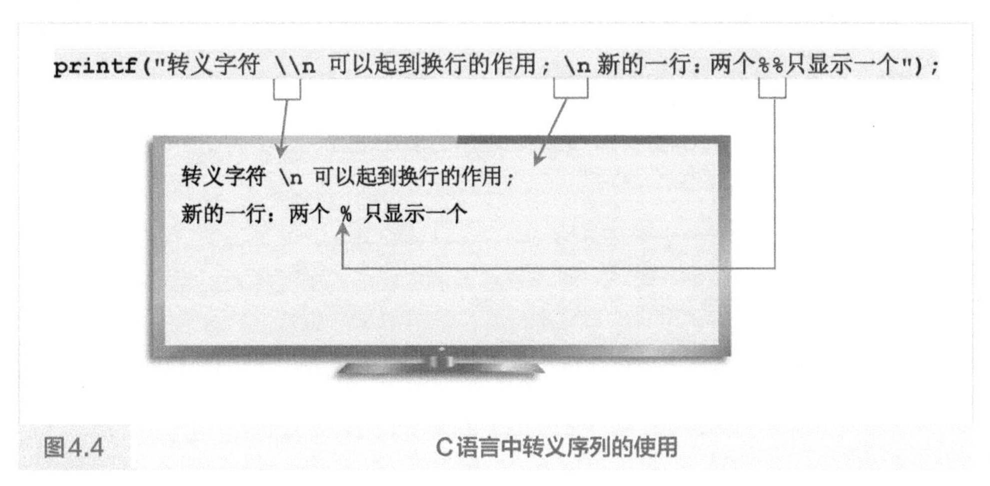

图4.4　C语言中转义序列的使用

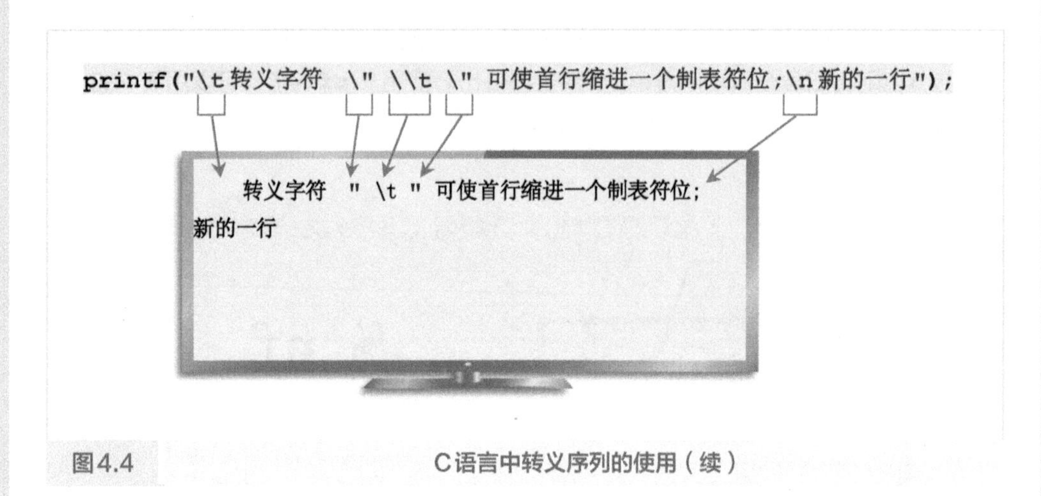

图4.4 C语言中转义序列的使用（续）

表4.2 C语言常用的转义序列

转义序列	描述	输出示例
\n	换行	printf("第一行\n第二行");
\a	警报（电脑响铃）	printf("电脑响铃一次\a");
\t	制表符	printf("\t首行缩进一个制表符位");
\\	反斜杠	printf("显示两个反斜杠\\\\");
\"	双引号（英文半角字符）	printf("显示双引号\"中国\"！");

用**printf()**输出转义字符都会产生表中所描述的效果。例如，当发送“\a”到屏幕时，电脑的铃声会响起，而不是真把字符“\”和“a”显示出来。

屏幕显示多行文本时，如果想要移到下一行，就必须在换行的位置键入“\n”。

在使用**printf()**的C程序中，必须在程序的预处理指令部分添加指令包含**stdio.h**头文件：#include <stdio.h>。

知识点总结

C程序中输出双引号"和反斜杠\时，必须在其前面使用转义符“\”。
C语言中输出多行文本时，用转义字符“\n”实现换行。
用puts()输出字符串时，会自动换行，不需添加“\n”。

printf() 函数实现屏幕打印的两个实例如代码清单 4.1 和代码清单 4.2 所示。

代码清单 4.1　使用printf() 打印字符图形

```
1   #include <stdio.h>
2   #include <stdlib.h>
3   int main(){
4       printf("\n");
5       printf("       *\n");
6       printf("      ***\n");
7       printf("     *****\n");
8       printf("    *******\n");
9       printf("     *****\n");
10      printf("      ***\n");
11      printf("       *\n\n ");
12      system("pause");
13      return 0;
14  }
```

运行后

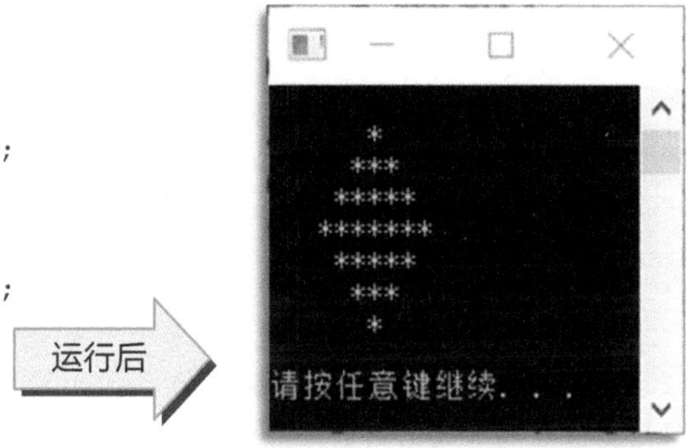

代码清单 4.2　使用printf() 打印表格

```
1   #include <stdio.h>
2   #include <stdlib.h>
3   int main(){
4       printf("┌─────┬─────┐\n");
5       printf("│ 中国 │ 美国 │\n");
6       printf("├─────┼─────┤\n");
7       printf("│CHINA│ USA │\n");
8       printf("├─────┼─────┤\n");
9       printf("│ 95%% │ 98%% │\n");
10      printf("└─────┴─────┘\n\n ");
11      system("pause");
12      return 0;
13  }
```

运行后

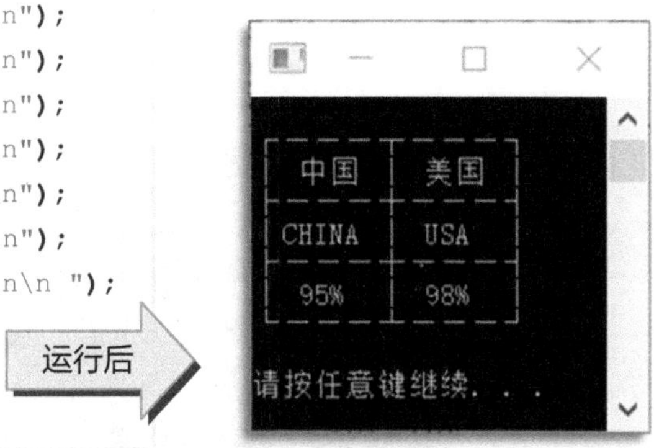

printf()函数实现C语言关机程序提示界面实例如代码清单4.3所示。

代码清单4.3　使用printf()屏幕打印提示信息

```
1   #include <stdio.h>
2   #include <stdlib.h>
3   int main(){
4      printf("\n\n\n");
5      printf("      ┌────────C语言关机程序────────┐ \n");
6      printf("      │                              │ \n");
7      printf("      │ ※ 1. 实现10分钟内的定时关闭计算机 │ \n");
8      printf("      │ ※ 2. 立即关闭计算机               │ \n");
9      printf("      │ ※ 3. 注销计算机                   │ \n");
10     printf("      │ ※ 0. 退出系统                     │ \n");
11     printf("      │                              │ \n");
12     printf("      └──────────────────────────────┘ \n\n");
13     printf("       请选择输入（0-3），然后回车：");
14     int ss;
15     scanf("%d",&ss);
16     printf("\n\n\n");
17     system("pause");
18     return 0;
19  }
```

运行后

```
E:\C_printf2.exe

   ┌══════C语言关机程序══════┐
   │                          │
   │ ※ 1.实现10分钟内的定时关闭计算机 │
   │ ※ 2.立即关闭计算机               │
   │ ※ 3.注销计算机                   │
   │ ※ 0.退出系统                     │
   │                          │
   └══════════════════════════┘

   请选择输入（0-3），然后回车：
```

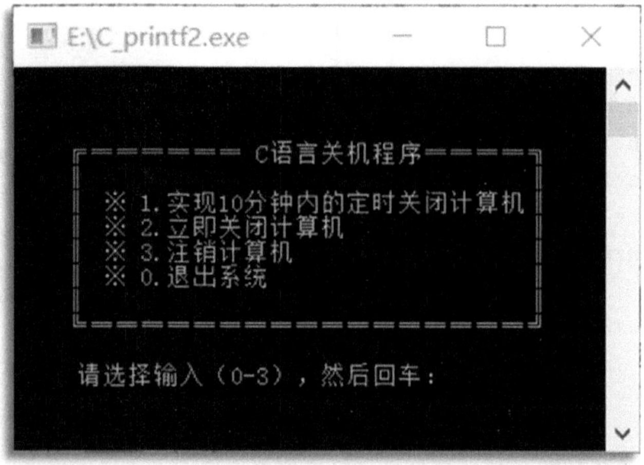

printf() 函数通过变量名将变量的值显示在屏幕上的实例如代码清单 4.4 所示。

代码清单 4.4　使用 printf() 屏幕打印变量值

```
1    #include <stdio.h>
2    #include <stdlib.h>
3    int main(){
4        printf("\n\n");
5        printf("  计算学生的总分和平均分：\n\n");
6        float maths,english,chinese;
7        float average,sum;
8        char stuName[]="王小石";
9        maths=94.5;
10       english=96;
11       chinese=88;
12       sum=maths+english+chinese;
13       printf("    %s同学的总分：%.1f\n",stuName,sum);
14       printf("    %s同学的平均分：%.2f\n",stuName,sum/3);
15       printf("\n\n\n");
16       system("pause");
17       return 0;
18   }
```

运行后

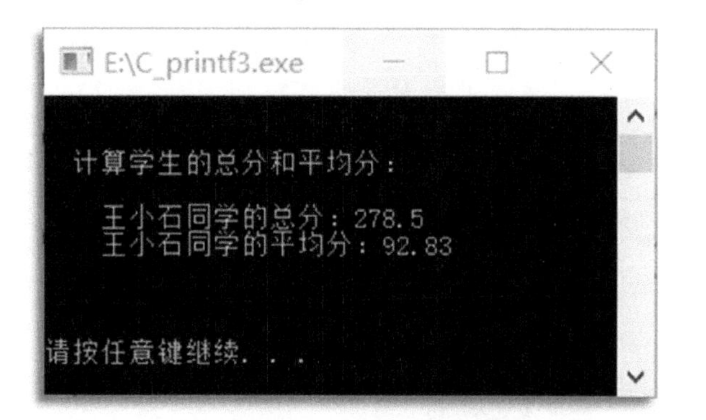

图4.5形象地展示了`printf()`函数将变量值显示到屏幕上的方式。

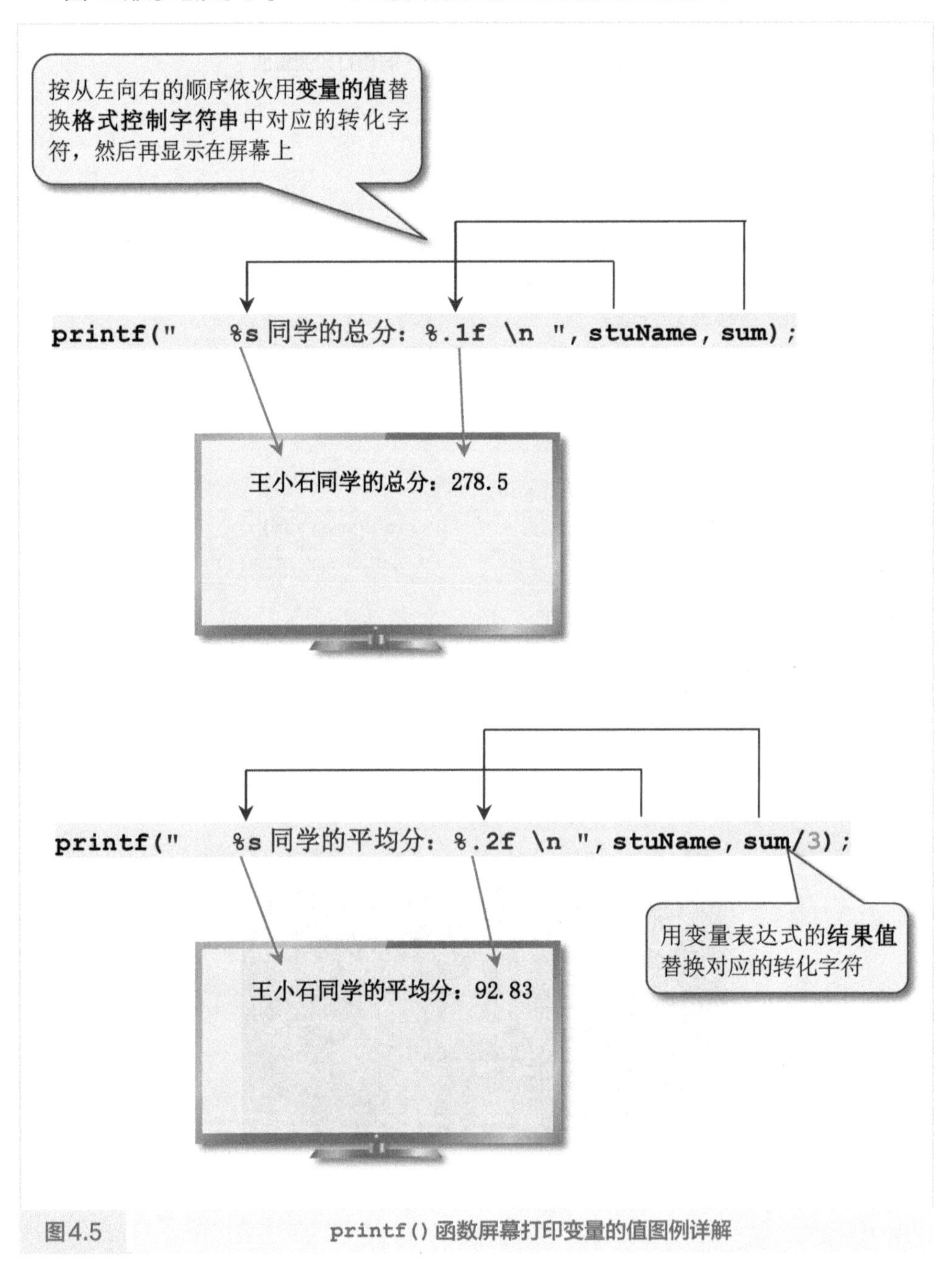

图4.5　`printf()`函数屏幕打印变量的值图例详解

4.2 printf() 中的转化字符用法详解

%d、**%f**、**%c**和**%s**只是**printf()**的格式控制字符串中转化字符的最简形式，其一般形式为：

```
%[标志][输出最小宽度][.精度][数据长度]数据类型字符　//[]为可选项
```

- **数据类型字符：**用于表示输出数据的类型，其格式字符和意义如表 4.3 所示。

表4.3　C语言中printf()函数控制输出数据类型的格式字符

格式字符	输出示例	意义
d	printf("%d",16);	以十进制输出带符号整数（正数不输出符号）
u	printf("%u",16);	以十进制输出带无符号整数
o	printf("%o",75);	以八进制输出无符号整数（不输出前缀0）
x	printf("%x",5B);	以十六进制输出无符号整数（不输出前缀0x）
f	printf("%f",3.14);	以小数形式输出单、双精度实数
e	printf("%e",30000);	以指数数形式输出单、双精度实数
g	printf("%e",30000);	以%f、%e中较短的宽度输出单、双精度实数
c	printf("%c",'x');	输出单个字符
s	printf("%s","Chi");	输出字符串

- **标志：**标志字符有-、+、#、空格、0五种，其意义如表 4.4 所示。

表4.4　C语言中printf()函数控制数据输出形式的标志字符

格式字符	意义
-	输出结果左对齐，右边填空格（和输出最小宽度搭配使用）
+	输出结果右对齐，左边填空格（和输出最小宽度搭配使用），同时显示符号
#	对c、s、d、u类无影响，对o类输出时加前缀0，x类输出时加前缀0x
空格	输出符号，值为正时冠以空格，为负时冠以负号
0	放置在十进制整数的输出最小宽度前，用于当实际位数少于最小宽度时在前面补0

> **输出最小宽度：**用十进制整数表示输出的最少位数，若实际位数多于定义的宽度，则按实际位数输出，实际位数少于定义的宽度则补以空格或0。

> **精度：**精度格式符以小数点“.”开头，后跟十进制整数。如果输出数字，则表示其小数位数，如果输出字符，则表示输出字符的个数。若实际位数大于定义的精度，则截去超出的部分。

> **数据长度：**长度格式符有h和l两种。h表示以短整型输出整数或以单精度输出浮点数。l表示以长整型输出整数或以双精度输出浮点数。

图4.6展示了使用printf()函数进行格式化输出数据的方式。

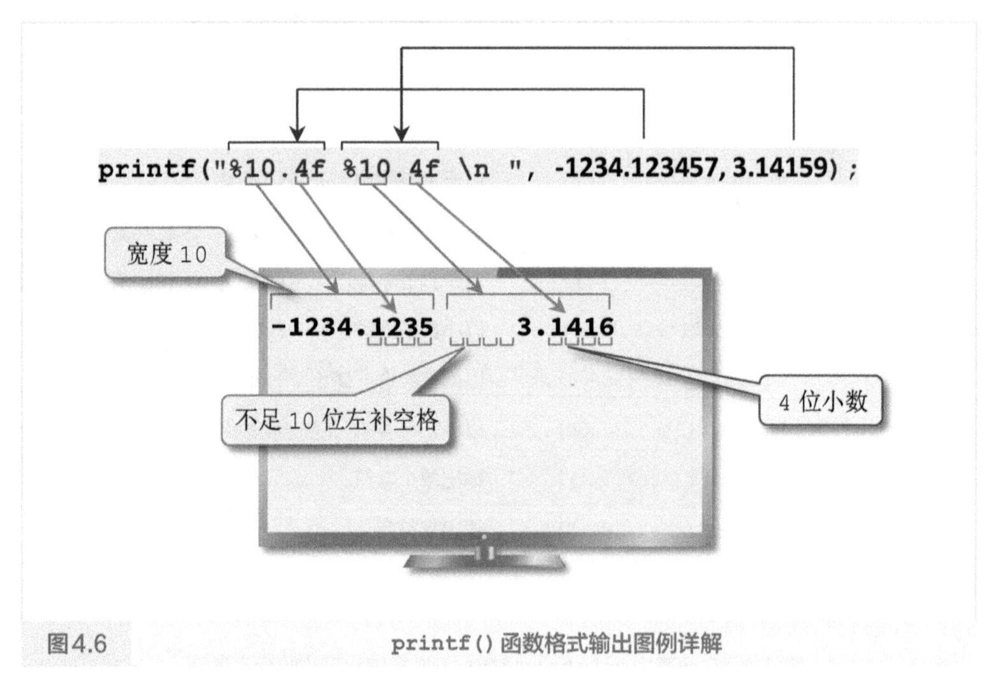

图4.6 printf()函数格式输出图例详解

printf() 函数进行格式化输出数据的两个实例如代码清单 4.5 和代码清单 4.6 所示。

代码清单 4.5　printf() 函数格式输出示例 01

```
1   #include <stdio.h>
2   #include <stdlib.h>
3   int main(){
4       printf("\n"+"标志输出右对齐的带符号数据：\n\n");
5       printf("%+10d %+10.2f %+10s\n",56,-809.56,"American");
6       printf("%+10d %+10.2f %+10s\n",5668,-23.5,"USA");
7       printf("\n"-"标志输出左对齐的数据：\n\n");
8       printf("%-10d %-10.2f %-10s\n",56,-809.56,"American");
9       printf("%-10d %-10.2f %-10s\n",5668,-23.5,"USA");
10      printf("\n"#"标志输出带前缀的八进制数和十六进制数：\n\n");
11      printf("    %#o %#x\n",0546,0x5B);
12      printf("\n输出不带前缀的八进制数和十六进制数：\n\n");
13      printf("    %o %x\n\n\n ",0546,0x5B);
14      system("pause");
15      return 0;
16  }
```

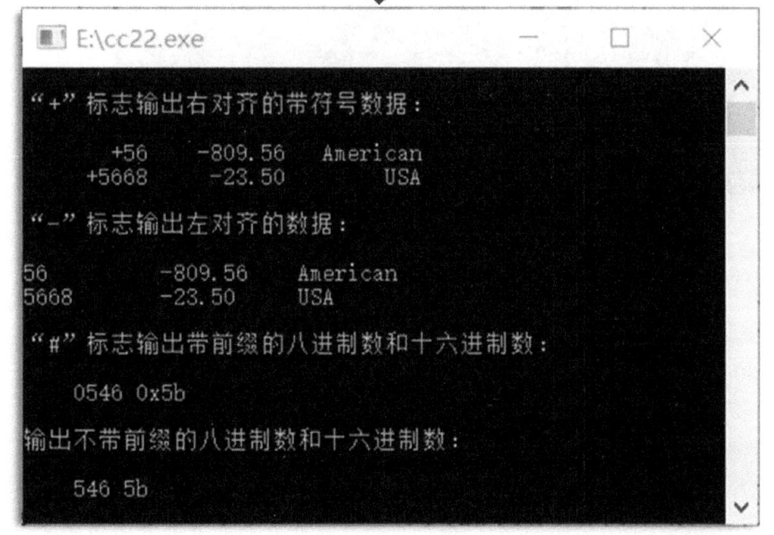

代码清单4.6　printf()函数格式输出示例02

```c
#include <stdio.h>
#include <stdlib.h>
int main(){
printf("\n"%%10.4f"输出宽度10带4位小数的单精度浮点数：\n\n");
printf("    %10.4f %10.4f\n",-1234.123457,3.14159);
printf("\n"%%15.8lf"输出宽度15带8位小数的双精度浮点数：\n\n");
printf("    %15.8lf %15.8lf\n",-123.123456789,3.14159);
printf("\n"%%10.4s"输出宽度10含4个字符的字符串：\n\n");
printf("    %10.4s %10.4s\n\n\n","ABCDEFGH","enlish");
system("pause");
return 0;
}
```

运行后

```
E:\SS.exe

"%10.4f" 输出宽度10带4位小数的单精度浮点数：

  -1234.1235     3.1416

"%15.8lf" 输出宽度15带8位小数的双精度浮点数：

     -123.12345679        3.14159000

"%10.4s" 输出宽度10含4个字符的字符串：

          ABCD       enli
```

4.3　数据输入：scanf()函数的使用

printf() 把数据发送到屏幕（见图4.7），而 **scanf()** 则是从键盘获取数据并存储在变量中（见图4.8）。

程序在运行过程中，必须得有一种方法从程序外部获得数据，并存储在某个变量中，不能总是使用赋值语句进行赋值。例如，你编写一个C程序用于管理全班学生的考试成绩，你就不能在程序中用“**=**”把所有同学的成绩都赋值给变量，因为每次考试成绩都会不同，而且不同的班级考试成绩也不相同。你需要在程序运行开始阶段提供一个功能，用于实时输入学生的考试成绩。使用 **scanf()** 就可以实现这个功能。

```
scanf("格式控制字符串",变量地址表列);    //变量地址表列各项用逗号分隔
```

如果你掌握了用 **printf()** 把变量的值发送到屏幕，则 **scanf()** 就很简单了。**scanf()** 的书写格式看起来和 **printf()** 很像，他们都用到了转化字符如 **%d** 和 **%s** 等。

```
printf("%d %f %c %s",Int,Float,Char,String);     //向屏幕输出值
scanf("%d %f %c %s",&Int,&Float,&Char,String);  //从键盘获取值
```

两者的不同之处在于 **scanf() 中所有变量名前面必须加上 & 符号**（字符串数组名前面不用加），尽管 **&** 符号并不是变量名的一部分。只有变量前面加了 **&** 符号，**scanf()** 才能把从键盘获取到的数据正确存储到对应的变量中。

实际上，**&** 符号在C语言中是**取址符**，**&Int** 就是变量 **Int** 在内存中的地址。**scanf()** 就是根据变量在内存中的地址把从键盘获取到的数据存储在变量中的，就如同快递员根据收件人的地址把包裹准确的投送到收件人手上一样。而字符串数组是由多个数组元素变量组成的，数组名本身就对应于一个内存地址，所以 **scanf()** 中的字符串数组名前面不用加 **&** 符号。

知识点总结

scanf() 中所有变量名前面必须加上“&”符号（字符串数组名前不用加）。

变量名前加“&”符号（如&Int）表示变量在内存中的地址。

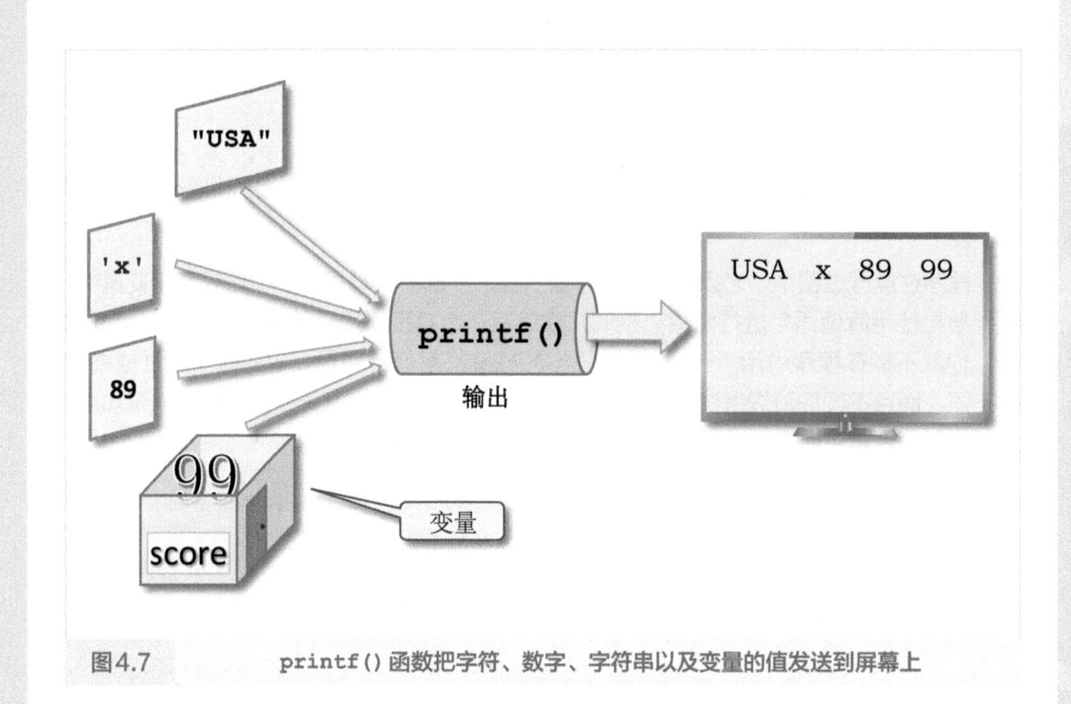

图4.7 printf() 函数把字符、数字、字符串以及变量的值发送到屏幕上

图4.8 scanf() 函数把用户通过键盘输入的值存储到变量中

scanf()和**printf()**一样，在使用它们的C程序中，必须在程序的预处理指令部分添加指令包含**stdio.h**头文件：#include <stdio.h>。

scanf()格式控制字符串中转化字符的一般形式为：

```
%[数据宽度][数据长度]数据类型字符      //[]为可选项
```

> **数据类型字符：**用于表示输入数据的类型，表4.5列出了其格式字符和意义。

表4.5　C语言中scanf()函数控制输入数据类型的格式字符

格式字符	输出示例	意义
d	scanf("%d",&Int);	输入十进制整数
u	scanf ("%u",&Int);	输入无符号十进制整数
o	scanf ("%o",&Int0);	输入八进制整数
x	scanf ("%x",&Int0X);	输入十六进制整数
f	scanf ("%f",&Float);	输入小数形式的实数
e	scanf ("%e",&Float);	输入指数形式的实数
c	scanf ("%c",&Char);	输入单个字符
s	scanf ("%s",String);	输入字符串

> **数据宽度：**用十进制整数指定输入数据的宽度（即字符数），若输入字符数超出指定值，超出部分被截去。例如：scanf("%5f",&Pi);

输入：3.1415925

用printf("%f",Pi)显示变量**Pi**的值为：3.141000

显然**scanf()**只是把3.141这5个字符存储在了变量中，其余部分被截去。

> **数据长度：**长度格式符有**l**和**h**两种。l表示输入长整型数（如**%ld**）或双精度浮点数（如**%lf**）。h表示输入短整型数或单精度浮点数。

知识点总结

C程序中通常要在scanf()语句前面添加printf()语句，用于在屏幕上输出提示信息，提示用户输入什么样的数据值。

使用**scanf()**函数必须注意以下几点：

- **scanf()**函数没有精度控制。如：

```
scanf("%.2f",&Pi);                    //非法的格式控制字符串
```

这是非法的格式控制字符串，不能企图用此语句输入小数位数为2的实数。

- **scanf()**函数要求给出所有变量的地址，即变量名前加&符号（字符串数组名前不用加）。如：

```
scanf("%d %f %c %s",&Int,&Pi,&Char,String);        //指定空格分隔
```

- 在用键盘输入多个数值时，若格式控制字符串中没有指定分隔符，则**可用空格、Tab键或回车键来做间隔，全部输入后用回车结束**。如：

```
scanf("%d %f %c %s",&Int,&Pi,&Char,String);        //指定空格分隔
```

输入：`89 3.14 X China`

回车后这4个数据会分别被存储进变量`Int`、`Pi`、`Char`和数组`String`中。

- 在输入字符数据时，若格式控制字符串中没有指定分隔符，则所有输入的字符均为有效字符（包括空格）。如：

```
scanf("%c%c%c%c%c",&a,&b,&c,&d,&e);
```

输入：`Mr smith`

scanf()会把`M`存储在变量`a`中，`r`存储在变量`b`中，空格存储在变量`c`中，`s`存储在变量`d`中，`m`存储在变量`e`中，剩余部分被截去。

- 在输入字符串时，如果输入空格，则认为输入已结束。如：

```
scanf("%s",myName);
```

输入：`John smith`

scanf()只把`John`存储在字符数组**myName**中，空格后的`smith`被截去。

`scanf()`函数输入格式化数据的实例如代码清单4.7所示。

代码清单4.7　使用scanf()函数输入数据示例

```
1  #include <stdio.h>
2  #include <stdlib.h>
3  int main(){
4      char Char_A,Char_B;
5      printf("\n请输入两个字符，然后回车：\n");
6      scanf("%c%c",&Char_A,&Char_B);
7      printf("\n使用scanf()获取输入值以后：\n");
8      printf("变量Char_A的值为：%c\n",Char_A);
9      printf("变量Char_B的值为：%c\n",Char_B);
10     printf("\n\n\n");
11     system("pause");
12     return 0;
13 }
```

转化字符之间没有空格，输入的所有字符都将是有效字符，包括空格

运行后

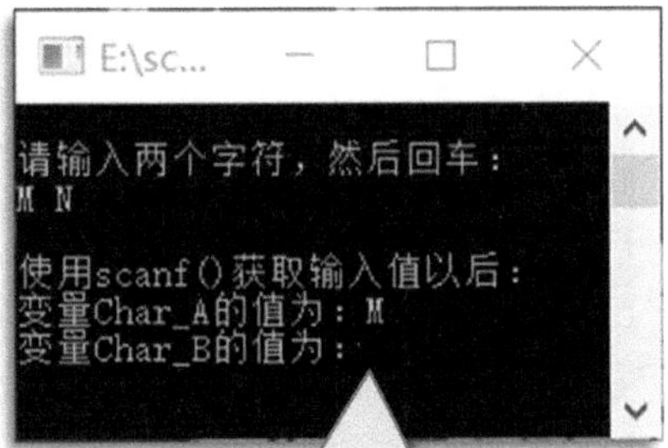

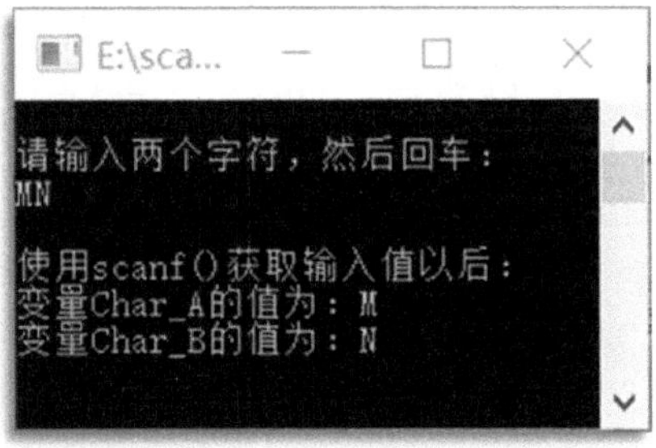

```
请输入两个字符，然后回车：
M N

使用scanf()获取输入值以后：
变量Char_A的值为：M
变量Char_B的值为：
```

```
请输入两个字符，然后回车：
MN

使用scanf()获取输入值以后：
变量Char_A的值为：M
变量Char_B的值为：N
```

转化字符之间没有空格，输入的所有字符都是有效字符，包括空格

知识点总结

scanf()的格式控制字符串中多个转化字符之间最好用空格分隔。

scanf()函数与printf()函数配合使用的实例如代码清单4.8所示。

代码清单4.8　scanf()函数与printf()函数一起使用示例

```
1   #include <stdio.h>
2   #include <stdlib.h>
3   int main(){
4       int age;
5       float weight;
6       char Name[15];
7       printf("\n请输入您的姓名：");
8       scanf("%s",Name);
9       printf("请输入您的年龄：");
10      scanf("%d",&age);
11      printf("请输入您的体重（公斤）：");
12      scanf("%f",&weight);
13      printf("\n以下是您输入的个人信息：\n");
14      printf("姓名：%s\n",Name);
15      printf("年龄：%d\n",age);
16      printf("体重：%.2f公斤\n",weight);
17      system("pause");
18      return 0;
19  }
```

scanf()前面用**printf()**在屏幕上提示用户输入数据

运行后

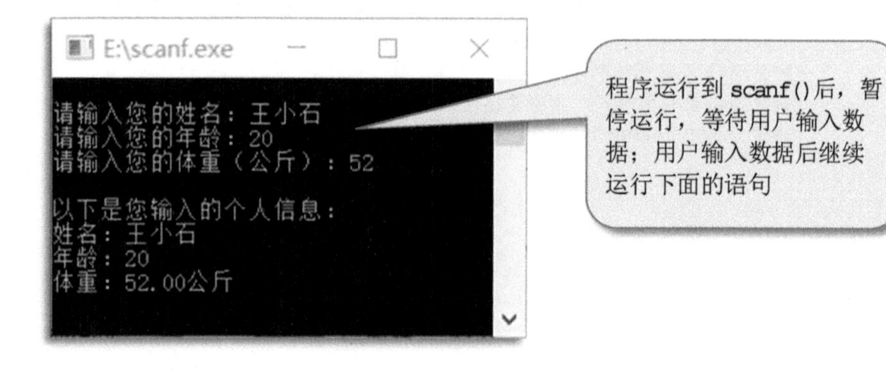

4.4 字符的输出输入

putchar() 和 **putch()** 是**字符输出函数**，其功能是在屏幕上**输出一个字符**。例如：

```
putchar('A');                  //输出大写字母A
putchar(Char);                 //输出字符变量Char的值
putchar('\n');                 //换行
```

putchar() 和 **putch()** 的不同之处在于使用它们时需要包含的头文件不同。

getchar() 和 **getch()** 是**字符输入函数**，其功能是从键盘**输入一个字符**。通常会把输入的字符赋予一个**字符变量**，构成赋值语句。例如：

```
char C;                        //定义字符变量C
C=getchar();                   //等待输入单个字符，并赋值给字符变量C
```

getchar() 只接受单个字符，如果输入的是数字也按字符处理。输入多于一个字符时，也只接收第一个字符。

getchar() 和 **getch()** 的不同之处在于使用 **getchar()** 时，从键盘输入一个字符后，先缓存，必须再按回车键，输入的字符才会被接收，而使用 **getch()** 时，从键盘输入一个字符后，不缓存，不用再按回车键，输入的字符就会被接收。

另一个不同之处就是使用它们时需要包含的头文件不同。

使用 **putchar()** 和 **getchar()** 之前必须在程序的预处理指令部分添加指令包含 **stdio.h** 头文件：`#include <stdio.h>`。

使用 **putch()** 和 **getch()** 之前必须在程序的预处理指令部分添加指令包含 **conio.h** 头文件：`#include <conio.h>`。

图 4.9 展示了 C 语言中利用函数进行单个字符的输出输入方式。

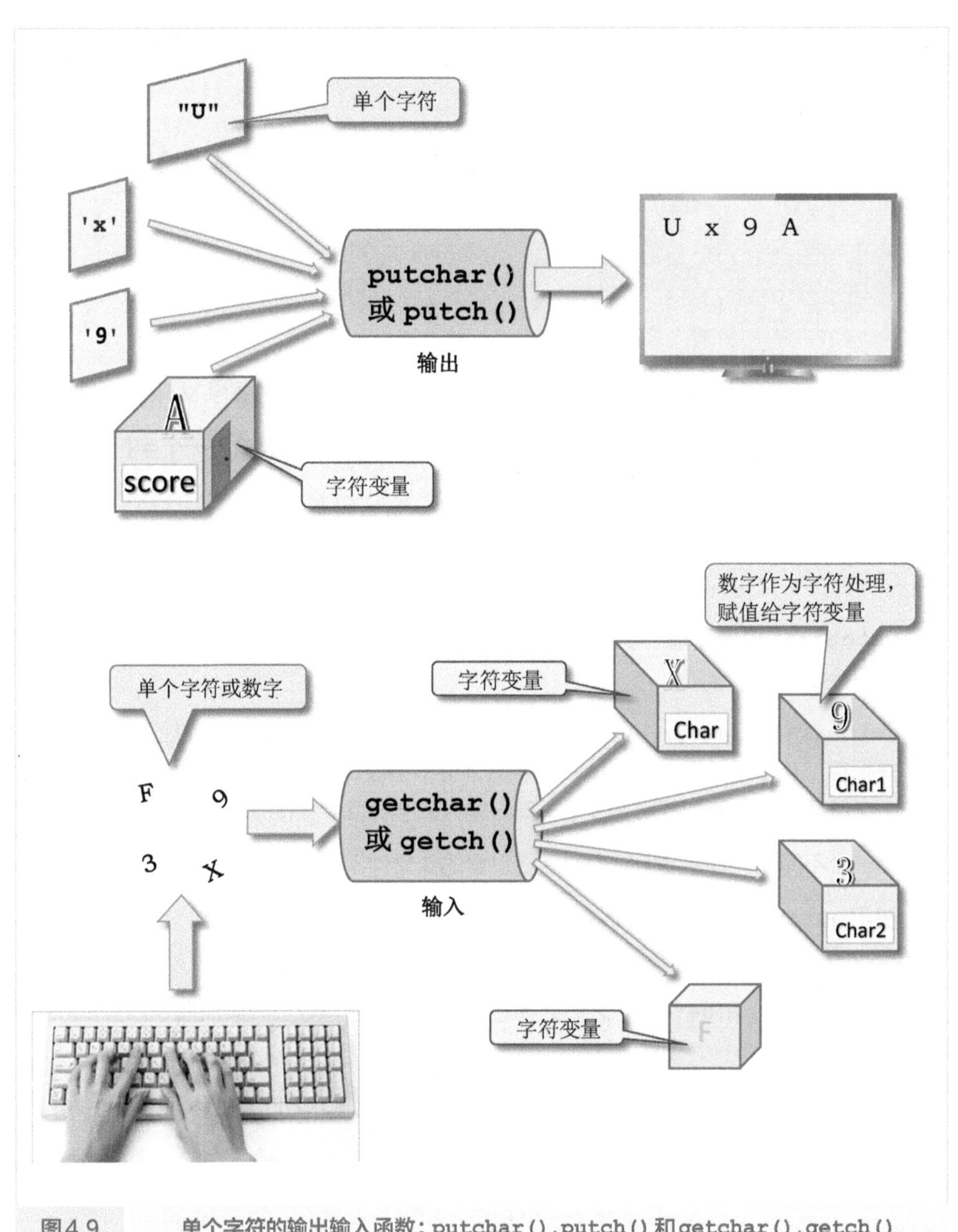

图4.9　单个字符的输出输入函数：putchar()、putch()和getchar()、getch()

4.5 预处理指令：#include和#define

C语言的**预处理指令只在编译程序时发生作用**：由预处理器根据预处理指令对程序代码做相应的修改，比如在原程序中添加某一段代码或者定义一些常量等。

预处理指令以符号“#”开头，C语言常用的预处理指令包括：

```
#include                    //包含文件
#define                     //定义常量
```

#include指令是一个文件合并命令，程序在编译时，#include语句会被#include后面的文件内容替换（见图4.10）。

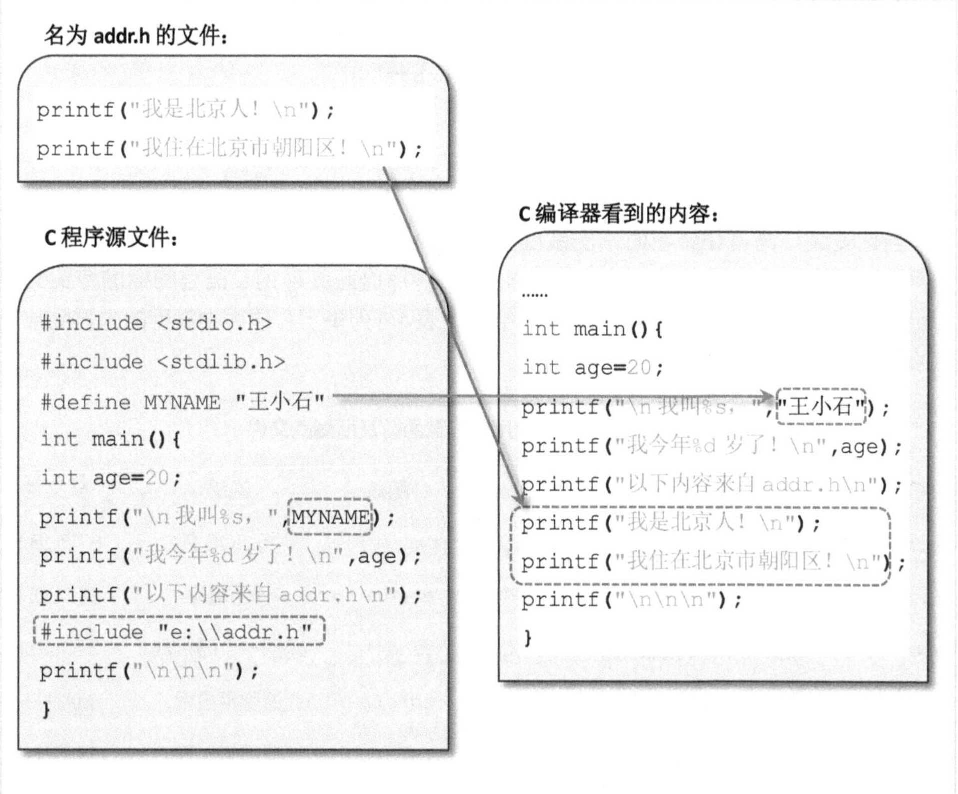

名为addr.h的文件：

```
printf("我是北京人！\n");
printf("我住在北京市朝阳区！\n");
```

C程序源文件：

```
#include <stdio.h>
#include <stdlib.h>
#define MYNAME "王小石"
int main(){
int age=20;
printf("\n我叫%s，",MYNAME);
printf("我今年%d岁了！\n",age);
printf("以下内容来自addr.h\n");
#include "e:\\addr.h"
printf("\n\n\n");
}
```

C编译器看到的内容：

```
……
int main(){
int age=20;
printf("\n我叫%s，","王小石");
printf("我今年%d岁了！\n",age);
printf("以下内容来自addr.h\n");
printf("我是北京人！\n");
printf("我住在北京市朝阳区！\n");
printf("\n\n\n");
}
```

图4.10　#include把包含文件内容插入到源程序中

图4.10 #include把包含文件内容插入到源程序中（续）

#include指令一般有两种格式，二者功能几乎等价：

```
#include <filename>          //包含C语言标准库头文件
#include "filename"          //包含用户自定义头文件
```

当你安装C语言编译器时，安装程序会在硬盘中创建一个目录，里面存放着一些包含有C语言的内置函数和符号的文件，通常。称这些文件为C语言的**标准库头文件**(header file)，头文件的扩展名以“.h”结束。表4.6列举了C语言中常用的内置函数及其所属头文件。

表4.6 C语言中常用的内置函数及所属头文件

C函数	说明	头文件	C函数	说明	头文件
printf()	输出到屏幕	STDIO.H	system()	执行DOS命令	STDLIB.H
scanf()	输入数据	STDIO.H	exit()	退出程序	STDLIB.H
putchar()	输出一个字符到屏幕	STDIO.H	rand()	返回一个随机数	STDLIB.H
getchar()	输入一个缓存字符	STDIO.H	sqrt()	返回平方根	MATH.H
putch()	输出一个字符	CONIO.H	fabs()	返回绝对值	MATH.H
getch()	输入一个不缓存字符	CONIO.H	ceil()	上舍入取整	MATH.H
puts()	输出一个字符串	STRING.H	floor()	下舍入取整	MATH.H

续表

C函数	说明	头文件	C函数	说明	头文件
gets()	输入一个字符串	STRING.H	fopen()	打开一个文件	STDIO.H
strcpy()	把字符串赋值给变量	STRING.H	fclose()	关闭文件	STDIO.H
strcat	连接两个字符串	STRING.H	feof()	是否为文件结尾	STDIO.H
toupper()	把一个字母转化为大写	CTYPE.H	fgetc()	从文件中读取一个字符	STDIO.H
tolower()	把一个字母转化为小写	CTYPE.H	fgets()	从文件中读取字符串	STDIO.H
isalpha()	是否是字母	CTYPE.H	fprintf()	输出到文件中	STDIO.H
isdigit()	是否是数字	CTYPE.H	fputc()	把一个字符写到文件中	STDIO.H
isupper()	是否是大写字母	CTYPE.H	fputs()	把字符串写到文件中	STDIO.H
islower()	是否是小写字母	CTYPE.H	fseek()	定位到文件指定部分	STDIO.H

用#include <filename>包含标准库头文件时一般都不需要带路径；而用#include "filename"包含非标准库头文件（用户自定义的头文件）时，如果文件不是保存在程序所在根目录下，则必须包含路径名。比如：

```
#include <stdio.h>              //包含标准库头文件不需要带路径
#include "mylib.h"              //包含存放在程序根目录下的自定义头文件
#include "c:\\mylib\mylib.h"//包含存放在c:\\mylib\的自定义头文件
```

#define预处理指令用来定义常量。用**#define**定义的常量使用（调用）方法和变量一样，但它们不是变量，不能像变量一样被赋值，在程序运行中它们的值始终保持不变。**#define**指令的格式如下：

```
#define <符号常量名> <常量值>        //符号常量名一般大写
```

```
#define PI 3.14159              //定义常量PI的值为3.14159
#define MYNAME "王小石"          //定义常量MYNAME的值为"王小石"
```

在程序编译时，程序中所有的**PI**都会被3.14159替换，所有的**MYNAME**都会被“王小石”替换（见图4.10）。

在C语言中，一般定义**常量名推荐使用大写字母**。这样使你在快速浏览程序时，能分辨出哪些是常量，哪些是变量。

4.6 内置函数：system()

C语言内置函数**system()**的功能是向计算机发出DOS命令，两个实例如代码清单4.9和代码清单4.10所示。

代码清单4.9　用C语言删除文件（文件的位置为d:\123.txt）

```
1  #include <stdlib.h>
2  #include <stdio.h>
3  int main(void)
4  {
5  system("del d:\\123.txt");
6  return 0;
7  }
```

代码清单4.10　用C语言列出程序所在目录的所有文件

```
1  #include <stdlib.h>
2  #include <stdio.h>
3  int main(void)
4  {
5  printf("运行DOS命令dir，列出文件目录\n");
6  system("dir");
7  return 0;
8  }
```

比如在本书前面的源代码中常见的语句：

```
system("pause");        //实现冻结（暂停）屏幕，便于观察程序的执行结果
system("CLS");          //实现清屏操作
system("dir");          //列出文件目录
```

而使用color选项还可以改变控制台（电脑屏幕）的前景色和背景色（见图4.11）。例如：

```
system("color 0A");     //color后面的0是背景色代码，A是前景色代码
```

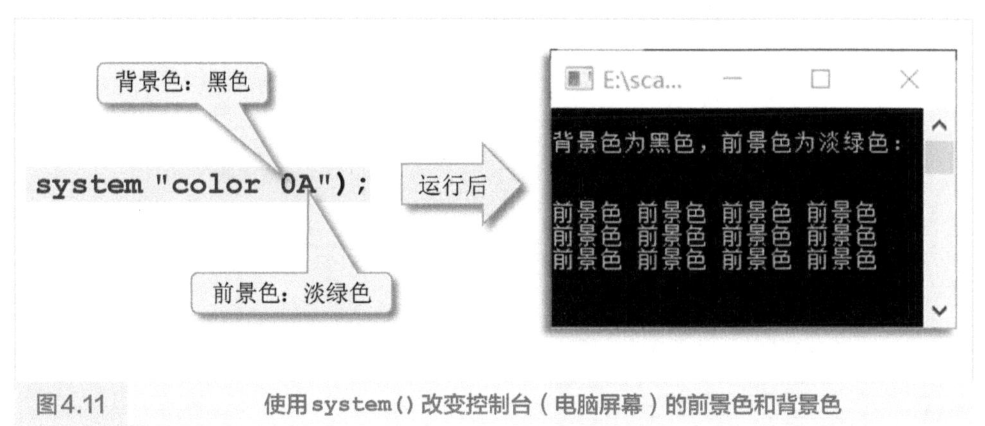

图4.11 使用system()改变控制台（电脑屏幕）的前景色和背景色

各颜色代码如下：

如果前景色代码和背景色代码相同，计算机会使用默认前景色（亮白色）和默认背景色（黑色）。例如：

```
system("color AA");      //背景色代码和前景色代码相同时，使用默认设置
```

上面代码相当于：

```
system("color 0F");      //默认背景色：黑色，前景色：亮白色
```

system()函数实现开关机的实例如代码清单4.11所示。

代码清单4.11　C语言调用DOS命令实现定时关机

```
1   #include <stdio.h>                            //包含头文件stdio.h
2   #include <string.h>                           //包含头文件string.h
3   #include <stdlib.h>                           //包含头文件stdlib.h
4   int print(){                                  //自定义函数
5      printf("\n\n\n");
6      printf("     ╔═════ C语言关机程序══════╗ \n");
7      printf("     ║                              ║\n");
8      printf("     ║ ※ 1.实现10分钟内的定时关闭计算机 ║ \n");
9      printf("     ║ ※ 2.立即关闭计算机              ║ \n");
10     printf("     ║ ※ 3.注销计算机                  ║ \n");
11     printf("     ║ ※ 0.退出系统                    ║ \n");
12     printf("     ║                              ║\n");
13     printf("     ╚═══════════════════╝\n\n");
14     printf("     请选择输入（0-3），然后回车：");
15     return 0;
16  }
17  void main(){
18     system("title C语言关机程序");               //设置cmd窗口标题
19     system("mode con cols=48 lines=25");        //设置窗口宽度高度
20     system("color 0B");                         //设置窗口内背景色和前景色
21     system("date /T");                          //显示当前日期
22     system("TIME /T");                          //显示当前时间
23     char cmd[20]="shutdown -s -t ";
24     char t[5]="0";
25     print();                                    //调用自定义函数print()
26     int c;
27     scanf("%d",&c);                             //获取键盘输入
28     switch(c){
29        case 1:printf("您想多少秒后自动关机？(0~600)\n");
30               scanf("%s",t);
31               system(strcat(cmd,t));break;  //连接两个字符串
32        case 2:system("shutdown -p");break;  //自动关机
33        case 3:system("shutdown -l");break;  //自动注销
34        case 0:break;
35        default:printf("Error!\n");
36     }
37     system("pause");                            //锁定屏幕
38     exit(0);                                    //退出程序
39  }
```

4.7　C语言怎么做数学运算

数学运算是计算机最基本的功能，C语言是由各种**算术运算符**（operator）来完成数学运算的。你不用成为数学天才，只要使用算术运算符按正确顺序把数值排列起来组成一个数学**算术表达式**（expression），C语言就会完成具体的数学计算。**一个算术表达式包含了一个或多个运算符以及常量、变量或数值。**

C语言中，当给变量赋值时，经常在赋值运算符"="右侧使用算术表达式，比如：

```
Score = Maths + English + Science;               //计算三门课总成绩
Average = (Maths + English + Science)/3;         //计算平均成绩
```

C程序会计算出结果并将其存储在变量**Score**和**Average**中。

表4.7列出了C语言中常用的5种算术运算符。

表4.7　C语言中常用的算术运算符

运算符	意义	说明
+	加法	
-	减法	如果减去一个负数，则"-"左右必须加空格
*	乘法	
/	除法	两个整数相除结果是整数（小数部分被截取）；两个数中有一个是浮点数，其结果就是浮点数
%	取模	求整数除法的余数，其正负取决于被除数

这五种运算符的运算优先级为"*"="/"="%">"+"="-"，即*、/、%具有相同的优先级，它们的级别大于+和-，+和-具有相同的优先级；优先级相同时按从左向右的顺序运算。使用括号可以打破上述优先级规则，括号具有最高的优先级。

在C语言中的加、减、乘与通常数学运算中的定义完全相同，几乎可以用于所有数据类型；而除法运算在C语言中较为特殊，详述如下。

除法运算

C语言中使用"/"对整型数据进行除运算时，结果的小数部分将被截掉，其被看成是“整除运算”；但若除数或被除数有一个是带小数位的实数，则被看成是“实数除法”，结果中的小数位将进行四舍五入处理。例如：

```
int Average = 8/3;              //运行后变量Average的值为2
float Average = 8/3;            //运行后变量Average的值为2.000000
float Average = 8/3.0;          //运行后变量Average的值为2.666667
float Average = 8.0/3;          //运行后变量Average的值为2.666667
float Average = = 8.0/3.0;  //运行后变量Average的值为2.666667
```

求模运算

用“%”求除法余数的运算在编程中称为**求模**。**求模运算只能用于整型数据**。例如：

```
int a = 8 % 3;                  //运行后变量a的值为2，即8除以3的余数2
```

字符型数据的算术运算

在C语言中，字符型的数据也可以参加算术运算。本书第1章中讲过，字符在计算机中也是以数字的形式存在的，每一个字符都对应于一个数字（见本书第1章1.4节中的表1.1），因而字符参加算术运算实际上就是**对应字符的十进制字符代码参加运算**。例如：

```
int Su = 'A'+'B'+20;            //运行后变量Su的值为151
```

在“ASCII标准字符代码表”中，字符'A'的十进制字符代码是65，字符'B'的十进制字符代码是66，因而上述语句的计算结果相当于以下语句：

```
int Su = 65+66+20;
```

4.8 数据类型转换

上一节字符型数据参加的算术运算实际上包含了C程序中的数据类型转换功能。在C语言中变量的数据类型是可以转换的，转换方法有两种：**自动转换**和**强制转换**。

自动转换是不同数据类型的数据在进行混合运算时，由编译系统自动完成的。自动转换遵循以下规则：

（1）若参与运算的变量数据类型不同，则先转换为同一类型，然后再运算。

（2）转换按数据长度增加的方向进行，以保证精度不降低。如int型和long型混合运算时，先把int型数据转换成long型后再运算。

（3）所有浮点运算都是以双精度进行的，即使仅仅含有float型单精度数参加运算，也会先转换为double型再运算。char型和short型参加运算时，会先转换为int型。

（4）在赋值语句中，两侧的数据类型不同时，右侧变量的类型先转换为左侧变量类型再赋值。

```
int S = 5*5*3.14159;                    //运行后变量S的值为78
```

在执行S = 5*5*3.14159时，5和3.14159都被转换为double型计算，结果也为double型78.53975，但变量S为整型，故最终结果舍去了小数部分。

强制转换是通过类型转换运算来实现的，其一般形式为：

```
(类型说明符)(表达式)        //把表达式的运算结果转换成类型说明符所示的类型
printf("%d",(int)3.14159);              //运行后屏幕显示为3
```

执行时先将float型3.14159强制转换为int型3，然后再在屏幕显示。

强制转换的**类型说明符**和**表达式**都必须加括号（单个变量或数据时可以不加括号）。如果把(int)(a+b)写成(int)(a)+b，则含义就变为先将变量a转换成int型后，再与变量b相加。

※ 无论是强制转换还是自动转换，都只是为了本次运算需要而对变量的数据类型进行的临时性转换，它并不改变变量声明时对该变量所定义的类型。

C语言中变量类型的自动转换和强制转换实例分别如代码清单4.12和代码清单4.13所示。

代码清单4.12　C语言变量类型自动转换示例

```
1  #include <stdio.h>
2  #include <stdlib.h>
3  int main(){
4     float PI=3.14159;     //定义PI为float型并赋值为3.14159
5     int S,C,r=5;          //定义S、C、r为int型
6     S=r*r*PI;             //PI以double型参与计算，结果也为double型，
                              因S为int型，故结果被自动转换为int型赋值给S
7     C=2*r*PI;             //PI以double型参与计算，结果也为double型，
                              因C为int型，故结果被自动转换为int型赋值给C
8     printf("\nr=5的圆面积为：%d\n",S);
9     printf("r=5的圆周长为：%d\n",C);
10    system("pause");
11    return 0;
12 }
```

运行后

```
r=5的圆面积为：78
r=5的圆周长为：31
```

代码清单4.13　C语言变量类型强制转换示例

```
1  #include <stdio.h>
2  #include <stdlib.h>
3  int main(){
4      float PI=3.14159;          //定义PI为float型并赋值为3.14159
5      int S,C,r=5;               //定义S、C、r为int型
6      S=r*r*(int)PI;             //PI被强制转换为int型参与面积计算
7      C=2*r*(int)PI;             //PI被强制转换为int型参与周长计算
8      printf("\nr=5的圆面积为：%d\n",S);
9      printf("r=5的圆周长为：%d\n",C);
10     system("pause");
11     return 0;
12 }
```

运行后

```
r=5的圆面积为：75
r=5的圆周长为：30
```

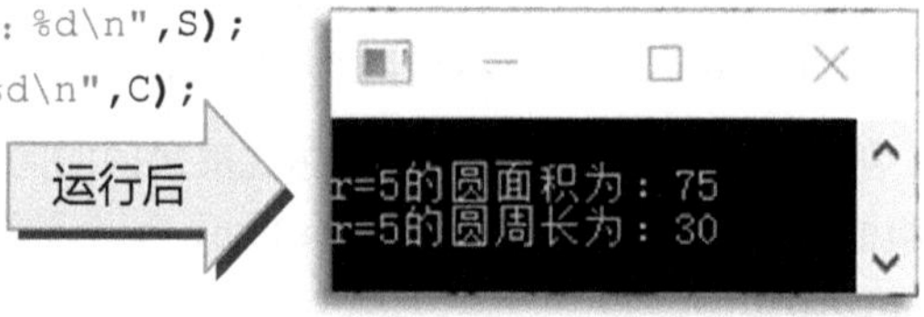

4.9 自增与自减运算符

自增运算符“++”，其功能是使变量的值自增 1；

自减运算符“--”，其功能是使变量的值自减 1。

自增和自减运算因其表达式中只有一个变量，所以称其为**单目运算**，它们有以下几种形式：

```
++i;                          //i 的值自增 1 后再参与其他运算
--i;                          //i 的值自减 1 后再参与其他运算
i++;                          //参与运算后,i 的值再自增 1
i--;                          //参与运算后,i 的值再自减 1
```

C 语言中的自增与自减运算实例如代码清单 4.14 所示。

代码清单 4.14　C 语言中的自增与自减运算实例

```
1   #include <stdio.h>
2   #include <stdlib.h>
3   int main(){
4      int i=5;                 //i 初始值为 5
5      printf("%d\n",++i);      //加 1 后输出，输出为 6；此时 i 为 6
6      printf("%d\n",--i);      //减 1 后输出，输出为 5；此时 i 为 5
7      printf("%d\n",i++);      //输出后再加 1，输出为 5；此时 i 为 6
8      printf("%d\n",i--);      //输出后再减 1，输出为 6；此时 i 为 5
9      printf("%d\n",-i++);     //输出 -i 后再加 1，输出为 -5；此时 i 为 6
10     printf("%d\n",-i--);     //输出 -i 后再减 1，输出为 -6；此时 i 为 5
11     system("pause");
12     return 0;
13  }
```

运行后

```
6
5
5
6
-5
-6
请按任意键继续. . .
```

4.10 C语言中的标准数学库函数

C语言把数学中常用的一些运算定义为标准库函数，使用这些运算时，只要在程序中把对应的函数名以及所需的参数写在需要的位置，系统就会自动运算出结果。表4.8列出了C语言中常用的标准数学库函数。

表4.8 C语言中常用的标准数学库函数

库函数	功能说明	示例
abs(x)	求整数x的绝对值	abs(-5)=5
fabs(x)	求实数x的绝对值	fabs(-3.14)=3.14
floor(x)	求不大于x的最大整数（下舍入）	floor(3.14)=3.000000
ceil(x)	求不小于x的最小整数（上舍入）	ceil(3.14)=4.000000
log(x)	求x的自然对数	log(2)=0.693147
exp(x)	求x的自然指数（e^x）	exp(2)=7.389056
pow(x,y)	计算x^y的值	pow(2,5)=32.000000
rand()	产生0~RAND_MAX的随机整数	rand()%900+100 生成三位随机整数
sqrt(x)	求x的平方根（$\sqrt{x}$）	sqrt(36)=6.000000

使用上述C语言标准数学库函数之前，必须在程序的预处理指令部分添加指令包含**math.h**头文件：

```
#include <math.h>
```

图4.12展示了用C语言的标准数学库函数将一个数学公式改写为一条C语句。

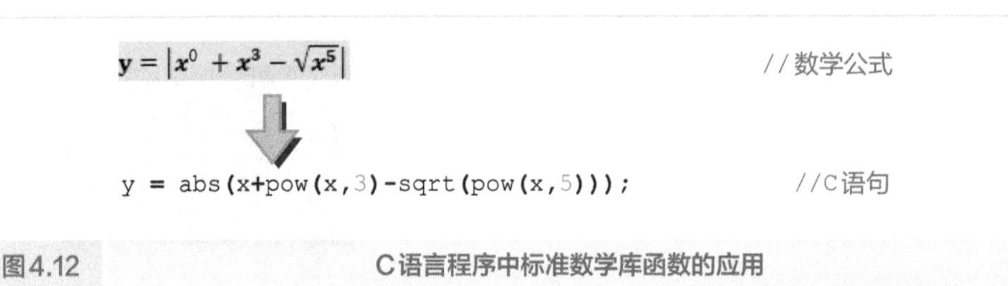

$y = |x^0 + x^3 - \sqrt{x^5}|$
//数学公式
y = abs(x+pow(x,3)-sqrt(pow(x,5)));
//C语句

图4.12 C语言程序中标准数学库函数的应用

4.11　复合赋值运算符

计算机编程总是要进行大量的代码输入，所以我们在编程过程中会尽量简化代码，以便减少输入量。复合赋值运算符就是为了减少代码输入量而设计的。

复合赋值常用于在程序中改变变量自身的值。

表4.9列出了C语言中常用的复合赋值运算符。

表4.9　C语言中常用的复合赋值运算符

复合运算符	示例	等价语句
+=	count += 2;	count = count+2;
-=	price -= 0.5;	price = price-0.5;
*=	total *= 1.25;	total = total*1.25;
/=	average /= 4;	average = average/4;
%=	days %= 7;	days = days%7;

图4.13展示了利用复合赋值运算符给变量赋值的过程。

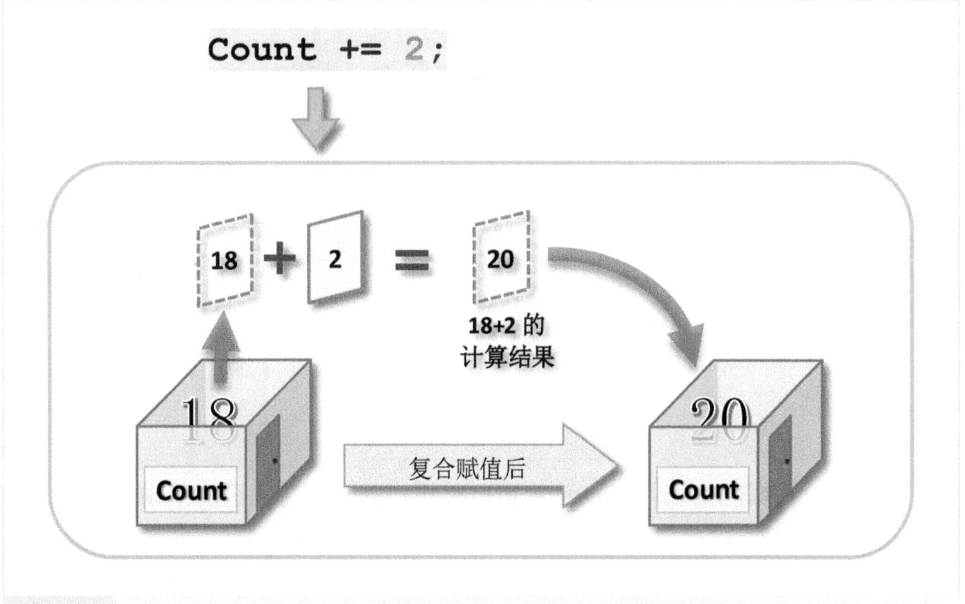

图4.13　利用复合赋值运算符改变原变量的值

练习题

— 习题4.1 根据图4.14所示的程序运行结果，补充完善代码清单test_4_1中的程序。

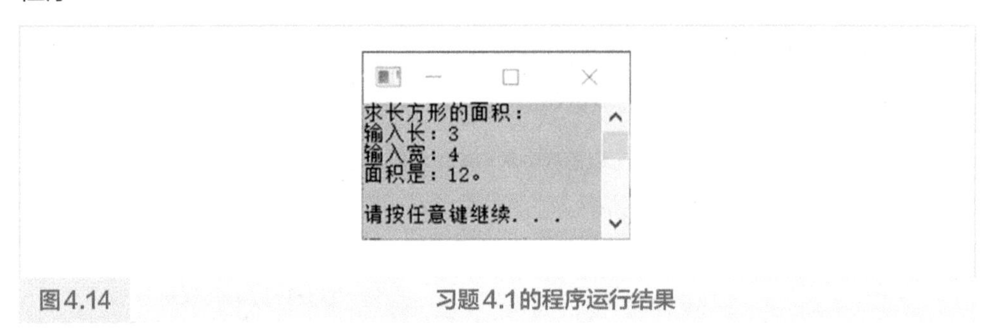

图4.14 习题4.1的程序运行结果

代码清单test_4_1　求长方形的面积

```
1   #include <stdio.h>
2   #include <stdlib.h>
3   ___①___
4   {
5      int width;    //变量声明：长方形的长
6      int height; //变量声明：长方形的宽
7      puts("求长方形的面积：");              //puts()函数显示后自动换行
8      ____②____;                          //printf()函数显示后不换行
9      scanf("%d",&width);                  //从键盘读取十进制整数
10     printf("输入宽：");
11     scanf("%d",&height);
12     printf("面积是：___③___。\n",_______④_______);
13     printf("\n");
14     system("pause");  return 0;
15  }
```

— 习题4.2 根据图4.15所示的程序运行结果，补充完善代码清单test_4_2中的程序。

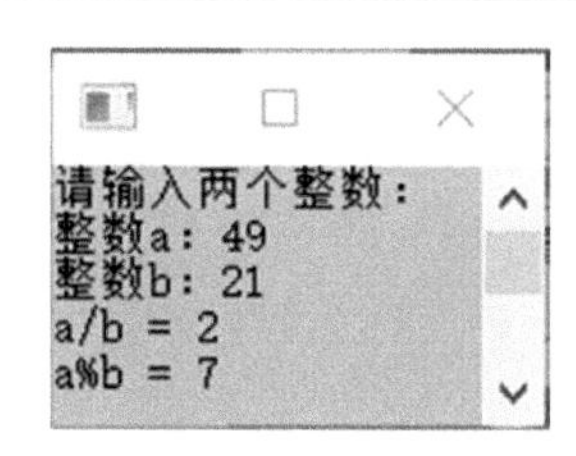

图4.15　习题4.2的程序运行结果

代码清单test_4_2　读取两个整数计算并显示它们的商和余数

```
1   #include <stdio.h>
2   #include <stdlib.h>
3   int main() {
4       ____①____;
5       puts("请输入两个整数：");
6       printf("整数a："); scanf("%d",&a);
7       printf("整数b："); scanf("%d",&b);
8       printf("____②____\n", ____③____);
9       printf("____④____\n", ____⑤____);
10      system("pause");
11      return 0;
12  }
```

— 习题4.3 写出代码清单test_4_3中程序的运行结果。

代码清单test_4_3

```
1   #include <stdio.h>
2   #include <stdlib.h>
3   int main()
4   {
5       int n;                                  //整数
6       double x;                               //浮点数
7       n = 9.99;
8       x = 9.99;
9       printf(" int  型变量n的值：%d \n",n);
10      printf("              n/2 = %d \n",n/2);
```

```
11      printf("double型变量x的值：%f \n",x);
12      printf("             x/2.0 = %f \n",x/2.0);
13      system("pause");
14      return 0;
15  }
```

— 习题4.4 写出代码清单test_4_4中程序的运行结果。

代码清单test_4_4

```
1   #include <stdio.h>
2   #include <stdlib.h>
3   int main()
4   {
5       int a=41, b=44;
6       printf("a和b的平均值为：%d \n",(a+b)/2);
7       printf("a和b的平均值为：%f \n",(a+b)/2.0);
8       printf("a和b的平均值为：%.2f \n",(double)(a+b)/2);
9       system("pause");
10      return 0;
11  }
```

— 习题4.5 写出代码清单test_4_5中程序的运行结果。

代码清单test_4_5

```
1   #include <stdio.h>
2   #include <stdlib.h>
3   int main() {
4       int    n1,n2,n3,n4;                      //整数
5       double d1,d2,d3,d4;                      //浮点数
6       n1 = 5 / 2;          d1 = 5 / 2;
7       n2 = 5.0 / 2.0;      d2 = 5.0 / 2.0;
8       n3 = 5.0 / 2;        d3 = 5.0 / 2;
9       n4 = 5 / 2.0;        d4 = 5 / 2.0;
10      printf("n1 = %d\n", n1);
11      printf("n2 = %d\n", n2);
12      printf("n3 = %d\n", n3);
```

```
13        printf("n4 = %d\n\n", n4);
14        printf("d1 = %f\n", d1);
15        printf("d2 = %f\n", d2);
16        printf("d3 = %f\n", d3);
17        printf("d4 = %f\n", d4);
18        system("pause");  return 0;
19    }
```

— 习题4.6 编写一段程序，如图4.16所示那样读取三个整数，计算并输出它们的合计值和平均值。

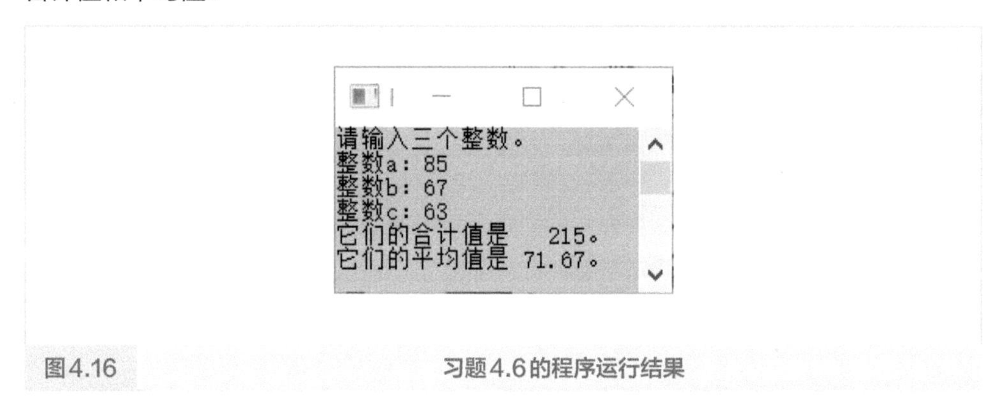

图4.16 习题4.6的程序运行结果

— 习题4.7 编写一段程序，如图4.17所示那样读取两个整数的值，计算出前者是后者的百分之几，并输出结果。

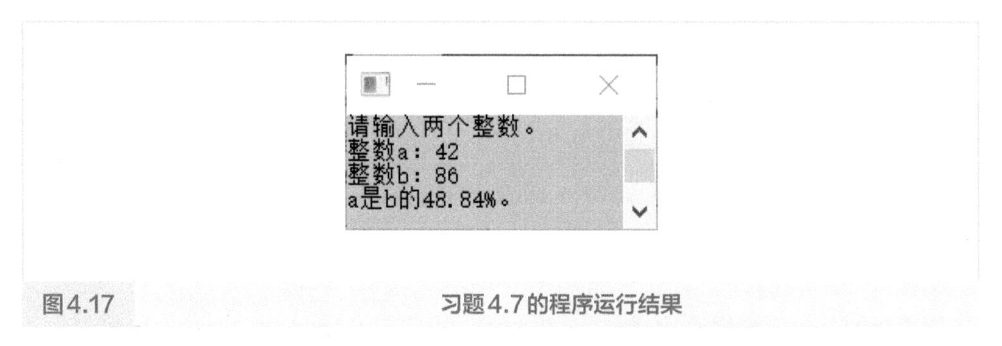

图4.17 习题4.7的程序运行结果

— 习题4.8 编写一段程序，如图4.18所示那样读取两个整数的值，计算并输出相应的运算值；接着读取一个圆的半径值，计算并输出该圆的面积。

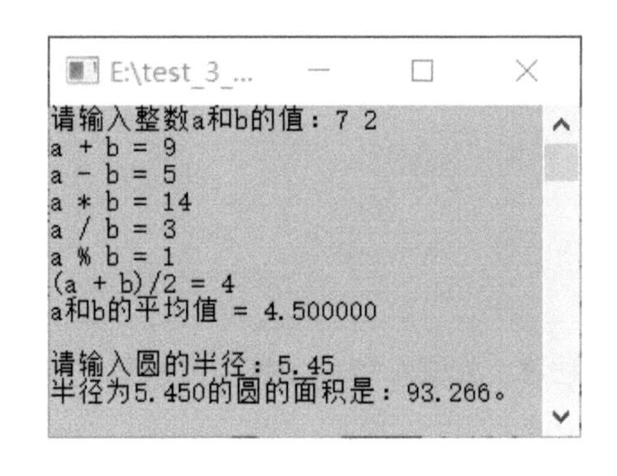

图4.18 习题4.8的程序运行结果

第5章

顺序结构：语句按顺序依次执行

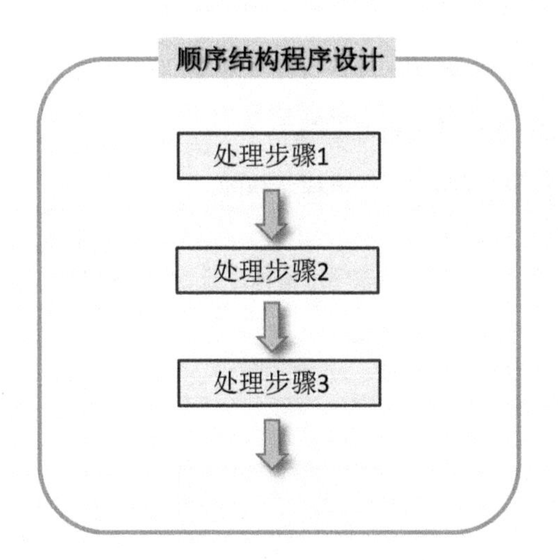

5.1 顺序结构的算法描述

根据程序设计的算法流程（第2章2.6节），C语言有三种基本程序设计结构，这三种流程结构如同小河中水流的三种形态。

- **顺序结构程序设计**（小河水毫无阻碍地向前流淌）
- **选择结构程序设计**（河水遇到分水岭分成几条支流）
- **循环结构程序设计**（河水在漩涡中不停打转）

程序设计就是用各种程序设计语言（C、C++、Java、VB、Pascal等）将算法流程转化为可以被计算机执行的代码的过程。顺序结构的程序设计就是把解决问题的过程一步一步由上至下，按顺序编制成可执行代码。

顺序结构程序设计一般由三部分组成：

（1）**输入部分**：把已知的值输入电脑并存储在变量中。

（2）**处理部分**：按解决问题的次序进行计算处理。

（3）**输出部分**：把计算处理结果返回给用户。

图5.1展示了顺序结构程序设计的流程示意图。

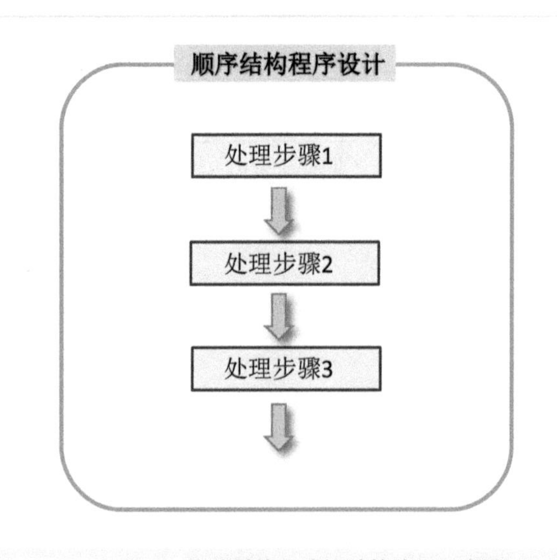

图5.1 顺序结构程序设计的流程示意图

图 5.2 分别展示了用不同的算法描述方法对顺序结构程序设计流程进行算法描述的示意图。

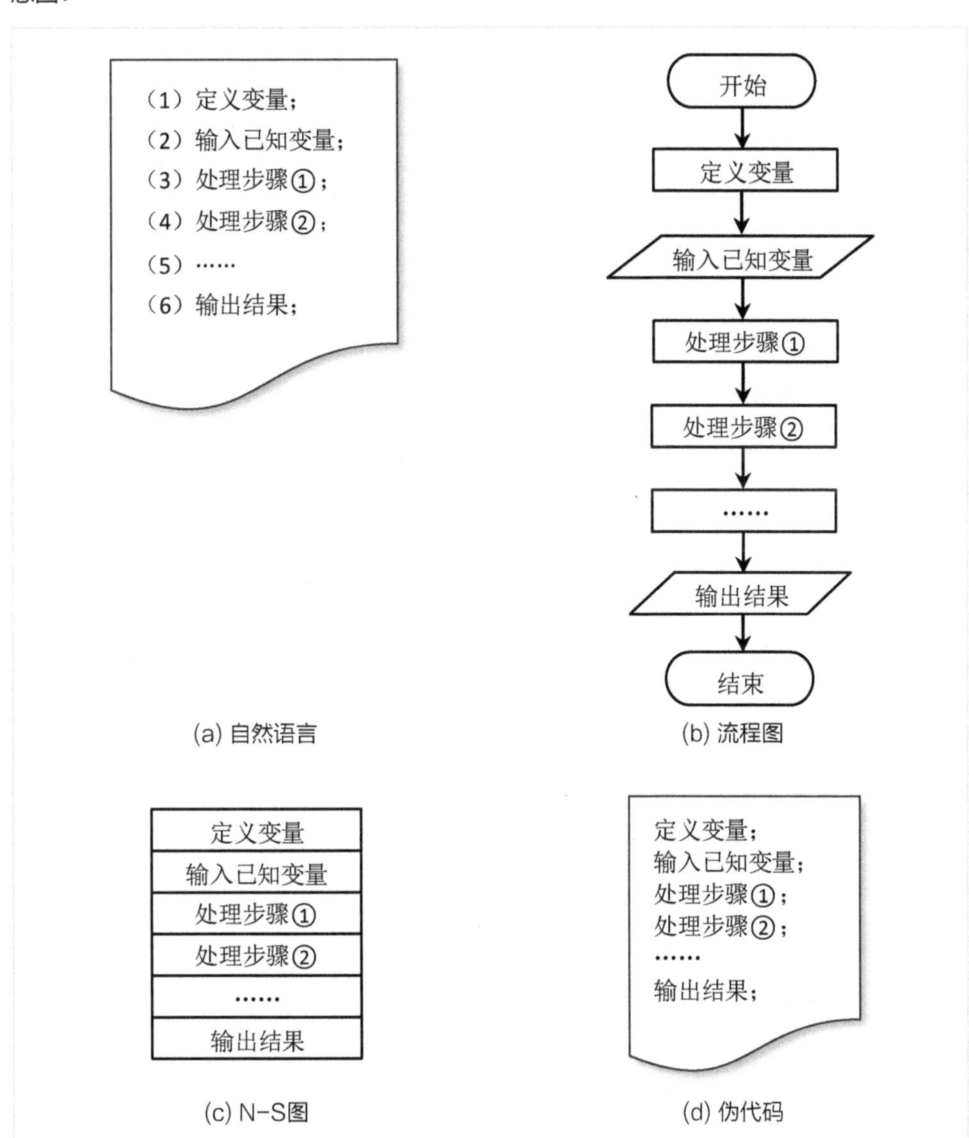

图 5.2　顺序结构程序设计的不同算法描述

5.2 编程实例1：桐桐分糖果

— 问题5.1

妈妈给了桐桐一盒糖果，第一天桐桐分糖果的一半给弟弟，自己吃了5颗；第二天有好朋友悦悦来家里玩，桐桐又把剩下的糖果分一半给悦悦，自己吃了4颗；第三天桐桐吃了剩下的糖果的一半还多1颗后，数了数发现她剩下的糖果数量刚好是她今年的岁数。你能算出妈妈一共给了桐桐多少颗糖果吗？

— 问题分析

输入：输入一个整数表示桐桐年龄，即第三天吃完糖果后剩余的糖果数。

输出：一个整数，表示妈妈给桐桐的糖果总数。

这是一个非常有趣的数学计算题，我们可以使用倒推法来解决。图5.3(a) 表示第三天吃糖果的情况。假如第三天吃糖果之前桐桐手里的糖果数为x_3，吃完糖果后剩余的糖果数是n，则：$n = x_3 - \left(\frac{x_3}{2} + 1\right)$，因此第三天吃糖果之前桐桐手里的糖果数为`x3=(n+1)*2`。

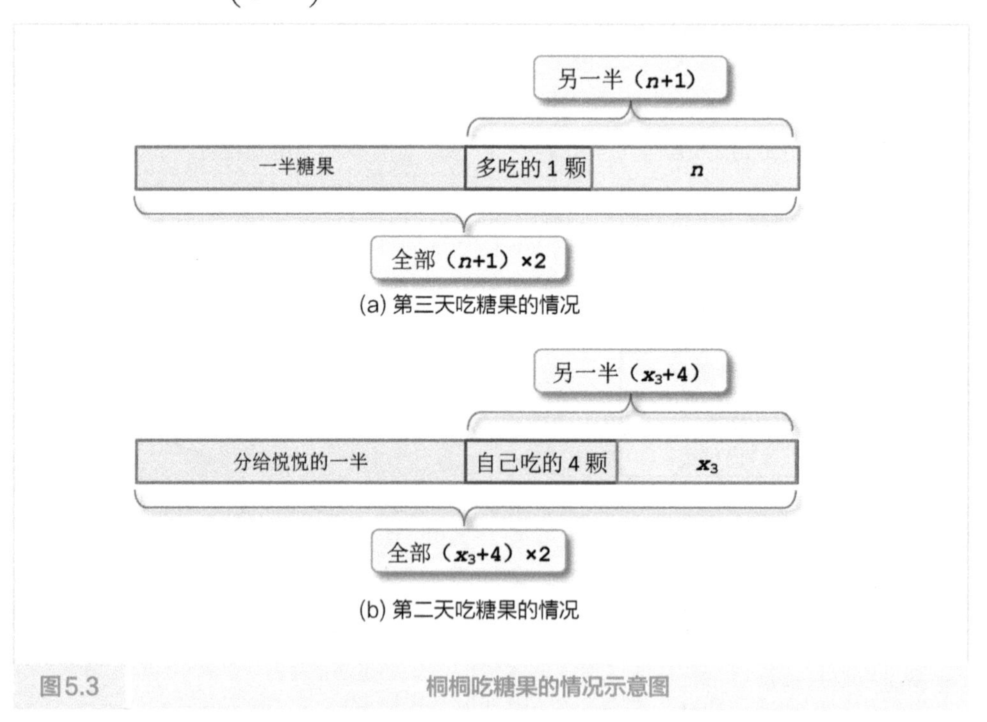

(a) 第三天吃糖果的情况

(b) 第二天吃糖果的情况

图5.3 桐桐吃糖果的情况示意图

x_3即为第二天分完、吃完糖果后剩余的糖果数。图5.3(b) 表示第二天吃糖果的情况。若第二天开始时的糖果数为x_2，则：$x_3 = x_2 - \left(\frac{x_2}{2} + 4\right)$，因此第二天开始时的糖果数为x2=(x3+4)*2。

以此类推，第一天开始时妈妈给桐桐的糖果总数为x1=(x2+5)*2。

— 算法描述

自然语言描述

（1）定义变量x1、x2、x3分别表示第1天、第2天和第3天的糖果数、n表示桐桐的年龄；

（2）用scanf()输入n的值；

（3）计算x3的值；

（4）计算x2的值；

（5）计算x1的值；

（6）用printf()输出x1的值。

代码清单5.1　C语言程序源代码（桐桐分糖果）

```
1   #include <stdio.h>
2   #include <stdlib.h>
3   int main()
4   {
5      system("color 70");
6      int x1,x2,x3,n;
7      printf("\n请输入桐桐的年龄（整数）：");
8      scanf("%d",&n);
9      x3=(n+1)*2;
10     x2=(x3+4)*2;
11     x1=(x2+5)*2;
12     printf("\n妈妈给了%d岁的桐桐%d颗糖果！\n\n",n,x1);
13     system("pause");
14     return 0;
15  }
```

运行后

```
E:\ex...
请输入桐桐的年龄（整数）：6
妈妈给了6岁的桐桐82颗糖果！
请按任意键继续. . .
```

5.3 编程实例2：数字分离（splitnum）

— 问题5.2

桐桐上幼儿园了，学会了1位数字的加法运算，妈妈想考核桐桐的运算能力，于是每次给出一个四位数的整数，让桐桐计算出各位上的数字的和。妈妈想请你帮她写一个程序，能够随机产生一个四位数的整数，同时给出其各位上的数字的和，这样她就能够一边做自己的事，一边考核桐桐了。

— 问题分析

输入： 随机产生一个四位数整数。

输出： 输出整数和其各位数字的和。

（1）**首先用C语言的数学库函数rand()产生一个随机的四位数整数。**

rand() 函数能够生成在0～RAND_MAX的任意整数。**rand()** 函数和常量RAND_MAX均在库文件**stdlib.h**中定义，一般RAND_MAX的默认值为最大的int整型数32767。要生成**a**～***b***的任意整数（包含**a**和**b**），可以用以下方式：

```
a+rand()%(b+1-a)            //rand()%(b+1-a)的最大值是b-a，最小值是0
```

因而，要生成任意四位整数就可以用1000+**rand()%**9000实现。

事实上，**rand()** 函数产生的是一个伪随机数，重复调用该函数所产生的随机数字是相同的。要想每次执行产生不同的随机数，就需要用 **srand()** 函数进行**随机初始化**。

随机初始化函数 **srand()** 可以设置随机数生成器的种子，不同的种子将产生不同的随机数。在程序运行过程中时间是一直变化的，所以我们可以借助 **time.h** 库中的 **time(NULL)** 函数返回计算机当前的时间数，把它作为随机数生成器的种子，从而在每次执行 **rand()** 函数时产生一个不同的随机数。将当前时间设置为随机数生成器种子的代码如下：

```
srand(time(NULL));
```

（2）**拆分这个四位整数，获得其各位上的数字。**

拆分一个数可以利用 % 和 / 运算符实现。假设**a**、**b**、**c**、**d**分别表示四位整数**number**的个、十、百、千位上的数，则它们的值可以分别表示为：

```
a = number%10                         //个位数
b = number/10%10                      //十位数
c = number/100%10                     //百位数
d = number/1000                       //千位数
```

图5.4展示了从一个四位数中拆分出其各位上的数字的过程。

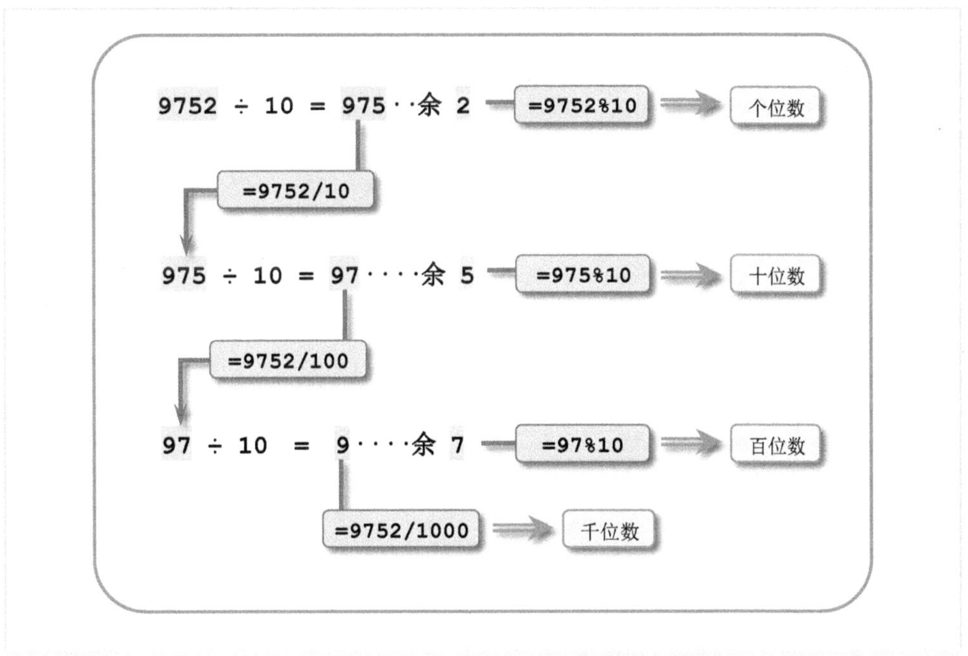

图5.4 数字分离：拆分四位整数获得各位上的数字

— 算法描述

自然语言描述

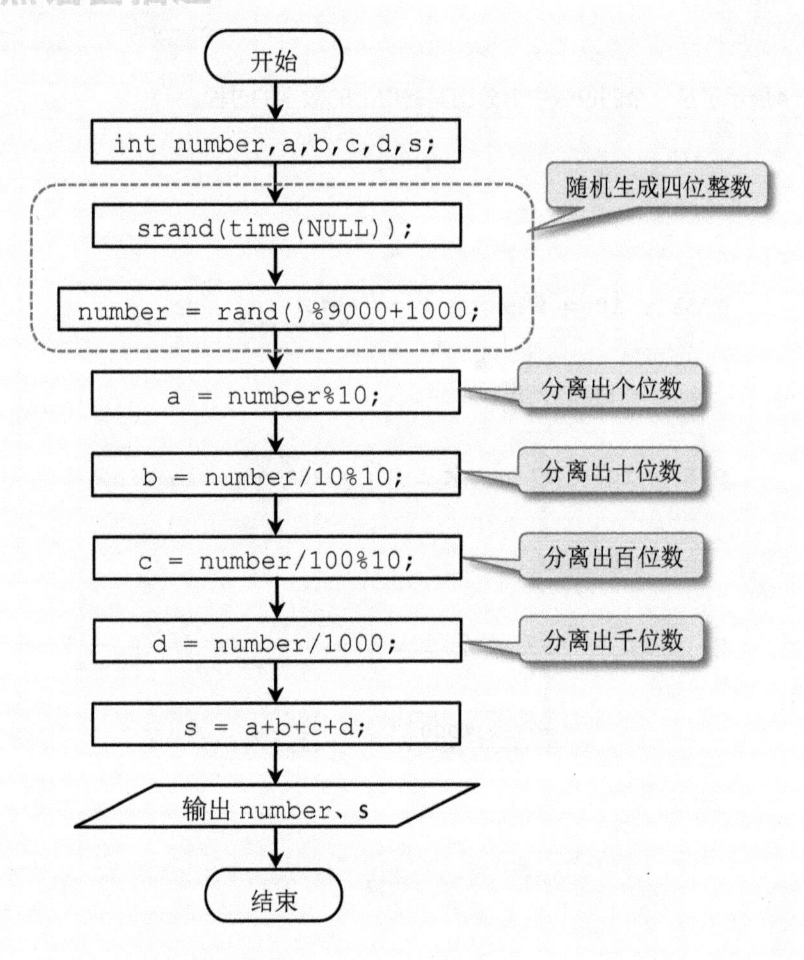
开始
int number,a,b,c,d,s;
随机生成四位整数
srand(time(NULL));
number = rand()%9000+1000;
a = number%10;
分离出个位数
b = number/10%10;
分离出十位数
c = number/100%10;
分离出百位数
d = number/1000;
分离出千位数
s = a+b+c+d;
输出 number、s
结束

代码清单 5.2　C 语言程序源代码（数字分离）

```
1   #include <stdio.h>
2   #include <stdlib.h>
3   #include <time.h>
4   int main()
5   {
6       system("color 70");
7       int number,a,b,c,d,s;
8       srand(time(NULL));
9       number = rand()%9000+1000;
10      a = number % 10;
11      b = number / 10 % 10;
12      c = number / 100 % 10;
13      d = number / 1000;
14      s = a+b+c+d;
15      printf("\n随机生成四位整数：%d\n",number);
16      printf("各位数字的和：%d+%d+%d+%d=%d\n",d,c,b,a,s);
17      printf("\n\n");
18      system("pause");
19      return 0;
20  }
```

运行后

```
E:...
随机生成四位整数：3576
各位数字的和：3+5+7+6=21
```

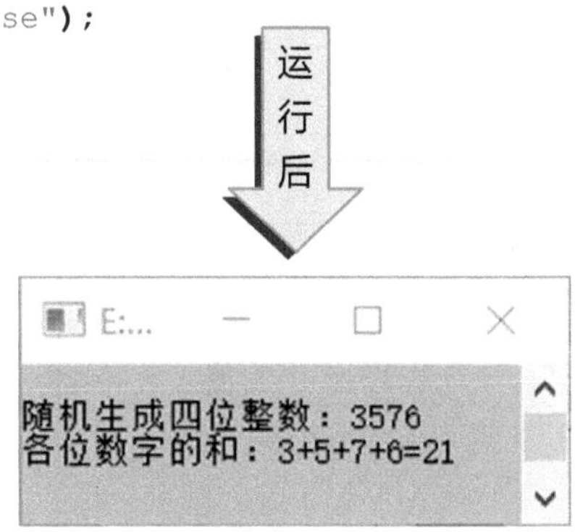

5.4 编程实例3：农夫与石头

问题5.3

在一条小河边，有一位特别憨厚的老农用扁担挑着两筐货物准备过河，为了保持扁担两边的平衡，他需要在其中一只筐里放入4块总重量为20千克的石头。他事先已经捡了三块不同重量的石头，请问他应该再捡一块多少千克的石头？

要求任意输入三块石头的重量（总重不大于20千克），让计算机输出一个数，表示农夫应该去捡的石头重量。

问题分析

输入：任意输入三个浮点数。

输出：一个浮点数，表示还应该去捡的石头重量。

这是一个非常简单的数学运算。假设已有三块石头的重量分别是**a**、**b**、**c**，则还应该去捡的第四块石头重量为`x=20-a-b-c`。

算法描述

N-S图描述

float a,b,c,x;
输入a、b、c的值
x=20-a-b-c
输出x的值

代码清单5.3　C语言程序源代码（农夫与石头）

```
1   #include <stdio.h>
2   #include <stdlib.h>
3   int main()
4   {
5       system("color 70");
6       float a,b,c,x;
7       printf("\n请输入三个浮点数（空格分隔），然后回车：\n");
8       scanf("%f %f %f",&a,&b,&c);
9       x = 20-a-b-c;
10      printf("还应捡的第四块石头重量为：%.2f千克\n",x);
11      printf("\n\n");
12      system("pause");
13      return 0;
14  }
```

运行后

```
E:\example_4_3....

请输入三个浮点数（空格分隔），然后回车：

3.5 5 8.2
还应捡的第四块石头重量为：3.30千克
```

5.5 编程实例4：计算旅行花费

— 问题5.4

国庆节桐桐一家想自驾旅游，目的地有北京、海南、云南等许多好玩的地方可选择。在已知汽车平均行驶速度、每升汽油可以行驶的距离（公里）以及每升汽油价格的情况下，你能计算出自驾去每一个地方所花费的时间和购买汽油所需的钱吗？

— 问题分析

输入：分别输入四个浮点数，分别表示距离**s**、平均速度**v**、每升汽油价格**p**、每升汽油可行驶距离**k**。

输出：两个浮点数，分别表示花费的时间**t**和购买汽油的钱**total**。

设自驾游的距离为**s**，汽车平均速度为**v**，每升汽油可行驶距离为**k**，每升汽油价格为**p**。则：

自驾花费的时间为`t=s/v`；

所需汽油总量为`liter=s/k`；

购买汽油的钱为`total=liter×p`。

— 算法描述

N-S图描述

float s,v,p,k,t,liter,total;
分别输入s,v,p,k的值
t=s/v;
liter=s/k;
total=liter*p;
输出t、total

代码清单5.4　C语言程序源代码（计算旅行花费）

```
1   #include <stdio.h>
2   #include <stdlib.h>
3   int main()
4   {
5       system("color 70");
6       float s,v,p,k,t,liter,total;
7       printf("\n请输入旅行的距离（千米）：");
8       scanf("%f",&s);
9       printf("请输入汽车平均速度（千米/小时）：");
10      scanf("%f",&v);
11      printf("请输入每升汽油价格（元/升）：");
12      scanf("%f",&p);
13      printf("请输入每升汽油可行驶的距离（千米/升）：");
14      scanf("%f",&k);
15      t = s/v;
16      liter = s/k;
17      total = liter*p;
18      printf("\n旅行所需时间为：%.2f小时",t);
19      printf("\n购买汽油的钱数为：%.2f元\n\n\n",total);
20      system("pause");
21      return 0;
22  }
```

运行后

```
E:\example_4_4.exe

请输入旅行的距离（千米）：1200
请输入汽车平均速度（千米/小时）：80
请输入每升汽油价格（元/公升）：7.45
请输入每升汽油可行驶的距离（千米/升）：15

旅行所需时间为：15.00小时
购买汽油的钱数为：596.00元
```

5.6 编程实例5：时间戳（times）

一 问题5.5

时间戳是计算机中记录时间的一种方法，某一时刻的时间戳指的是从1970年1月1日0时0分0秒开始到该时刻总共过了多少秒。请编程任意输入一个整数，然后计算出它表示的是哪一天哪一刻。

一 问题分析

输入：任意整数**n**（0≤n≤2 147 483 647），表示从1970年1月1日0时0分0秒到该时刻过了多少秒。

输出：**y**年**m**月**d**日**H**时**M**分**S**秒，**y**、**m**、**d**、**H**、**M**、**S**为六个整数。

假设一年12个月，每个月有30天，那么

一天的时间（秒）为：`days=24×60×60=86400`秒；

一个月的时间（秒）为：`months=days×30=2592000`秒；

一年的时间（秒）为：`years=months×12=31104000`秒；

2 147 483 647=2^{31}−1，它是32位操作系统能够处理的最大的整型数。根据**n**的取值范围，定义变量**n**的数据类型应该为**long int**型。

n除以一年的时间（秒）**years**的商加上1970就是具体年份**y**，余数再除以一月的时间（秒）**months**的商加1就是月份**m**，再次得到的余数除以一天的时间（秒）**days**的商加1就是日期**d**，第三次得到的余数除以3600的商就是小时数**H**，第四次得到的余数除以60的商就是分**M**和余数就是秒**S**。

```
y = n/years+1970
m = n%years/months+1
d = n%years%months/days+1
H = n%years%months%days/3600
M = n%years%months%days%3600/60
S = n%years%months%days%3600%60
```

图5.5展示了普通时间值和时间戳（秒单位的值）相互转换的过程。

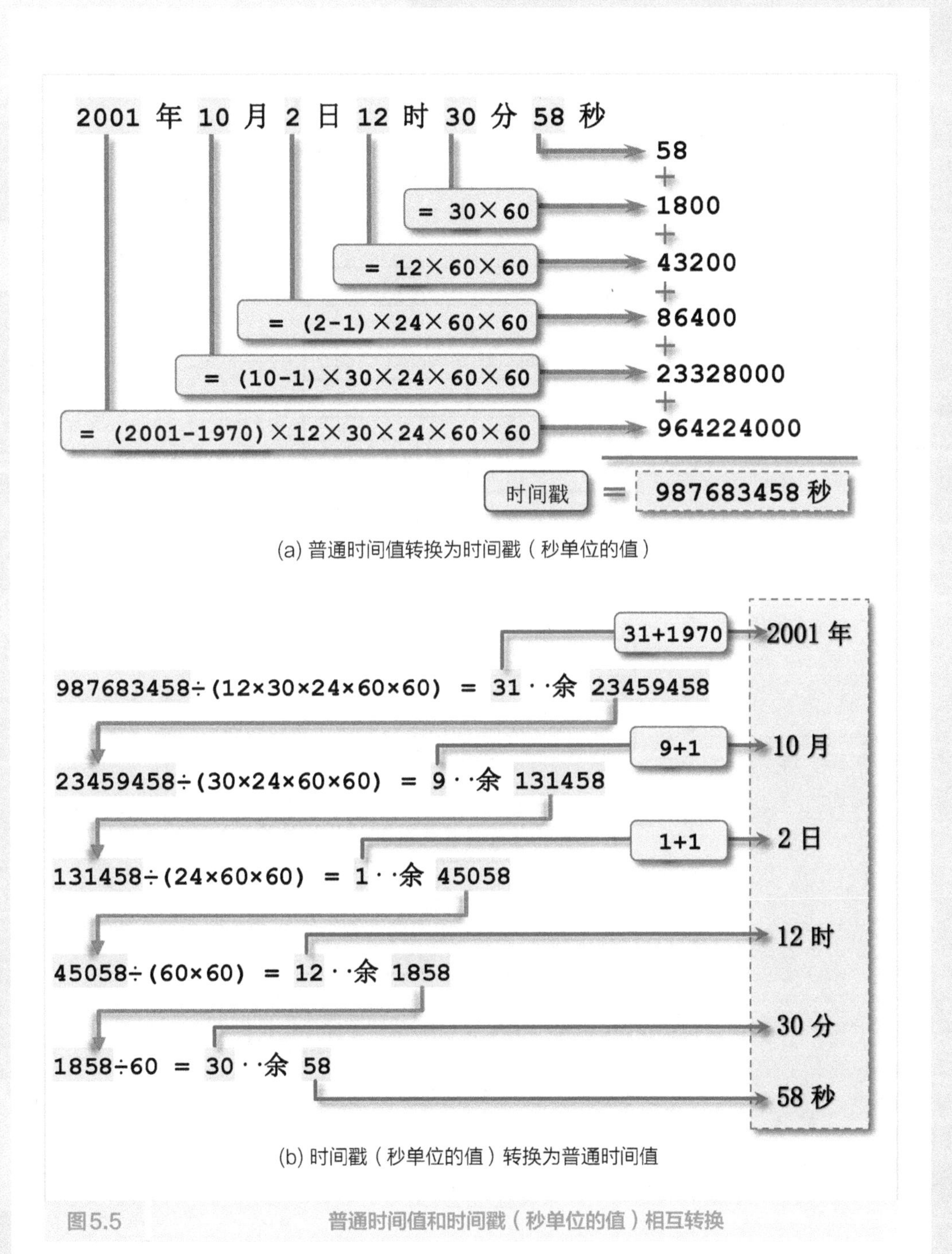

(a) 普通时间值转换为时间戳（秒单位的值）

(b) 时间戳（秒单位的值）转换为普通时间值

图5.5　普通时间值和时间戳（秒单位的值）相互转换

— 算法描述

流程图描述

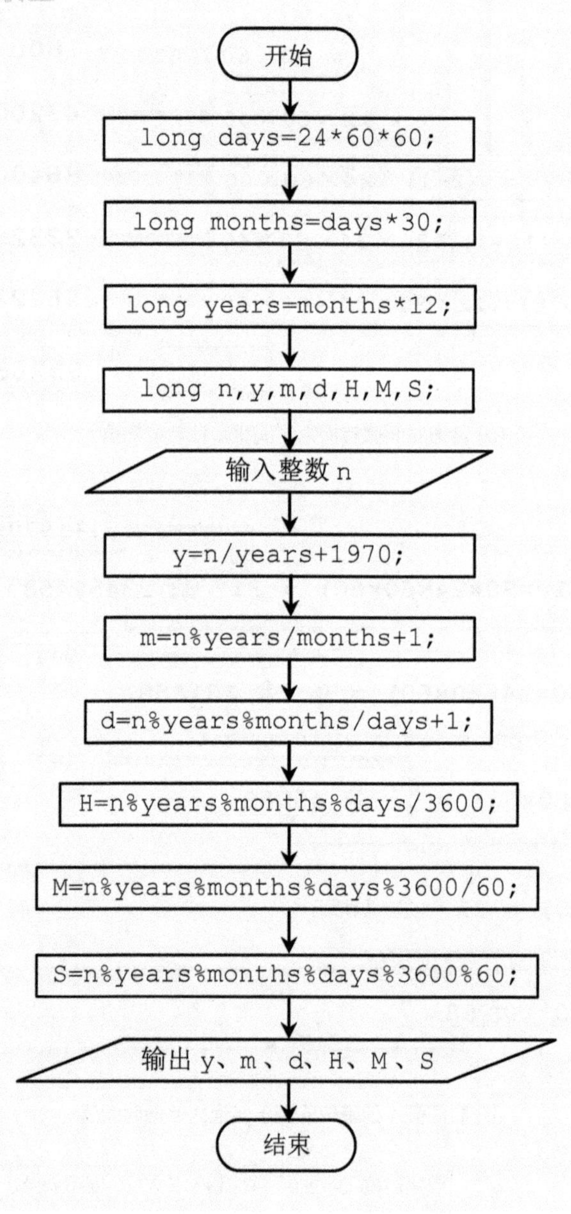
开始
long days=24*60*60;
long months=days*30;
long years=months*12;
long n,y,m,d,H,M,S;
输入整数 n
y=n/years+1970;
m=n%years/months+1;
d=n%years%months/days+1;
H=n%years%months%days/3600;
M=n%years%months%days%3600/60;
S=n%years%months%days%3600%60;
输出 y、m、d、H、M、S
结束

代码清单5.5　C语言程序源代码（时间戳）

```
1   #include <stdio.h>
2   #include <stdlib.h>
3   int main()
4   {
5      system("color 70");
6      long days = 24*60*60;
7      long months = days*30;
8      long years = months*12;
9      long n,y,m,d,H,M,S;
10     printf("\n输入整数n(0-2147483647): ");
11     scanf("%ld",&n);
12     y = n/years+1970;
13     m = n%years/months+1;
14     d = n%years%months/days+1;
15     H = n%years%months%days/3600;
16     M = n%years%months%days%3600/60;
17     S = n%years%months%days%3600%60;
18     printf("\n%d年%d月%d日%d时%d分%d秒
19  \n\n",y,m,d,H,M,S);
20     system("pause");
21     return 0;
22  }
```

运行后

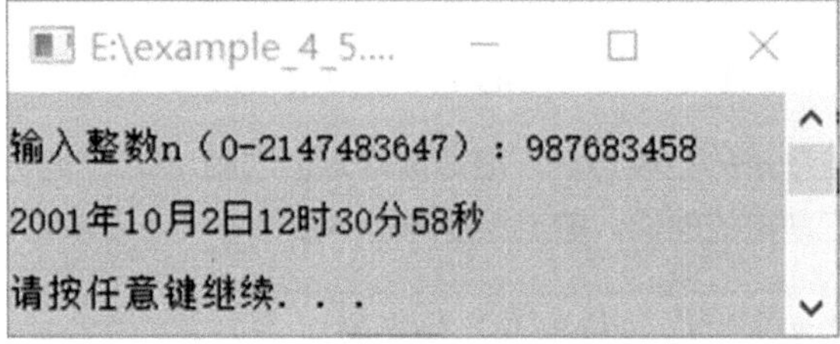

练习题

— 习题5.1 写出代码清单test_5_1中程序的运行结果。

代码清单test_5_1

```
1   #include <stdio.h>
2   #include <stdlib.h>
3   int main() {
4       int n;
5       char ch1, ch2, ch3;
6       printf("请输入一个字符：");
7       scanf("%c",&ch1);
8       n = ch1;
9       ch2 = ch1-1;
10      ch3 = ch1+1;
11      printf("十进制序号：%d\n",n);
12      printf("字符：%c\n",ch1);
13      printf("前一个字符：%c\n",ch2);
14      printf("后一个字符：%c\n",ch3);
15      //printf("序号  字符  前一个字符  后一个字符\n");
16      //printf("%4d %3c %6c %10c\n",n,ch1,ch2,ch3);
17      system("pause");
18      return 0;
19  }
```

运行后输入：① c；② F。

— 习题5.2 根据题意补充完善代码清单test_5_2中的程序。

已知a、b、c为三角形的三条边长，由键盘输入合法的a、b、c(两边之和大于第三边)，利用海伦公式求该三角形的面积，输出保留两位小数。

海伦公式：$S = \sqrt{P \times (P - A) \times (P - B) \times (P - C)}$

其中：S为三角形面积；P为三角形周长的一半。

提示：可以使用函数sqrt(x)求得x的平方根（$\sqrt{x}$）的值。

代码清单test_5_2

```
1   #include <stdio.h>
2   #include <stdlib.h>
3   #include <____①____>
4   int main(){
5       ____②____a, b, c, p, s;
6       printf("请输入三角形的三条边长（空格分隔）：");
7       scanf("%f %f %f",&a,&b,&c);
8       p = (a+b+c)/2.0;
9       s = ______③______;
10      printf("三角形的面积是：");
11      printf(_____④_____);
12      system("pause");
13      return 0;
14  }
```

— 习题5.3 写出代码清单test_5_3中程序的运行结果。

代码清单test_5_3

```
1   #include <stdio.h>
2   #include <stdlib.h>
3   int main(){
4       int a = 123;
5       double b = 3636.23456;
6       printf("a=%d\n",a);
7       printf("2*a=%d\n",2*a);
8       printf("a=%2d\n",a);
9       printf("%3lf\n",b);
10      printf("%15.2lf\n",b);
11      printf("%-15.2lf\n",b);
12      printf("%.2lf\n",b);
13      system("pause");
14      return 0;
15  }
```

— 习题5.4 编写程序解决问题：**鸡兔同笼**

鸡和兔子关在同一个笼子里，可以看到共有12个头、40只脚，问鸡和兔子各有多少只？

— 习题5.5 编写程序，实现从键盘输入长方形的两条边长 a 和 b，计算并输出它的面积和周长。

— 习题5.6 银行存款年利率是 r%，即存入本钱 x 元，n 年后的本利合计 y 为：

$$y = x \times \left(\frac{100 + r}{100}\right)^n$$

请编写程序，根据输入的 r、x 和 n 值，计算并输出本利合计 y 的值。

提示：可以使用函数 pow(*x*, *y*) 求得 x^y 的值。

第 6 章

选择结构：根据条件判断改变执行流程

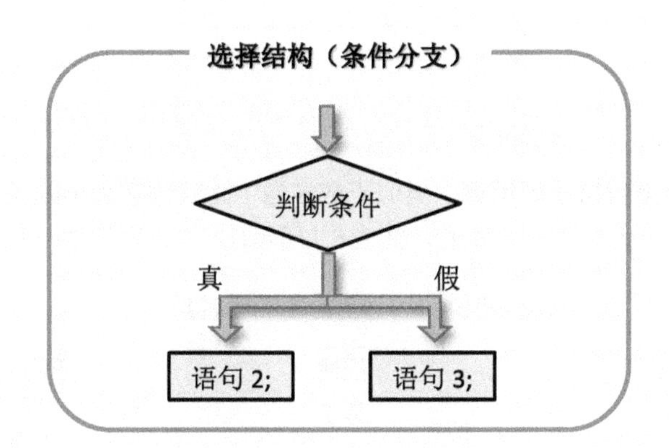

6.1 关系运算

选择结构的程序设计是一种根据**判断条件**的成立与否来确定下一步所做操作的一种程序控制结构。其程序的执行流程不再像顺序结构那样，从上到下一条条依次执行所有语句，而是根据判断条件的成立与否而走向不同的分支，因而，**选择结构也被称为分支结构**（见图6.1）。C语言对某一条件成立与否的判断处理是用**关系运算**和**逻辑运算**来解决的。

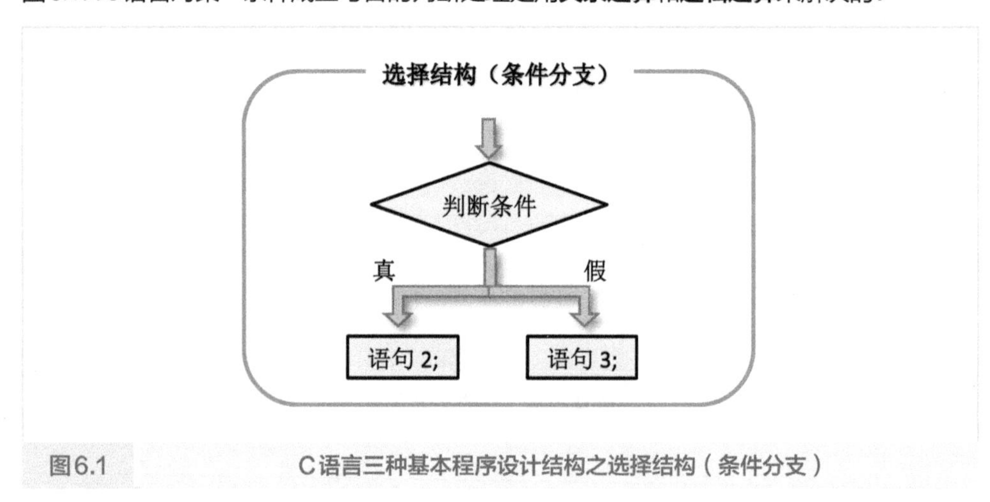

图6.1 C语言三种基本程序设计结构之选择结构（条件分支）

关系运算实际上就是比较运算，类似于数学当中比较数字大小的运算。C语言提供了**6种关系运算符**（relational operator），如表6.1所示。

表6.1 C语言的关系运算符

关系运算符	描述	示例（关系表达式）
==	等于	a+b == c
>	大于	a+10 > c
<	小于	b < a+10
>=	大于等于	c >= b
<=	小于等于	a <= c
!=	不等于	a != b

关系运算符的左右两边可以是变量、数值或算术表达式，用关系运算符连接而成的表达式称为**关系表达式**。在含有算术运算符的关系表达式中，**算术运算符的优先级高于关系运算符**。

关系表达式的运算结果是一个逻辑值：“真”或“假”，在C语言中**用数值1表示“真”，**

用数值0表示“假”。因而，每当C语言对关系表达式进行运算时，总是产生结果数值1或0。下面的语句把1赋值给变量***a***，把0赋值给变量***b***：

```
a = (8<10);          //(8<10)为“真”，其结果值为1，因而变量a被赋值1
b = (3==4);          //(3==4)为“假”，其结果值为0，因而变量b被赋值0
```

图6.2展示了用不同的算法描述方法对选择结构程序设计流程进行算法描述的示意图。

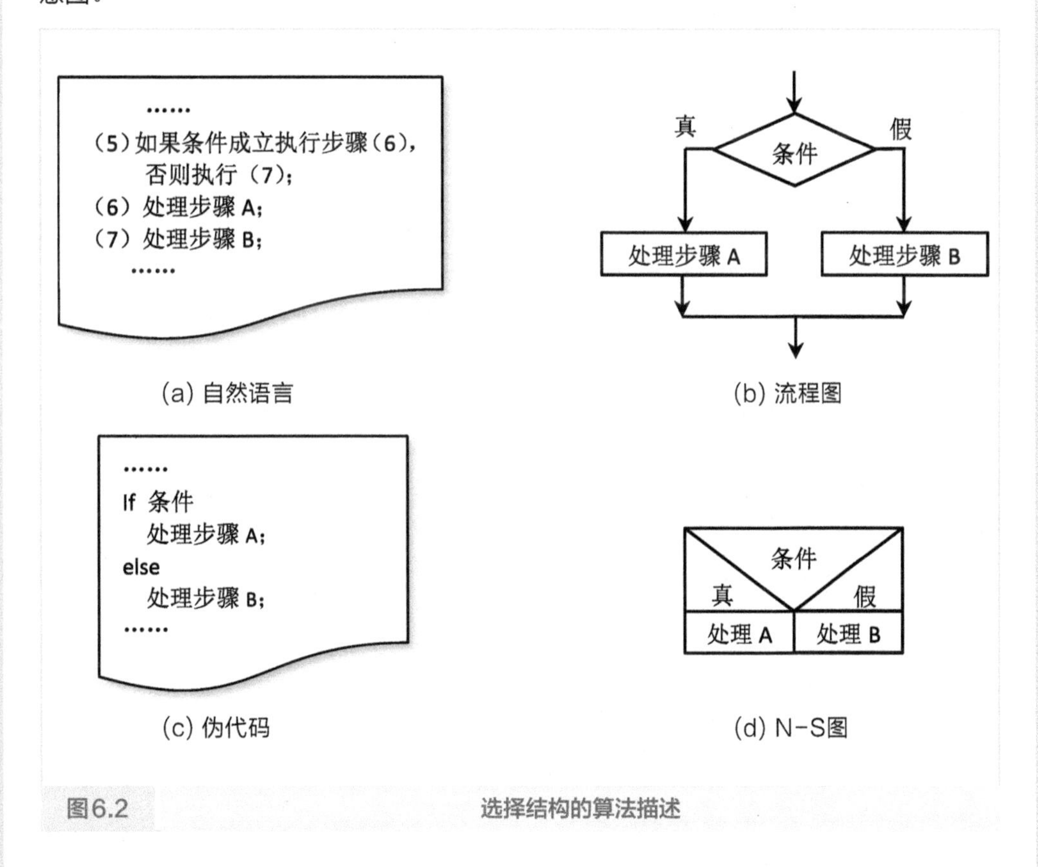

图6.2　选择结构的算法描述

知识点总结

“=”表示赋值，把其右边的值存储在左边的变量中。

“==”是关系运算符，判断其左右两边的值是否相等。

6.2 逻辑运算

关系运算符只是测试左右两个值之间的关系（把它们相互比较），**逻辑运算符**（logical operator）则是把多个关系表达式组合起来，判断最终的结果是“真”还是“假”。因而，有时候逻辑运算符又称为**复合关系运算符**（compound relation operator）。C语言提供了**3种逻辑运算符**，如表6.2所示。

表6.2　C语言的逻辑运算符

运算符	含义	说明	示例
&&	逻辑与	运算符两边的表达式都成立（真），返回1； 只要有一个不成立（假），返回0	(2==3)&&(3==3)的值为0 (2<3)&&(3==3)的值为1
||	逻辑或	运算符两边的表达式只要有一个成立，返回1； 只有两边的表达式都不成立时，返回0	(2==3)||(3==3)的值为1 (2<1)||(2==3)的值为0
!	逻辑非	运算符后边的表达式成立（真），返回0， 否则返回1	!(2==3)的值为1 !(2<3)的值为0

对于逻辑运算符优先级的问题，**逻辑非!的优先级最高，不仅优先于关系运算符，甚至优先于算术运算符，其次是逻辑与&&，逻辑或||优先级最低，而逻辑与&&和逻辑或||的优先级低于关系运算符。**当一个判断条件表达式中同时出现关系运算符、逻辑运算符、算术运算符时，其运算优先关系如下：

()　→　函数、!　→　*、/、%　→　+、-　→　<、>、!=、<=、>=、==　→　&&、||

图6.3展示了一个复杂条件表达式的运算顺序。

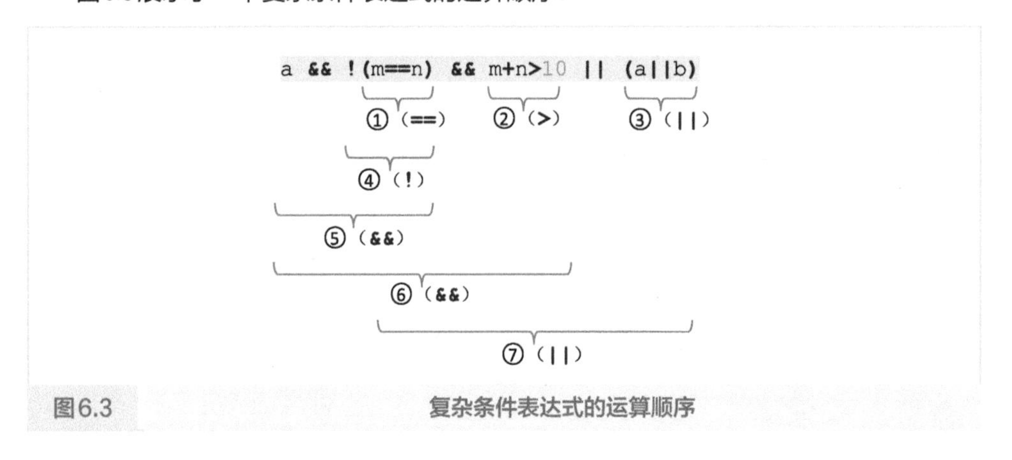

图6.3　复杂条件表达式的运算顺序

图6.4分别展示了逻辑与、逻辑或、逻辑非的饼图及运算规则。

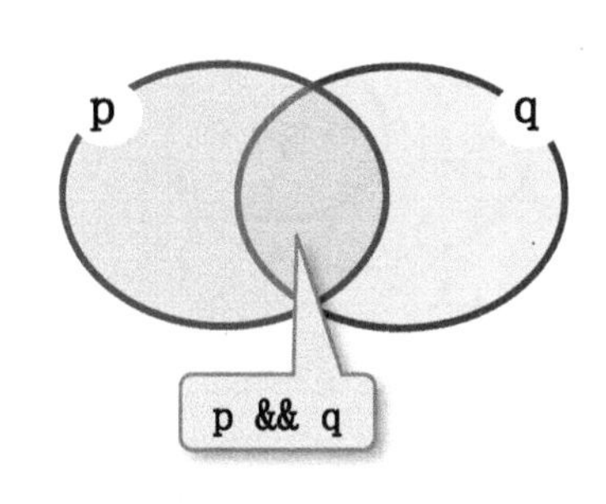

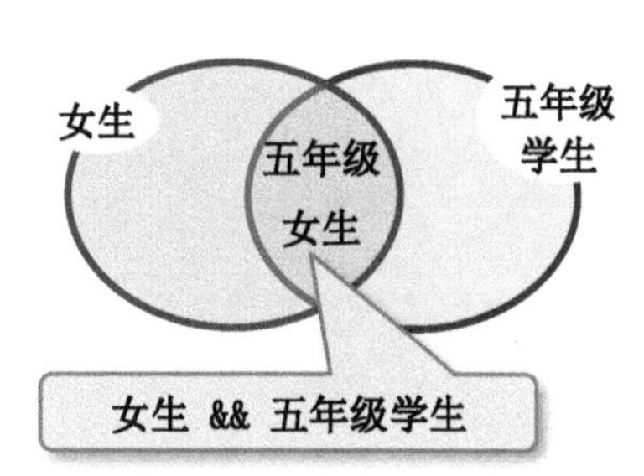

p	q	p && q
0	0	0
0	1	0
1	0	0
1	1	1

(a) 逻辑与

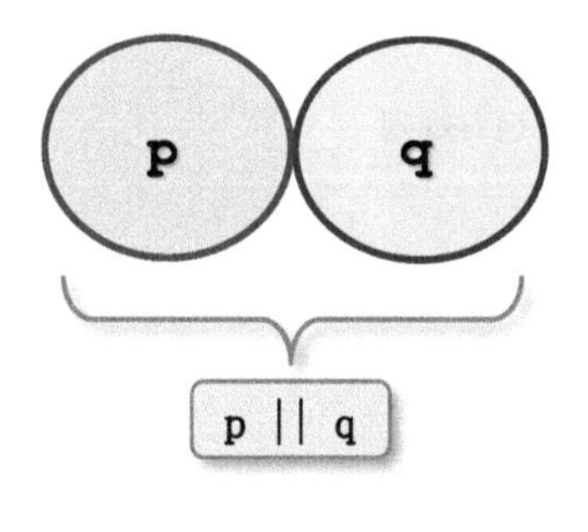

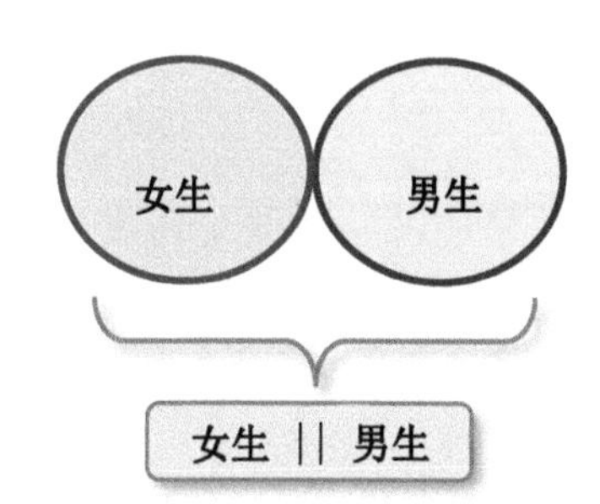

p	q	p || q
0	0	0
0	1	1
1	0	1
1	1	1

(b) 逻辑或

图6.4 逻辑与、逻辑或、逻辑非的饼图及运算规则

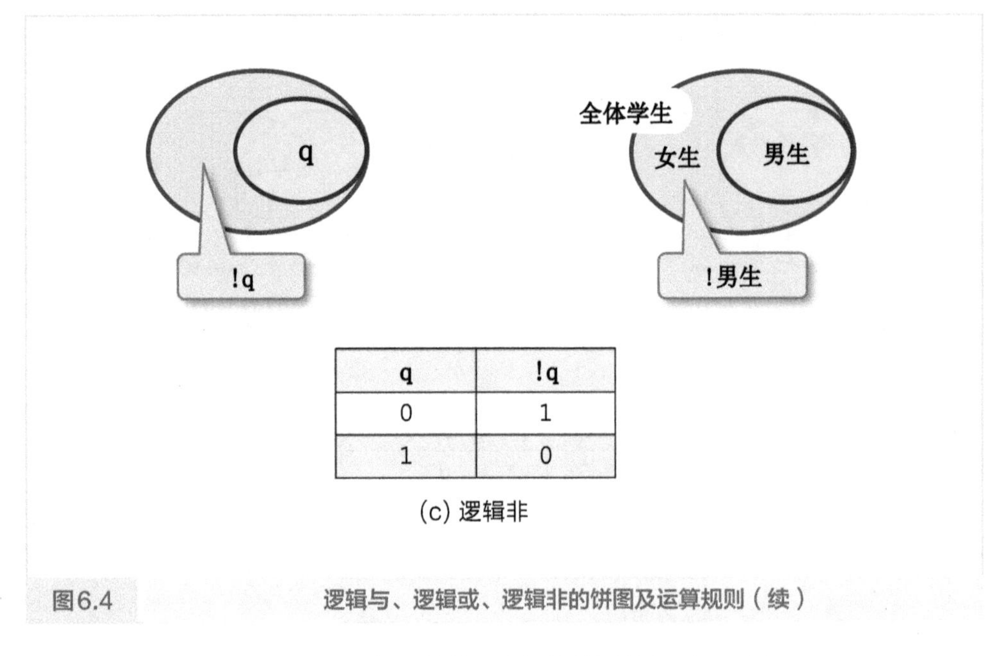

q	!q
0	1
1	0

(c) 逻辑非

图6.4 逻辑与、逻辑或、逻辑非的饼图及运算规则（续）

表6.3和表6.4分别展示了逻辑运算符混合运算的运算规则和示例。

表6.3 逻辑运算符混合运算的运算规则

p	q	!q	p && !q	p || !q	! (p && q)	! (p || q)
0	0	1	0	1	1	1
0	1	0	0	0	1	0
1	0	1	1	1	1	0
1	1	0	0	1	0	0

表6.4 逻辑运算符混合运算的示例

p	q	m	p && q	p || q	p && q || m
5+2>10	0	0	0	0	0
5+2==10	1	0	0	1	0
5*2==10	0	1	0	1	1
5+2<10	1	1	1	1	1

6.3 if-else条件语句

条件语句就是根据判断条件的成立与否（“真”或“假”），来决定接下来该执行什么样的操作。其一般格式如下：

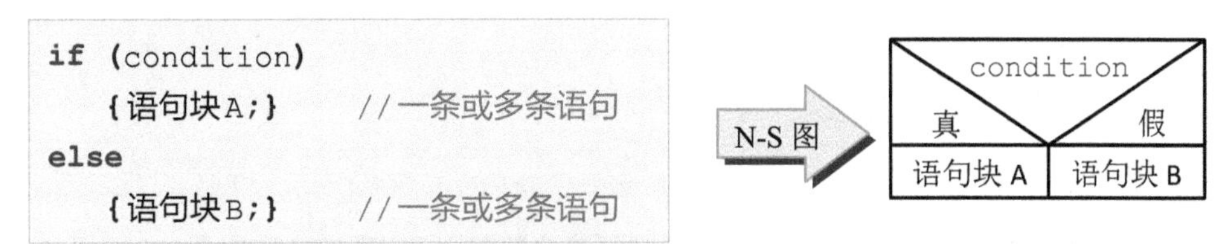
if (condition)
{语句块A;}　　//一条或多条语句
else
{语句块B;}　　//一条或多条语句
N-S 图
condition
真
假
语句块 A
语句块 B

condition外面的括号是必需的。condition就是上一节中讲到的用关系运算符和逻辑运算符连接而成的**关系判断表达式**，其结果是1（“真”）或0（“假”），分别表示条件成立或不成立。

语句块A或B**是条件语句的主体部分**。如果语句块中包含多条语句，那么其外面必须用花括号（{}）括起来，而且每条语句末尾必须用分号（;）结束。但如果语句块中只有一条语句，则花括号可以不写，但是为了方便以后增加语句，建议只有一条语句时也写上花括号。

条件语句还有另一种比较简化的形式，就是当判断条件成立时执行某些操作，不成立时则结束该条件语句的执行：

if (condition)
{语句块A;}　　//一条或多条语句
N-S 图
condition
真
假
语句块 A

不要在**if**或**else**语句的后面加上分号，分号只能出现在**if**或**else**语句的主体部分中每条语句的结尾。

※无论条件语句的执行结果如何，程序总是按照顺序执行的原则，在条件语句结束以后，继续顺序执行跟在它后面的语句。

知识点总结

不要在if或else语句的后面加上分号。
分号只能出现在if或else语句的主体部分中每条语句的结尾。

6.4 编程实例1：整除和排序

— 问题6.1

判断一个整数能否被7整除。

— 问题分析

输入：从键盘输入一个整数。

输出：“yes”或“no”。

判断一个整数**N**能否被7整除，只需要判断这个数除以7以后的余数是否为0即可。C语言中的求模运算符“**%**”就是计算两个数相除以后的余数的，因而，我们只要判断算术表达式N%7的结果值是否等于0即可。

— 算法描述

自然语言描述

（1）定义变量N用来存储一个整数；

（2）用**scanf()**输入一个整数；

（3）判断N%7的值，如果等于0，则用**printf()**输出Yes，否则输出No。

代码清单6.1 判断一个整数能否被7整除

```
1   #include <stdio.h>
2   #include <stdlib.h>
3   int main(){
4       int N;
5       printf("请输入一个整数: \n");
6       scanf("%d",&N);
7       if(N%7==0)
8           {printf("Yes,%d能被7整除! \n",N);}
9       else
10          {printf("No,%d不能被7整除! \n",N);}
11      system("pause");
12      return 0;
13  }
```

问题6.2

任意输入三个互不相等的整数，按从大到小的顺序排列输出。

问题分析

输入：从键盘输入三个互不相等的整数。

输出：按从大到小的顺序排列输出这三个数。

我们可以使用“换位法”来实现把三个数按从大到小的顺序排序。

定义三个变量a、b、c存放三个数，最终目标是要把最大的数存储在变量a中，次大的数存储在变量b中，最小的数存储在变量c中。

首先，比较变量a、b中的数，如果变量a中的数小于b中的数，则交换a、b中的数（交换两个变量的值，需要借助第三方变量t才能完成，具体实现方法**参阅第3章的3.6节**）。这样在变量a、b中，变量a中一定存的是比较大的数。

接下来，需要比较变量a和c中的数。如果变量a中的数小于c中的数，则交换a、c中的数。这样在变量a、c中，变量a中一定存的是比较大的数。

经过上面两次的比较和交换，我们可以确定变量a中存储的一定是三个数中最大的那个数。

最后再比较变量b和c中的数。如果变量b中的数小于c中的数，则交换b、c中的数，将较大的数存储在变量b中。

经过以上三轮比较和交换后，排序完毕，将三个数中最大的数存储在了变量a中，次大的数存储在了变量b中，最小的数存储在了变量c中。

根据条件判断交换两个变量的值的代码如下：

```
if (a<b) {t=a; a=b; b=t;}                    //{}括号是必需的
```

因为当a<b这个条件成立时，需要执行三条语句，此时必须要将这三条语句放在一对{}括号中形成一个语句块。

知识点总结

交换两个变量的值，需要借助第三方变量来完成。

图6.5形象地展示了使用if语句两两比较并交换变量的值实现从大到小排序。

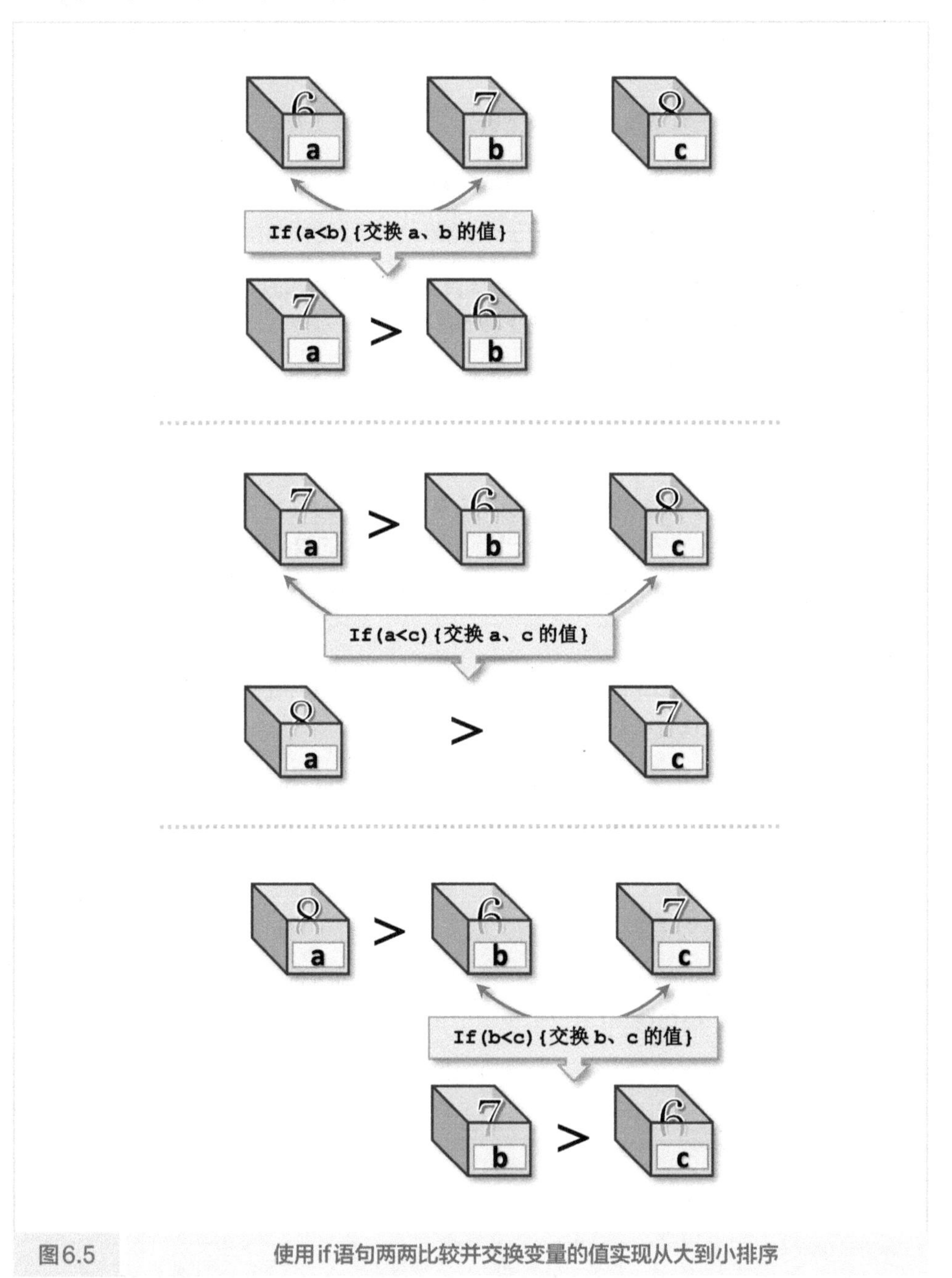

图6.5 使用if语句两两比较并交换变量的值实现从大到小排序

— 算法描述

N-S图描述

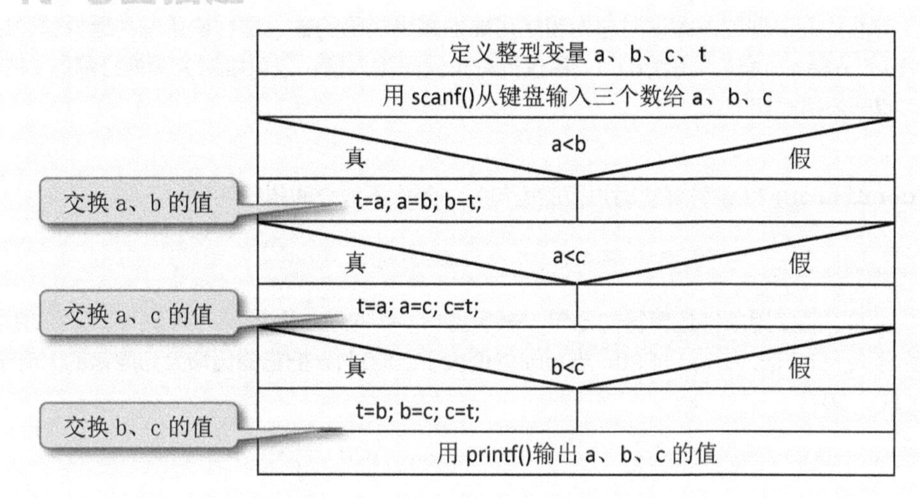

代码清单6.2　任意输入三个数，从大到小排列输出

```
1   #include <stdio.h>
2   #include <stdlib.h>
3   int main()
4   {
5       int a,b,c,t;
6       printf("请任意输入三个数（空格分隔）：\n");
7       scanf("%d %d %d",&a,&b,&c);
8       if (a<b) {t=a; a=b; b=t;}     //如果a<b，则交换a和b的值
9       if (a<c) {t=a; a=c; c=t;}     //如果a<c，则交换a和c的值
10      if (b<c) {t=b; b=c; c=t;}     //如果b<c，则交换b和c的值
11      printf("从大到小排列为：%d %d %d\n",a,b,c);
12      system("pause");
13      return 0;
14  }
```

6.5 条件运算符“？：”

前面我们讲到过，编程时总希望尽可能地减少代码的输入量。使用条件运算符可以代替**if…else…**语句（见图6.6），不仅能减少代码输入量，还可以避免漏掉必需的**{}**括号。其一般格式如下：

```
(condition)?(条件成立时执行的语句):(条件不成立时执行的语句);
```

```
//condition可以是任何形式的条件判断表达式，如age>=20或a>0&&a<100等
```

比如下面使用条件运算符的语句，表示当total的值小于等于2000时，把它的值增大为原来的1.2倍：total*1.20，当total的值大于2000时，把它的值增大为原来的1.5倍：total*1.50。

```
(total<=2000)?(total*=1.20):(total*=1.50);          ①
```

等价于：

```
if (total<=2000)
    {total*=1.20;}
else
    {total*=1.50;}
```

条件运算符可以看成“用问号（?）提出一个问题，当它成立时，就做冒号（:）之前的事；否则，就做冒号之后的事”。

上面的语句①中，因为给变量totle赋值出现了两次，使用条件运算符可以更加简化为下面的形式：

```
total*=(total<=2000)?(1.20):(1.50);
```

条件运算符还可以出现在if语句不能出现的地方。比如下面的printf()中，如果梨（pear）的个数大于1，就打印其复数形式（在最后多打印一个s），具体情况如图6.7所示。

```
printf("I ate %d pear%s.",numPear,(numPear>1)?("s"):(""));
```

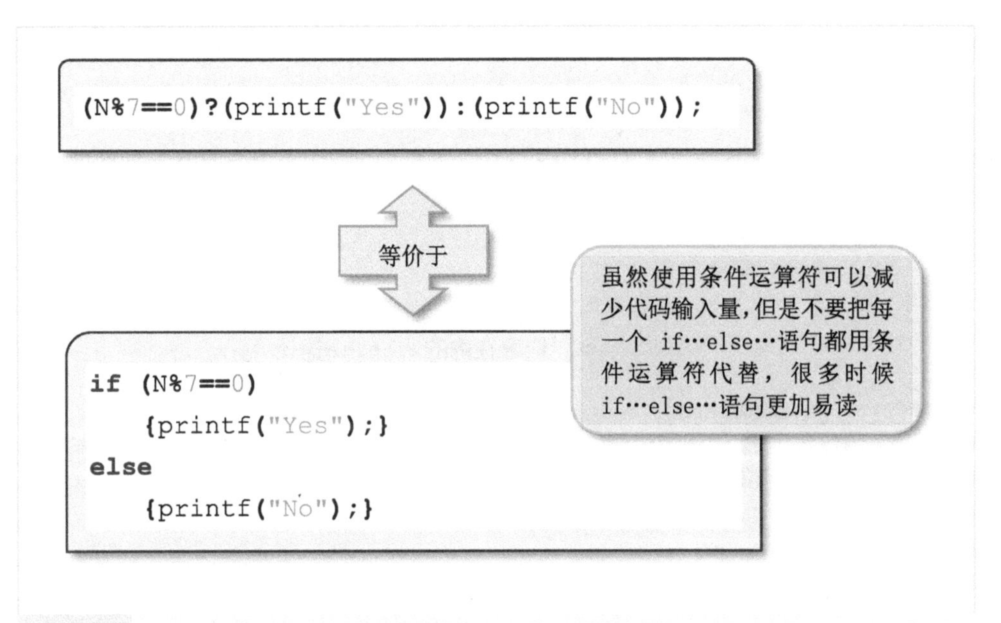

图6.6　使用条件运算符“？：”可以替换 if...else...语句

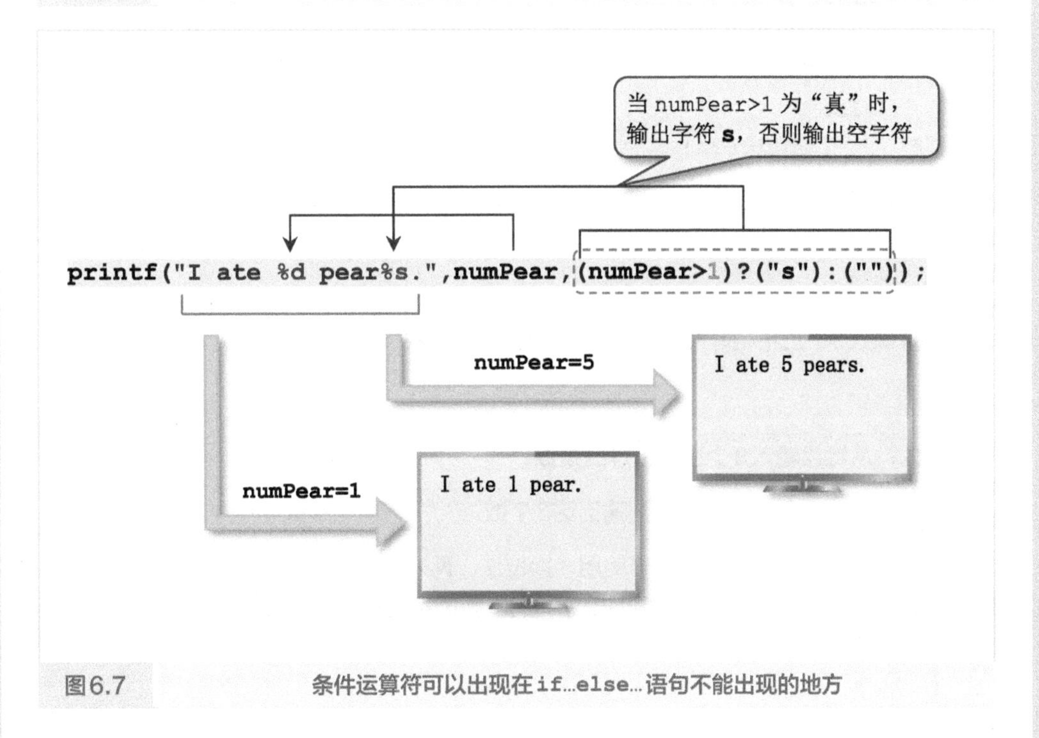

图6.7　条件运算符可以出现在 if...else...语句不能出现的地方

6.6 多层条件语句：if-else语句的嵌套

if-else语句的嵌套就是在一个**if-else**语句{}括号内的语句块中又包含了另外一个**if-else**语句。其一般格式如下：

```
if (condition_1)
   {
        ......
        if (condition_2)
            {语句块A2;}
        else
            {语句块B2;}
        ......
   }
else
   {
        ......
        if (condition_3)
            {语句块A3;}
        else
            {语句块B3;}
        ......
   }
```

嵌套在内的if-else语句

嵌套在内层的if-else语句

— 问题6.3

任意输入3个互不相等的整数，按从大到小的顺序排列输出。

— 问题分析

输入：从键盘输入3个互不相等的整数。

输出：按从大到小的顺序排列输出这3个数。

对于这个问题，我们在上一节使用“换位法”两两比较，并借助第3个变量交换变量的值实现了3个数按从大到小的顺序排序。这次我们不用换位，直接两两比较，然后按从大到小的顺序输出。

— 算法描述

自然语言描述

（1）定义整型变量**a、b、c;**

（2）用**scanf()**从键盘输入三个整数给**a、b、c;**

（3）如果**a>b**成立，则

　　如果**b>c**成立，则输出**a、b、c;**

　　否则（即**b<=c**）

　　　　如果**a>c**成立，则输出**a、c、b;**

　　　　否则（即**a<=c**），输出**c、a、b;**

　否则（即**a<=b**）

　　如果**a>c**成立，则输出**b、a、c;**

　　否则（即**a<=c**）

　　　　如果**b>c**成立，则输出**b、c、a;**

　　　　否则（即**b<=c**），输出**c、b、a;**

（4）结束。

代码清单6.3　任意输入三个数，从大到小排列输出

```
1   #include <stdio.h>
2   #include <stdlib.h>
3   int main(){
4       int a,b,c;
5       printf("输入三个整数（空格分割）：");
6       scanf("%d %d %d",&a,&b,&c);
7       if (a>b)
8           if (b>c) printf("%d>%d>%d",a,b,c);
9           else  //否定b>c
10              if (a>c) printf("%d>%d>%d",a,c,b);
11              else       printf("%d>%d>%d",c,a,b);
12      else //否定a>b
13          if (a>c) printf("%d>%d>%d",b,a,c);
14          else  //否定a>c
15              if (b>c) printf("%d>%d>%d",b,c,a);
16              else       printf("%d>%d>%d",c,b,a);
17      system("pause");
18      return 0;
19  }
```

6.7 编程实例2：构造三角形和优惠促销

问题6.4

已知任意三条线段的长度（均为正整数），判断三条线段是否能构成一个三角形；若能构成三角形，判断所构成三角形的形状。

问题分析

输入：从键盘输入三个正整数。

输出：是否能构成三角形以及所构成的三角形的形状。

输入三条线段的长度，依次代入变量**a**、**b**、**c**。如果（**a+b<=c**）或（**a+c<=b**）或（**b+c<=a**）（即任意两条线段长度的和小于或等于第三条线段长度），则这三条线段不能构成三角形，否则判断所构成三角形的形状：

（1）如果（**a=b=c**）则构成等边三角形。

（2）如果（**a=b**）或（**b=c**）或（**a=c**）则构成等腰三角形。

（3）如果（$a^2+b^2=c^2$）或（$a^2+c^2=b^2$）或（$c^2+b^2=a^2$）则构成直角三角形。

算法描述

自然语言描述

（1）定义浮点型变量a、b、c；

（2）用scanf()从键盘输入三个正数给a、b、c；

（3）如果(a+b<=c)或(a+c<=b)或(b+c<=a)成立，则提示不能构成三角形；

    否则

        如果(a=b)并且(b=c)成立，则提示构成等边三角形；

        否则

            如果($a^2+b^2=c^2$)或($a^2+c^2=b^2$)或($b^2+c^2=a^2$)成立，

                如果(a=b)或(b=c)或(a=c)成立，

                    则提示构成等腰直角三角形；

                否则，提示构成直角三角形；

            否则

如果(a=b)或(b=c)或(a=c)成立，

则提示构成等腰三角形；

否则，提示构成普通三角形；

（4）结束。

代码清单6.4 判断三条线段能否构成三角形

```
1   #include <stdio.h>
2   #include <stdlib.h>
3   int main()
4   {
5       float a,b,c;
6       printf("分别输入三条线段的长度（用空格分隔）：\n");
7       scanf("%f %f %f",&a,&b,&c);
8       if(a+b<=c||a+c<=b||b+c<=a)
9          printf("不能构成三角形\n");
10      else
11         if((a==b)&&(b==c))
12            printf("构成等边三角形\n");
13         else
14            if((a*a+b*b==c*c)||(a*a+c*c==b*b)||(b*b+c*c==a*a))
15               if((a==b)||(b==c)||(a==c))
16                  printf("构成等腰直角三角形\n");
17               else
18                  printf("构成直角三角形\n");
19            else
20               if((a==b)||(b==c)||(a==c))
21                  printf("构成等腰三角形\n");
22               else
23                  printf("构成普通三角形\n");
24      system("pause");
25      return 0;
26  }
```

在上面的C程序中，因为**if-else**本身就是**一条语句**，所以其内层的**if-else**语句外面的{}括号可以不写。

层级嵌套语句的缩进：为了使得程序具有更好的可读性，在书写程序时，通常使用键盘上面的**Tab**键在内层语句前面留白（添加空格），使得处在同一层次的语句左对齐，并且相对上一层的语句要向右缩进一个**Tab**位（四个半角空格）。

问题6.5

天猫超市双11推出以下优惠促销活动：

（1）购物满50元，打9折；

（2）购物满100元，打8折；

（3）购物满200元，打7折；

（4）购物满300元，打6折；

编程计算当购物满*s*元时，实际付费多少？

问题分析

输入：消费额*s*(带2位小数的浮点数)。

输出：实际付款额（带2位小数的浮点数）。

使用**if**...**else**...语句的嵌套，根据优惠活动规则设置不同判断条件，以不同的折扣率计算实际付款额。

算法描述

自然语言描述

（1）定义浮点型变量s和f，分别存放消费额和实际付款额；

（2）用scanf()从键盘输入一个浮点数给s；

（3）如果s<50，则不打折，实际付款额f等于s；

　　否则，如果s<100，则实际付款额f等于s*0.9；

　　　　否则，如果s<200，则实际付款额f等于s*0.8；

　　　　　　否则，如果s<300，则实际付款额f 等于s*0.7；

　　　　　　　　否则，s一定超过300元，则实际付款额f 等于s*0.6；

（4）用printf()输出实际付款额f。

代码清单6.5 根据优惠规则计算实际付款额

```
1  #include <stdio.h>
2  #include <stdlib.h>
3  int main(){
4      float s,f;
5      printf("输入消费额：\n");
6      scanf("%f",&s);
7      if (s<50)
8         f = s;
9      else
10        if (s<100)
11           f = s*0.9;            //9折
12        else
13           if (s<200)
14              f = s*0.8;         //8折
15           else
16              if (s<300)
17                 f = s*0.7;      //7折
18              else
19                 f = s*0.6;      //6折
20     printf("实际付款额为：%.2f元\n",f);
21     system("pause");
22     return 0;
23 }
```

多层嵌套的if-else语句

上面程序中，多层嵌套的**if…else…**语句可以书写为下面的格式：

```
1      if (s<50) f = s;
2      else if (s<100) f = s*0.9;              //9折
3         else if (s<200) f = s*0.8;           //8折
4            else if (s<300) f = s*0.7;        //7折
5               else f = s*0.6;                //6折
```

6.8 switch开关语句

应用条件语句if-else可以很方便地使程序实现两个分支，但是如果出现多个分支的情况，虽然可以如上一节所示使用if-else语句的嵌套，但是程序会显得比较复杂，不易阅读。

为了实现多个条件分支的选择，C语言提供了**switch开关语句**。

其一般格式如下：

```
switch (表达式)                          //表达式的值只能在下面的case值
{                                          表中出现一次。
    case 值1:语句序列1; break;           //break语句的功能是跳出switch
    case 值2:语句序列2; break;             语句，执行其后面的语句。
    case 值3:语句序列3;
    case 值4:语句序列4;                  //如果没有break语句，则会自动继
    ……                                     续执行后续case的语句序列。
    case 值n:语句序列n; break;
    default:语句序列n+1;                 //default部分是可选项。
}
```

运行switch开关语句时，根据**表达式**的求值结果，选取{}括号中的一个case分支开始执行。当表达式的值等于**值i**时，就执行**case值i**后面的**语句序列i**。如果表达式的值没有出现在任何case后面，则执行**default**后面的**语句序列n+1**。如果没有default部分，则结束switch语句，执行其后面的语句。

- case后面的值i的类型必须和表达式结果值的类型一致。
- 多个case可以共用一组语句序列，即某些case的语句序列可为空。比如：

```
switch (表达式)
{
    case 值1:
    case 值2:
    case 值3:语句序列3;
}
```

上述代码中，当表达式的值为**值1**或**值2**或**值3**时，执行相同的**语句序列3**。

图6.8展示了`switch`开关语句的执行流程。

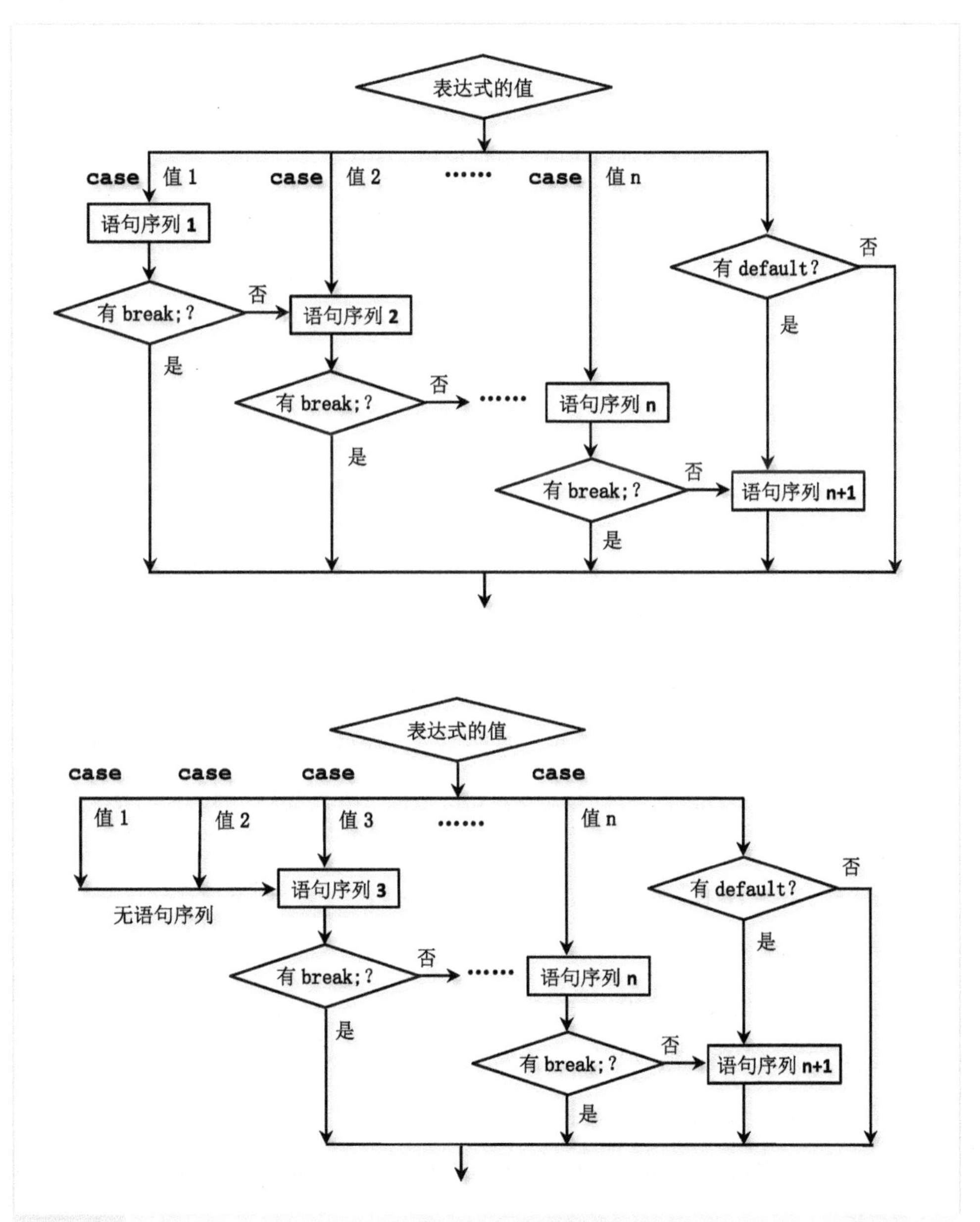

图6.8 `switch`开关语句的执行流程

6.9 编程实例3：成绩登记和计算某月天数

问题6.6

期中考试结束后，成绩单上的成绩都是整数型的百分制成绩，而现在学生档案中经常采用等级制评价。于是李老师想将百分制成绩转化为A、B、C、D、E五个等级，约定等级与百分制成绩之间的对应关系如下：

A：90～100

B：80～89

C：70～79

D：60～69

E：0～59

请编程将任意给定的百分制成绩转化为相应等级。

问题分析

输入：0～100的任意整数。

输出：对应等级（A、B、C、D、E）。

问题中的五个等级相当于五个分支，因此该问题应用**switch**开关语句来解决。

观察等级与百分制成绩之间的对应关系可以发现，每个等级段的百分制成绩划分都是以10分为一个分数段。

A等级段的每个分数整除10以后结果为9或10；

B等级段的每个分数整除10以后结果为8；

C等级段的每个分数整除10以后结果为7；

D等级段的每个分数整除10以后结果为6；

E等级段的每个分数整除10以后结果为0～5；

由此可见，如果百分制成绩为**x**，则表达式**x/10**所得到的值（0～10）就可以对应各个分数段。

— 算法描述

自然语言描述

（1）定义整型变量x用于存储任意百分制成绩；

（2）用scanf()从键盘输入整数给x；

（3）按x/10的结果分情况执行：

值为9、10，则输出A；

值为8，则输出B；

值为7，则输出C；

值为6，则输出D；

值为0、1、2、3、4、5，则输出E；

（4）结束。

代码清单6.6 将任意给定的0～100的整数转化为A、B、C、D、E五个等级

```
1   #include <stdio.h>
2   #include <stdlib.h>
3   int main(){
4       int x;
5       printf("输入一个百分制成绩（0~100的整数）：\n");
6       scanf("%d",&x);
7       switch (x/10)
8       {
9          case 10:
10         case 9: printf("A\n"); break;
11         case 8: printf("B\n"); break;
12         case 7: printf("C\n"); break;
13         case 6: printf("D\n"); break;
14         default:printf("E\n"); break;
15      }
16      system("pause");
17      return 0;
18  }
```

问题6.7

给定年份和月份，求该月共有多少天。

问题分析

输入：年份（整数）和月份（整数）。

输出：该月份的天数（整数）。

一年有12个月，其中一、三、五、七、八、十、十二月各有31天，四、六、九、十一月各有30天。二月比较特殊，闰年的二月有29天，平年的二月有28天，要确定二月的天数，就要先判断当年是否为闰年。

某年是否为闰年可以依据“四年一闰，百年不闰，四百年闰”来进行判断。也就是说在能被4整除的年份当中，除了那些能被100整除但不能被400整除的年份外，其余的都是闰年（见图6.9）。判断一个数能否被另一个数整除可以用C语言的**求模运算符（%）**来实现。

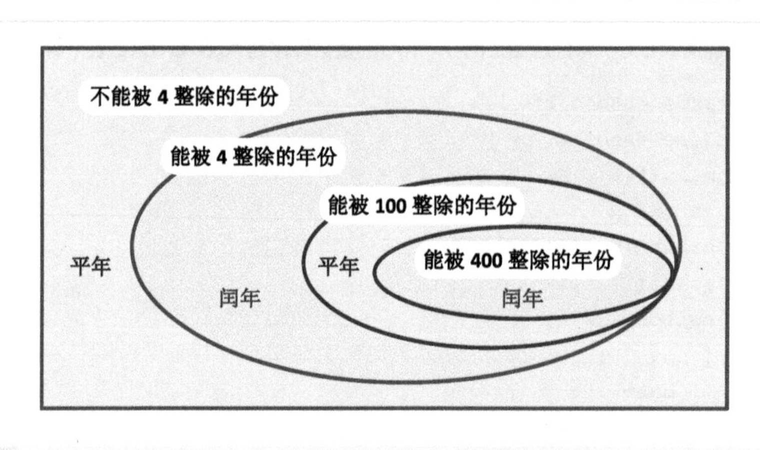

图6.9 判断某年是否为闰年

用**xxxx**表示年份，则凡是不能被4整除（`xxxx % 4 != 0`）的年份都是平年；而在能被4整除的年份中，那些能被100整除但不能被400整除（`(xxxx % 100 == 0) && (xxxx % 400 != 0)`）的年份也是平年。

平年：`(xxxx%4 != 0) || ((xxxx%100 == 0) && (xxxx%400 != 0))`

凡是能被400整除（`xxxx % 400 == 0`）的年份都是闰年；能被4整除但不能被100整除（`(xxxx%4 == 0) && (xxxx%100 != 0)`）的年份也是闰年。

闰年：`(xxxx%400 == 0) || ((xxxx%4 == 0) && (xxxx%100 != 0))`

— 算法描述

自然语言描述

（1）定义两个整型变量**year**和**month**用于存储年份和月份；

（2）用**scanf()**从键盘输入年份和月份；；

（3）根据月份的数值，分情况处理：

月份为4、6、9、11中的一个，则输出30；

月份为1、3、5、7、8、10、12中的一个，则输出31；

月份为2，则判断该年是否为闰年：

是闰年，则输出29；是平年，则输出28；

（4）结束。

代码清单6.7　给定年份和月份，求该月共有多少天

```
1   #include <stdio.h>
2   #include <stdlib.h>
3   int main(){
4       int year,month;
5       printf("请输入年份和月份（两个整数，空格分隔）：\n");
6       scanf("%d %d",&year,&month);
7       switch (month)
8       {
9          case 4:
10         case 6:
11         case 9:
12         case 11:printf("%d年%d月有30天。\n",year,month); break;
13         case 1: case 3: case 5: case 7: case 8: case 10:
14         case 12:printf("%d年%d月有31天。\n",year,month); break;
15         case 2:if((year%400==0)||((year%4==0)&&(year%100!=0)))
16                   printf("%d年%d月有29天。\n",year,month);
17                else
18                   printf("%d年%d月有28天。\n",year,month);
19                break;
20         default:printf("输入有误！\n");
21      }
22      system("pause");
23      return 0;
24  }
```

练习题

— 习题6.1 根据输入内容写出代码清单test_6_1程序的运行结果。

代码清单test_6_1

```
1   #include <stdio.h>
2   #include <stdlib.h>
3   int main() {
4       int n;
5       scanf("%d",&n);
6       if (n%2) printf("%d是奇数。\n",n);
7       else printf("%d是偶数。\n",n);
8       system("pause");    return 0;
9   }
```

运行后输入：①2；②17；③10。

— 习题6.2 根据输入内容写出代码清单test_6_2程序的运行结果。

代码清单test_6_2

```
1   #include <stdio.h>
2   #include <stdlib.h>
3   int main() {
4       int n;
5       scanf("%d",&n);
6       switch(n%5) {
7          case 0: printf("%d ",n); break;
8          case 1: printf("%d ",n); n=n+4; break;
9          case 2: printf("%d ",n); n=n+3; break;
10         case 3: printf("%d ",n); n=n+2; break;
11         case 4: printf("%d ",n); n=n+1; break;
12      }
13      printf("%d\n",n);
14      system("pause");    return 0;
15  }
```

运行后输入：①12；②10。

— 习题6.3 根据输入内容写出代码清单test_6_3程序的运行结果。

代码清单test_6_3

```
1   #include <stdio.h>
2   #include <stdlib.h>
3   int main() {
4       char ch1,ch2;
5       int tmp;
6       ch1 = getchar();    ch2 = getchar();
7       if((ch1-ch2) == 1) tmp = 1;
8       else tmp = -1;
9       printf("%c%c\n",ch1+tmp,ch2+tmp);
10      system("pause");    return 0;
11  }
```

运行后输入： ① EF；② CB；③ be。

— 习题6.4 根据题意补充完整代码清单test_6_4中的程序：**水仙花数。**

对于一个三位数来说，如果它个位数字的立方加上十位数字的立方再加上百位数字的立方等于它本身，那么就称它为水仙花数。

输入一个三位数*N*，判断它是否是水仙花数，如果是，输出“Yes”，否则输出“No”。

代码清单test_6_4

```
1   #include <stdio.h>
2   #include <stdlib.h>
3   int main() {
4       long N,D1,D2,D3;
5       printf("请输入一个三位正整数：");
6       scanf("%d",&N);
7       D1 = N%10;
8       D2 = ____①____;
9       D3 = ____②____;
10      if(________③________) printf("Yes\n");
11      else printf("No\n");
12      system("pause");    return 0;
13  }
```

— 习题6.5 根据题意补充完整代码清单test_6_5的程序：**剪刀石头布。**

A和B在玩剪刀石头布的游戏。在下面程序中，0代表剪刀，1代表石头，2代表布，两个整数a、b分别表示A、B各自的出法。

判断本轮中A、B谁获胜：输出“A胜”或“B胜”或“相同”。

代码清单test_6_5

```
1   #include <stdio.h>
2   #include <stdlib.h>
3   int main() {
4       int a,b;
5       printf("0:剪刀  1:石头  2:布\n");
6       printf("A出: ");    scanf("%d",&a);
7       printf("B出: ");    scanf("%d",&b);
8       if(_____①_____) printf("相同");
9       else {
10          _____②_____
11          {
12              case 0: switch(b)
13                      {
14                          case 1: printf("B胜\n"); break;
15                          case 2: printf("A胜\n"); break;
16                      }; break;
17              case 1: switch(b)
18                      {
19                          __________③__________
20                          __________④__________
21                      }; break;
22              case 2: switch(b)
23                      {
24                          case 0: printf("B胜\n"); break;
25                          case 1: printf("A胜\n"); break;
26                      }; break;
27          }
28      }
29      system("pause");    return 0;
30  }
```

第 7 章

循环结构：让某个操作重复执行多次

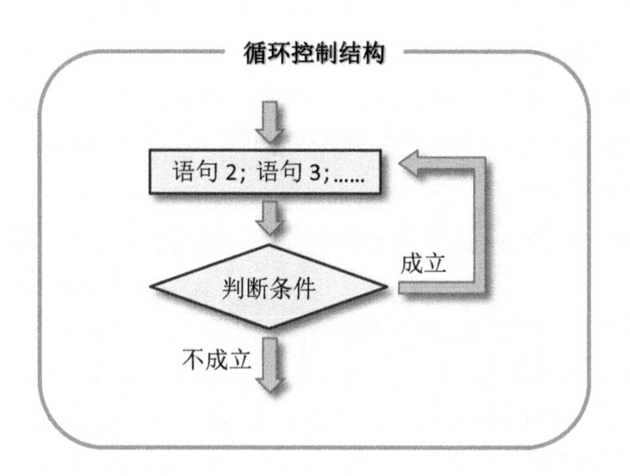

7.1 循环结构的算法描述

在日常工作和学习当中，我们经常会遇到一些大量而枯燥的重复性操作，比如期末考试结束后计算每一位同学的总成绩和平均成绩，计算1+2+3+…+1000的和。这些工作任何人去做都会感到厌烦而且也容易出错，而计算机可以使用**循环**（**loop**）**控制**轻松完成这些重复性操作。

这些重复性的操作不管重复多少次，最后总有结束的时候。因而计算机的循环操作也不是**无限循环**。在编程时通常都要设置一个判断条件，当这个条件成立时，就重复操作（循环），当条件不成立时，就结束这个重复操作（循环）。

C语言中的循环控制结构有3种基本形式：

- **while循环语句** //当条件成立时，重复操作，否则退出循环
- **do-while循环语句** //重复操作，直到条件不成立时退出循环
- **for循环语句** //用循环变量准确控制重复操作的次数

图7.1展示了循环控制结构的流程示意图。

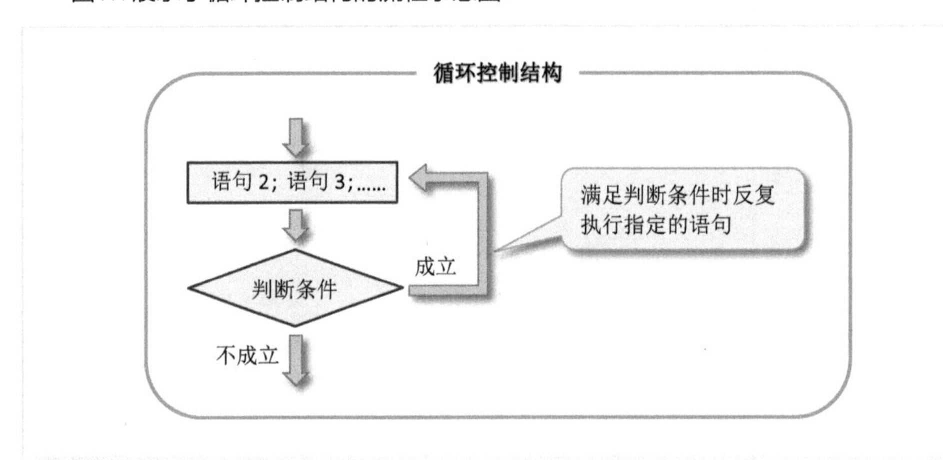

图7.1 循环控制结构

知识点总结

无限循环在编程中被称为“死循环”，是一种编程时要尽量避免的语法错误。

循环控制结构是C语言的3种基本程序设计结构之一。

图7.2分别展示了用不同的算法描述方法对循环控制结构程序设计流程进行算法描述的示意图。

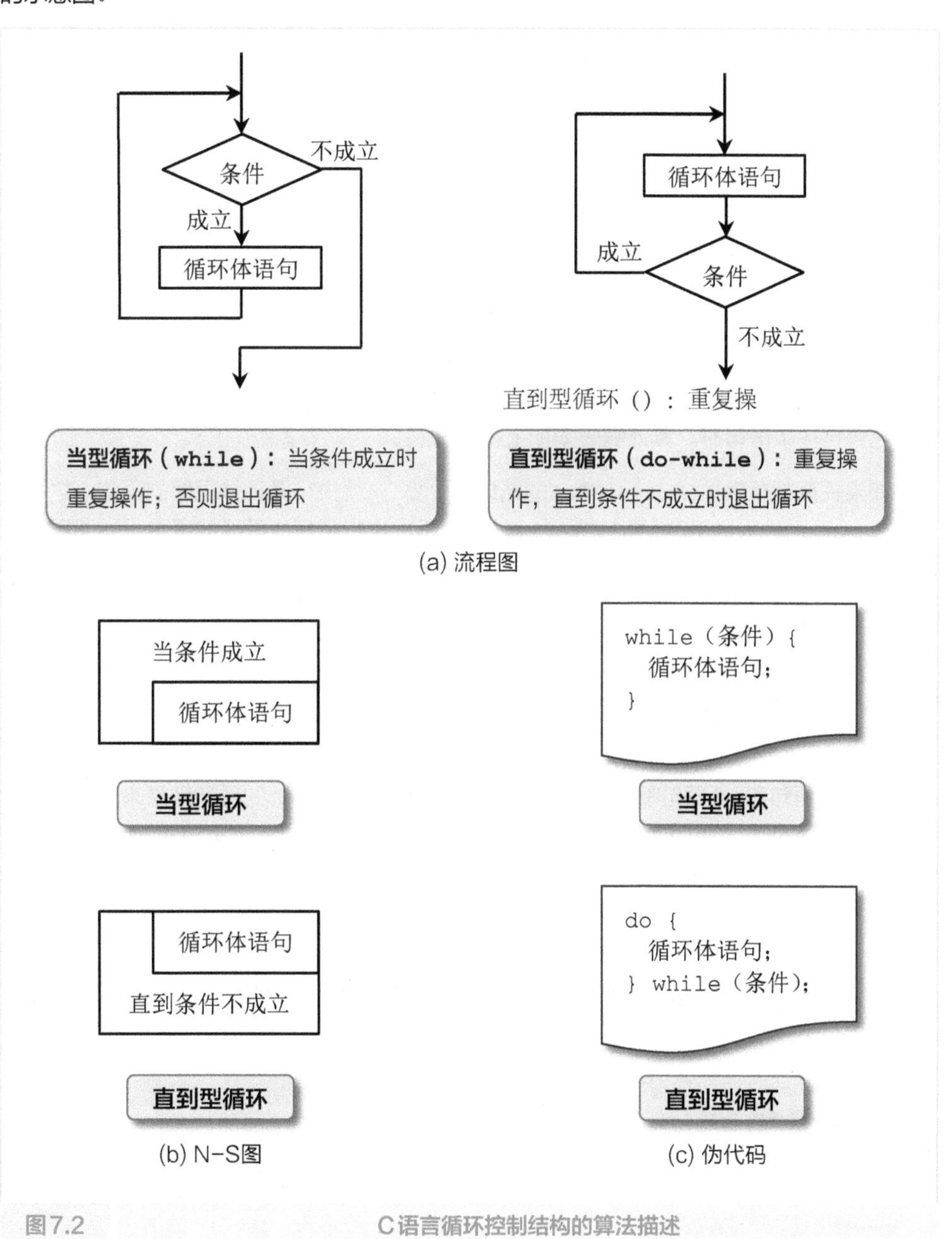

图7.2　C语言循环控制结构的算法描述

7.2 while当型循环语句

while语句适用于“**当条件成立时重复操作**”的循环控制结构，因而常被称作**当型循环**。其一般格式如下：

```
while (condition)
{
    循环体;          //一条或多条C语句
}
```

condition就是一个**关系判断表达式**，它与if语句中的condition一样，其外面的括号是必需的。**循环体**是while语句的主体部分，是需要重复操作的一条或多条C语句，它包含多条语句时，其外侧必须加上花括号{}。

如果关系判断表达式condition的结果为“真”，就执行循环体里面的语句，之后再次判断condition，如果结果还是为“真”，则再次执行循环体里面的语句，如此重复操作，直到condition的结果为“假”时，不再执行循环体里面的语句，而退出while语句，继续执行后续语句。

在循环体内必须存在一条语句，执行后能够改变condition中的变量的值，从而使condition的判断结果发生变化，出现结果为“假”的情况，终止循环。否则这个循环将会一直重复执行下去，出现“死循环”。

while语句和if语句都是根据关系判断表达式condition的判断结果来决定是否执行其主体部分的语句块。两者的不同之处在于，当condition为“真”时，if语句中的主体部分语句块只执行一次，而while语句中的循环体会重复执行多次，直到condition为“假”才终止循环（见图7.3）。

另外，while语句和if语句一样，不要在其主体部分外的花括号{}后面加上分号。**分号只出现在while语句循环体内的语句后面**。

知识点总结

在循环体内必须存在一条语句，执行后能够改变condition中的变量的值。

分号只出现在while语句循环体内的语句后面。

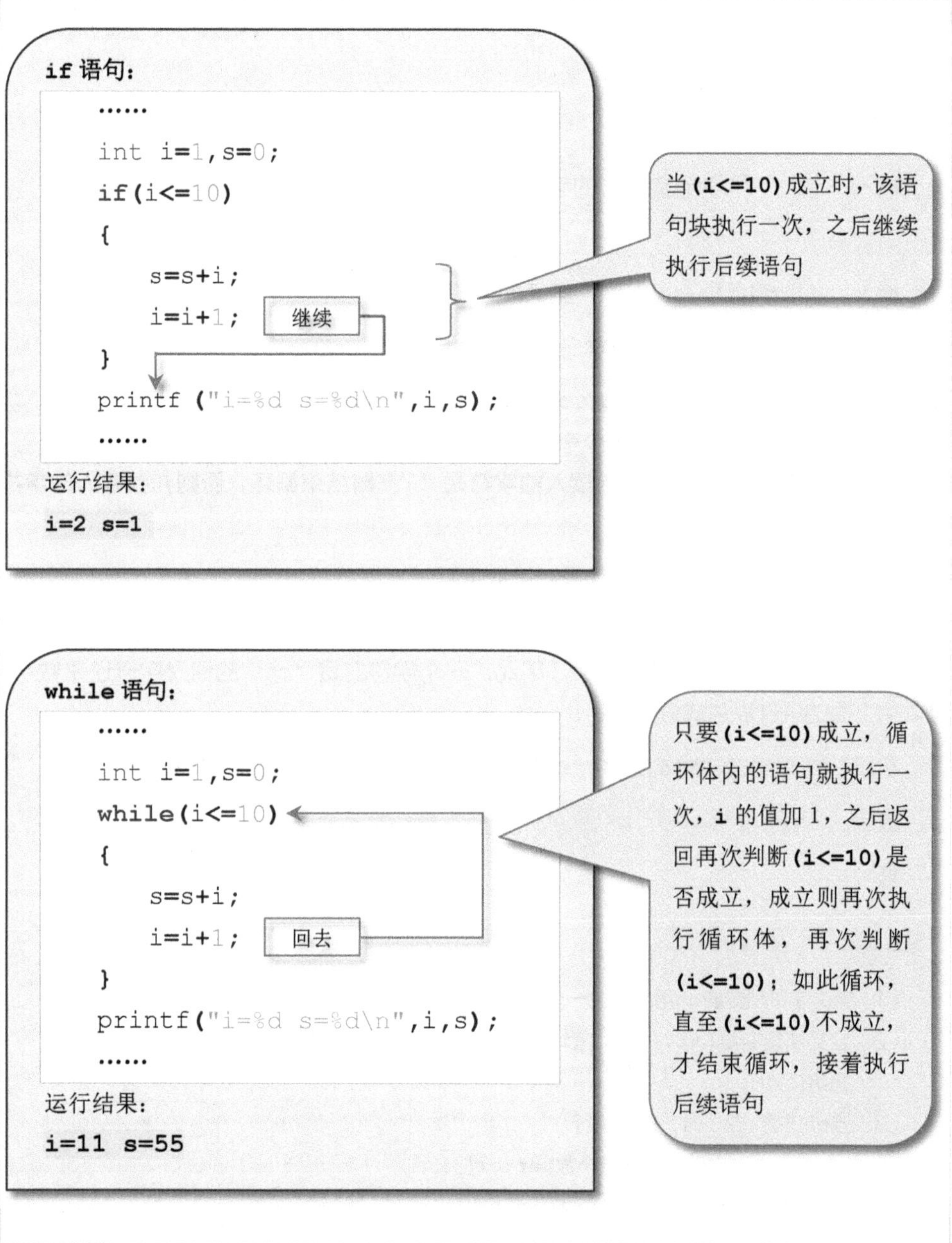

if 语句：

```
......
int i=1,s=0;
if(i<=10)
{
    s=s+i;
    i=i+1;   继续
}
printf ("i=%d s=%d\n",i,s);
......
```

当 (i<=10) 成立时，该语句块执行一次，之后继续执行后续语句

运行结果：

i=2 s=1

while 语句：

```
......
int i=1,s=0;
while(i<=10)
{
    s=s+i;
    i=i+1;   回去
}
printf("i=%d s=%d\n",i,s);
......
```

只要 (i<=10) 成立，循环体内的语句就执行一次，i 的值加 1，之后返回再次判断 (i<=10) 是否成立，成立则再次执行循环体，再次判断 (i<=10)；如此循环，直至 (i<=10) 不成立，才结束循环，接着执行后续语句

运行结果：

i=11 s=55

图7.3　if语句的主体只执行一次，而while语句的循环体可以重复执行多次

7.3 编程实例1：统计字符数和求最大公约数

— 问题7.1

输入一串以“?”为结束标志的字符，统计其中字母和数字的个数。

— 问题分析

输入：从键盘输入一个以“?”结尾的字符串。

输出：两个整数（分别表示字母和数字的个数）。

这是一个计数问题：重复读入字符，根据字符的类型（字母还是数字），进行个数统计。但是，并不知道输入了多少个字符，只知道输入的字符串中最后一个字符是“?”。因此，可以**使用 while 语句，当读入的字符是“？”时结束循环，否则判断读入的字符是字母还是数字，并累加计数**。

那么，如何判断一个字符是字母还是数字呢？

计算机中所有的字符都是以数字的形式存在的，每一个字符都有一个数字与其对应（参见表1.1ASCII标准字符代码表）。因此，一个字符变量“ch”的值是字母还是数字，可以用下面的条件表达式进行判断：

字母：`((ch>='a')&&(ch<='z'))||((ch>='A')&&(ch<='Z'))`

数字：`(ch>='0')&&(ch<='9')`

— 算法描述

自然语言描述

（1）定义字符型变量ch用来存放一个字符；

（2）定义整型变量Letter和Digit，作为计数器，分别存放字母和数字的个数，并初始化为0；

（3）当ch不是“?”时，重复执行：

若ch是字母，则字母个数Letter加1；

若ch是数字，则数字个数Digit加1；

读入一个新字符给ch；

（4）输出Letter和Digit；

（5）结束。

N-S图描述

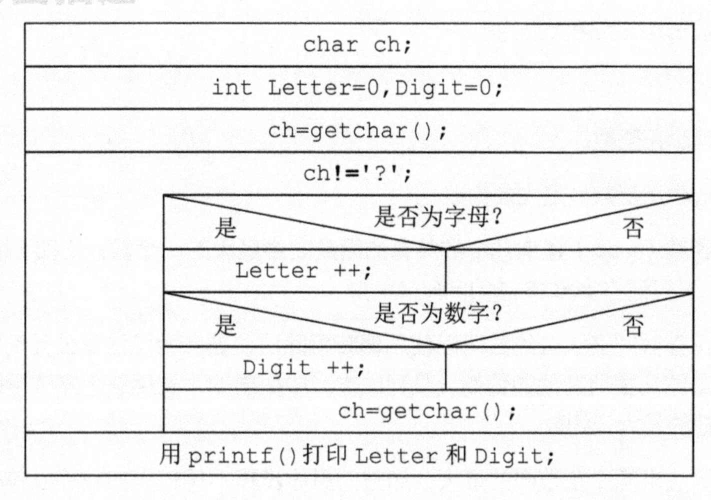

代码清单7.1　输入一串以“？”为结束标志的字符，统计其中字母和数字的个数

```
1   #include <stdio.h>
2   #include <stdlib.h>
3   int main(){
4       char ch;
5       int Letter=0,Digit=0;
6       printf("输入一串'?'结尾的字符：");
7       ch=getchar();                                  //循环外读入第一个字符
8       while(ch!='?')
9       {
10          if(((ch>='a')&&(ch<='z'))||((ch>='A')&&(ch<='Z')))
11              Letter++;                              //字母的个数加1
12          else if((ch>='0')&&(ch<='9'))
13              Digit++;                               //数字的个数加1
14          ch=getchar();                              //继续读入下一个字符
15      }
16      printf("其中字母的个数是：%d\n",Letter);
17      printf("其中数字的个数是：%d\n",Digit);
18      system("pause");
19      return 0;
20  }
```

— 问题7.2

求正整数m和n的最大公约数。

— 问题分析

输入：两个正整数。

输出：一个正整数（最大公约数）。

最大公约数（gcd）是指几个数共有的因数之中最大的一个数，比如8和12的最大公约数是4，一般记作**gcd(8,12)=4**。

求两个正整数的最大公约数可以使用**辗转相除法**。辗转相除法是公元前300年左右的希腊数学家欧几里得在他的著作《几何原本》中提出的，利用这个方法可以较快地求出两个自然数的最大公约数。

辗转相除法求两个正整数的最大公约数的具体步骤：用较大的数除以较小的数，如果余数不为0，则将余数和较小的数（除数）构成一对新数，继续用其中较大的数除以较小的数，这样反复进行上面的除法，直到大数被小数除尽（余数为0），这时较小的数就是原来两个数的最大公约数（见图7.4）。

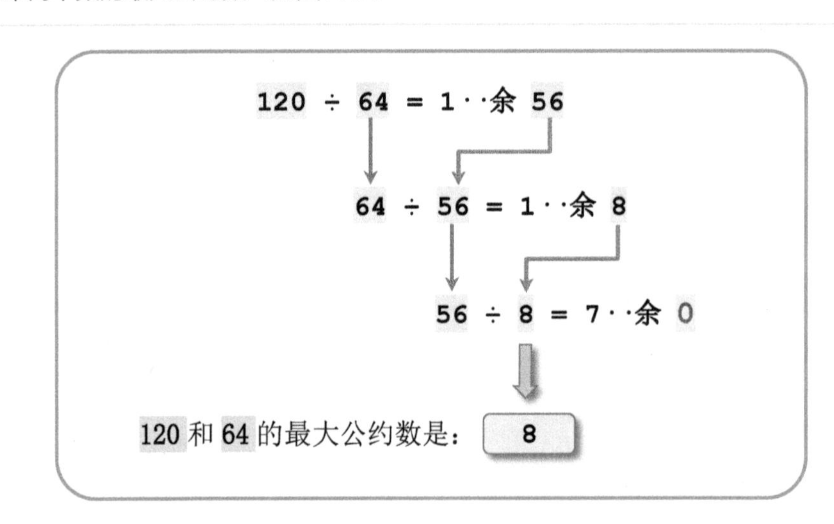

图7.4 辗转相除法求两个正整数的最大公约数

知识点总结

辗转相除法求最大公约数：始终用较大的数除以较小的数，直至除尽。

— 算法描述

N-S图描述

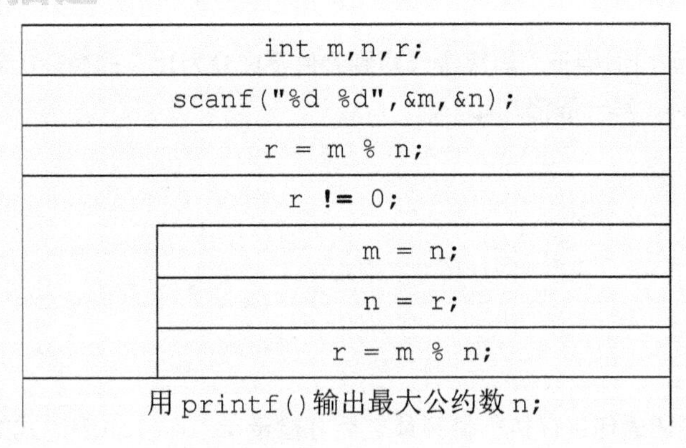

int m,n,r;
scanf("%d %d",&m,&n);
r = m % n;
r != 0;
m = n;
n = r;
r = m % n;
用printf()输出最大公约数n;

代码清单7.2　求正整数*m*和*n*的最大公约数

```
1   #include <stdio.h>
2   #include <stdlib.h>
3   int main()
4   {
5       int m,n,r;
6       printf("输入两个正整数（空格分隔）：\n");
7       scanf("%d %d",&m,&n);
8       r = m % n;                          //r取m除以n的余数
9       while(r!=0)                         //辗转相除
10      {
11          m = n;                          //小数给m
12          n = r;                          //余数给n
13          r = m % n;                      //r再次取m除以n的余数
14      }
15      printf("最大公约数是%d\n",n);
16      system("pause");
17      return 0;
18  }
```

7.4 do-while直到型循环语句

do-while语句适用于“**重复操作直到条件不成立为止**”的循环控制结构，因而常被称作**直到型循环**。其一般格式如下：

```
do
{
    循环体;          //一条或多条C语句
}
while (condition);
```

do-while循环语句是在执行循环体之后才检查condition表达式的值，所以**do-while语句的循环体至少执行一次**。

跟while语句一样，要确保do-while语句的循环体部分修改了**condition**中的某个变量，从而改变**condition**的判断结果，能够结束循环，否则循环将永远重复下去，成为“死循环”。

特别要注意跟while语句不一样的是**要在do-while语句的condition外的括号后面加上分号**。

知识点总结

需要重复执行一段代码时，使用**while**或**do-while**循环语句。
不要在**while**语句的**condition**外的括号后面加上分号。
但要在**do-while**语句的**condition**外的括号后面加上分号。
不要在**while**或**do-while**语句的循环体外的花括号后面加上分号。
循环体内只有一条语句时，其外面的花括号可以不写。
确保**while**或**do-while**语句的循环体内有语句修改了**condition**中的某个变量值。否则循环将永远重复下去，成为“死循环”。

7.5 编程实例2：十进制数转换为二进制数

— 问题7.3

统计十进制正整数n转换为二进制数后，其二进制序列中包含的1和0的个数。

— 问题分析

输入：一个正整数。

输出：两个整数：1的个数和0的个数。

将十进制数n转换成二进制数，一般采用“除2取余，倒序输出”的方法（具体转换过程参见本书第1章1.7节）。

本题只是统计转换成的二进制数中1和0的个数，因而只要在“除2取余”的过程中不断判断并累计1和0的个数即可（见图7.5）。

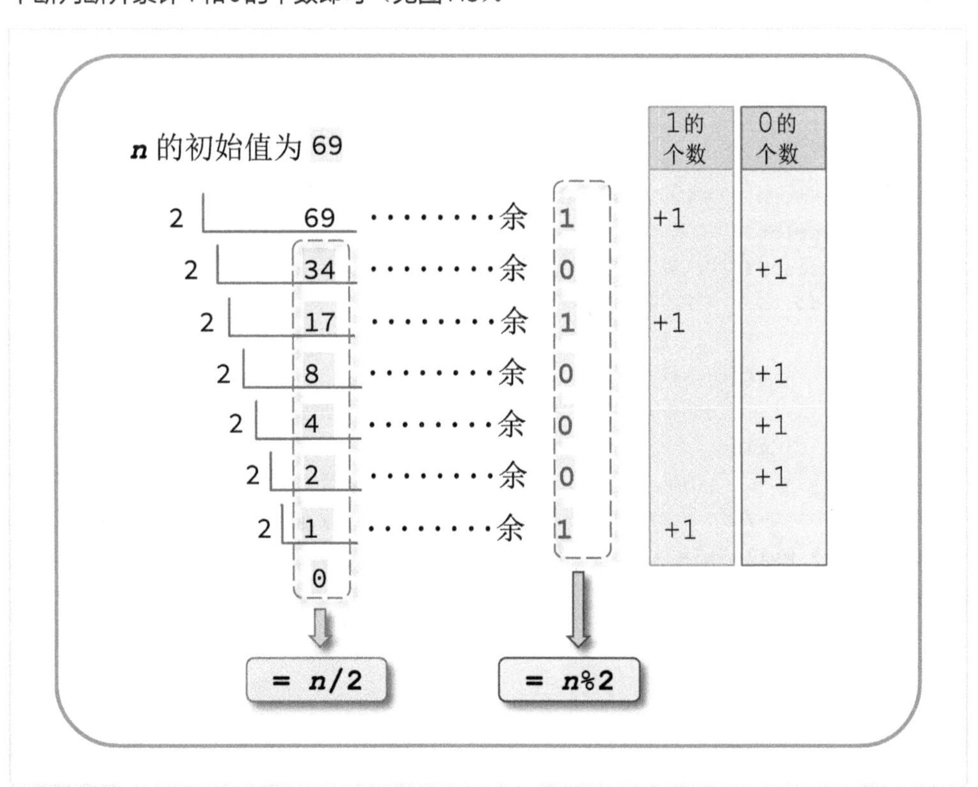

图7.5 循环执行“除2取余”统计1和0的个数

— 算法描述

N-S图描述

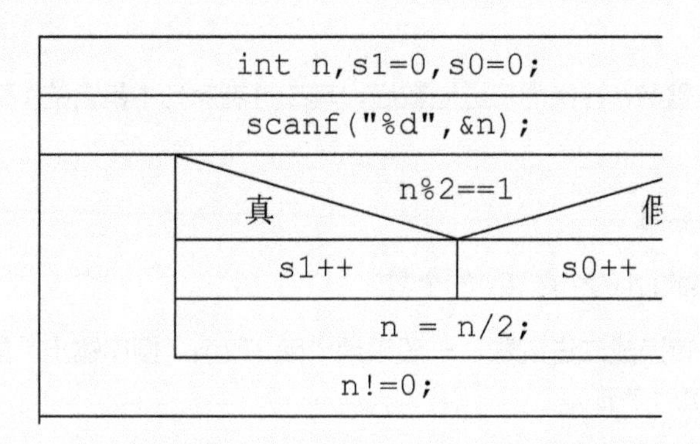

代码清单7.3.1　统计十进制正整数n转换为二进制数后，其中包含的1和0的个数

```
1   #include <stdio.h>
2   #include <stdlib.h>
3   int main()
4   {
5       int n,s1=0,s0=0;
6       printf("输入一个正整数：\n");
7       scanf("%d",&n);
8       do
9       {
10          if(n%2==1)
11              s1++;                   //余数为1，则s1加1
12          else
13              s0++;                   //余数为0，则s0加1
14          n/=2;                       // n=n/2
15      } while(n!=0);                  //非0，则重复"除2取余"转换
16      printf("二进制序列中1的个数是：%d\n",s1);
17      printf("二进制序列中0的个数是：%d\n",s0);
18      system("pause");
19      return 0;
20  }
```

至于输出正整数n的二进制数序列，有很多方法，图7.6所示的就是其中一种。

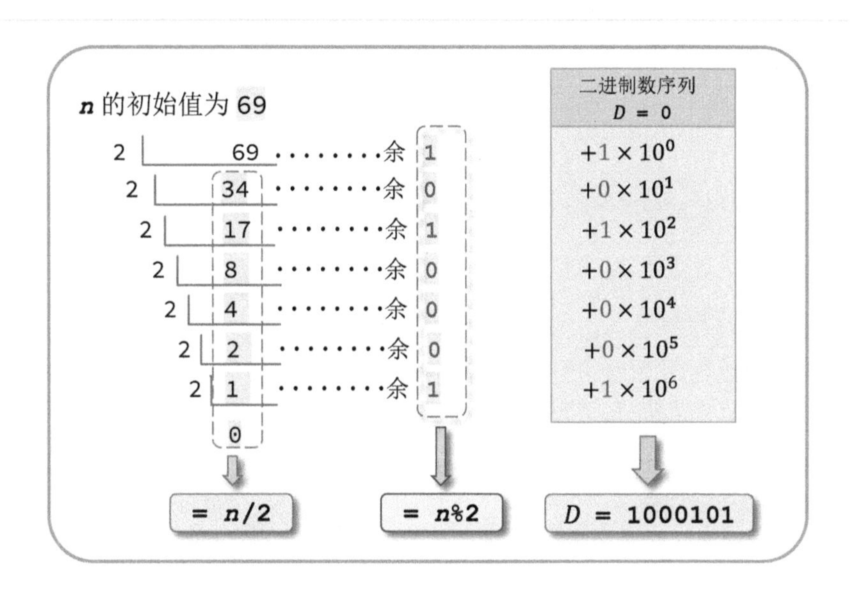

图7.6 循环执行“除2取余”输出正整数n的二进制数序列

代码清单7.3.2 输出十进制正整数n的二进制数序列

```
1   #include <stdio.h>
2   #include <stdlib.h>
3   #include <math.h>
4   int main(){
5       int n,i=0;
6       double D=0;
7       printf("输入一个正整数：\n");
8       scanf("%d",&n);
9       do{
10          if(n%2==1) D+=pow(10,i);    //D=D+(n%2)*pow(10,i)
11          n/=2;                       //n=n/2
12          i++;                        //i=i+1
13      }while(n!=0);                   //非0，则重复"除2取余"转换
14      printf("二进制数序列是：%.0lf\n",D);
15      system("pause");
16      return 0;
17  }
```

7.6 编程实例3：分解质因子

问题7.4

把正整数n分解成质因子相乘的形式。例如24=2×2×2×3。

问题分析

输入：一个正整数n。

输出：形如24=2×2×2×3的质因子相乘的形式。

在这个问题中，我们需要重复判断从**2**开始而且小于**n**的每一个自然数**i**是否是正整数**n**的因数，而一个正整数有多少个质因子，也是不确定的，因而我们可以选用do-while语句来解决该问题。

此外，一个正整数可能会有多个相同的质因子，因此在确定**i**是**n**的质因子以后，还需要判断**n**有几个质因子**i**。为此，我们还需要用while语句来做循环，用一个质因子反复地做除法，找到所有相同的质因子，直到不能再整除为止。

实际上我们用到了循环语句的嵌套，外层的do-while循环语句用于判断从**2**开始的每一个**i**是否是正整数**n**的因数，如果**i**是**n**的因数，则在内层循环while语句中用整除得到的商再次除以**i**，并判断是否能整除，如此反复地做除法，直到不能再整除为止。

算法描述

N-S图描述

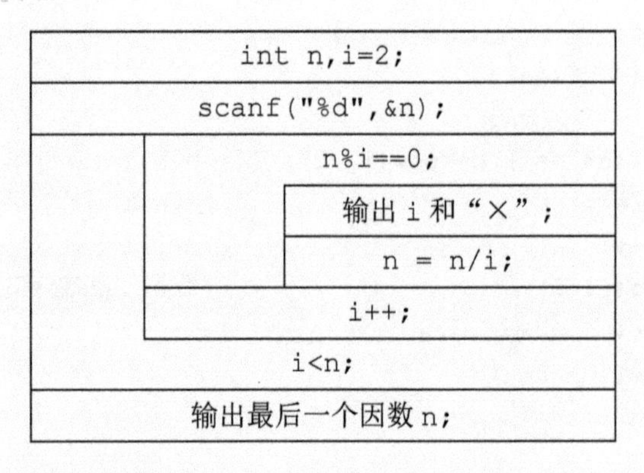

在此算法中，每整除一次后，**n** 的值都被替换为整除后的商，继续参加整除，直到不能再整除为止。这个不能再被整除的 **n** 同样是原来的正整数的一个质因子。

i 从 **2** 开始，逐渐递增并反复参加整除的过程中，能够被整除的 **i** 一定是一个质因子，不会出现非质因数。请大家自行思考为什么。

代码清单 7.4 把正整数 *n* 分解成质因子相乘的形式

```
1    #include <stdio.h>
2    #include <stdlib.h>
3    int main()
4    {
5        int n,i=2;
6        printf("输入一个正整数：\n");
7        scanf("%d",&n);
8        printf("%d=",n);
9        do
10       {
11           while(n%i==0)          //如果i是n的质因子，则反复分解出i
12           {
13               printf("%d*",i);   //输出质因子和一个乘号
14               n /= i;            //n=n/i,用整除后的商作为新的被除数
15           }
16           i++;                   //生成新的i
17       }while(i<n);
18       printf("%d\n",n);          //输出最后一个质因子n
19       system("pause");
20       return 0;
21   }
```

7.7 do-while语句与while语句的互换

do-while语句和while语句都擅长于解决循环次数未知的重复操作。但是两者在实际应用中还是有区别的。

（1）do-while语句是先执行循环体语句，后判断循环条件是否成立；while语句是先判断循环条件是否成立，后执行循环体语句。

（2）do-while语句中，无论循环条件是否成立，总要执行一次循环体语句；while语句中，如果循环条件不成立，则不执行循环体语句。

图7.7展示了do-while语句和while语句在流程图上的区别，以及在程序中相互转换的示例。

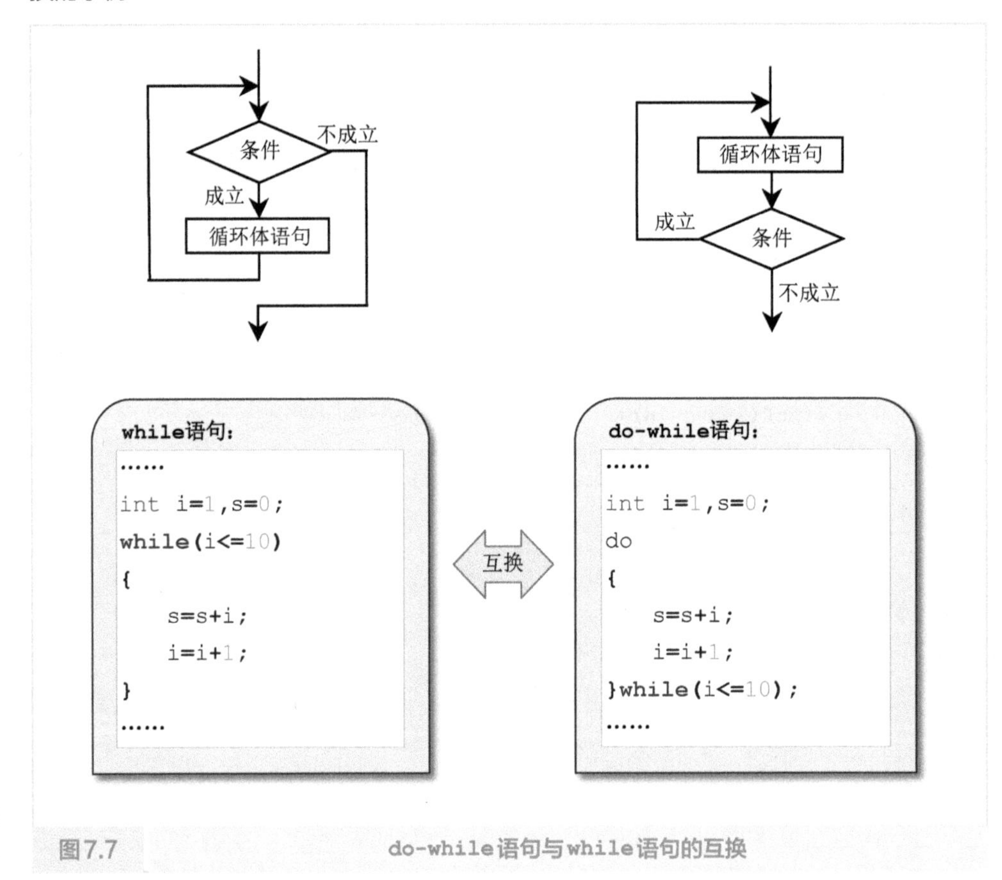

图7.7 do-while语句与while语句的互换

7.8 编程实例4：判断质数和数列求和（1）

问题7.5

判断一个整数*n*(*n*>1）是否为质数。

问题分析

输入：一个整数*n*(*n*>1)。

输出：Yes or **No**。

如果一个整数n（n>1）不能被1或n以外的正整数整除，那么n就是质数。

因此，只要把**2**至**n-1**之间的每一个数字，分别作为除数，与n做除法，只要出现一次整除，就说明n不是质数；而一直没有出现整除现象，则说明n是质数。

一个整数的因子都是成对出现的，如果x能被n整除，n是x的因子，x/n同样是x的因子，成对的两个因子中（除了1和本身），都不会超过n/2。因此，上面判断是否为质数时，用作除数的2至n-1之间的数字个数可以减半，用**2**至**n/2**之间的数字作为除数即可。

再进一步，可以把作为除数的数字范围缩小到**2**～$\sqrt{n}$（$\sqrt{n}$在C语言中用函数表示为**sqrt(n)**）。大家可以自己思考一下为什么。

另外，2是最小的质数，直接输出“Yes”即可。大于2的整数才用上面的方法进行判断处理。

整除判断部分可以用do-while循环语句或者while循环语句实现，流程图如图7.8所示。

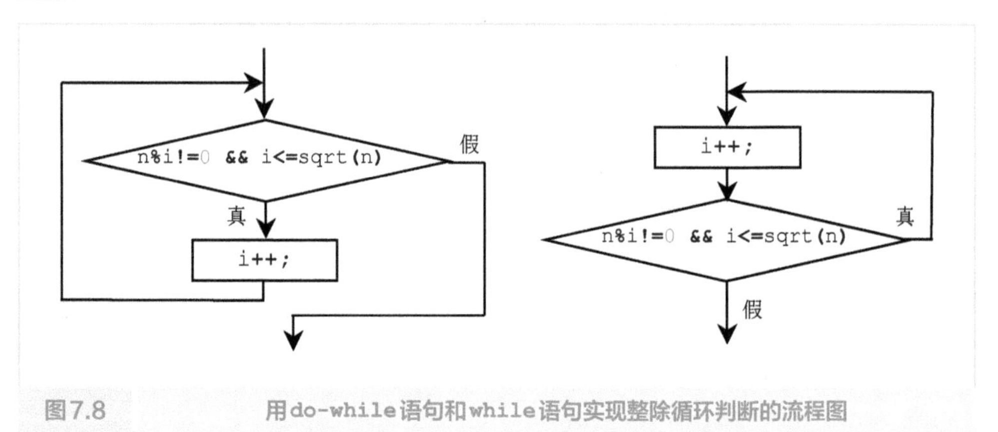

图7.8　用do-while语句和while语句实现整除循环判断的流程图

— 算法描述

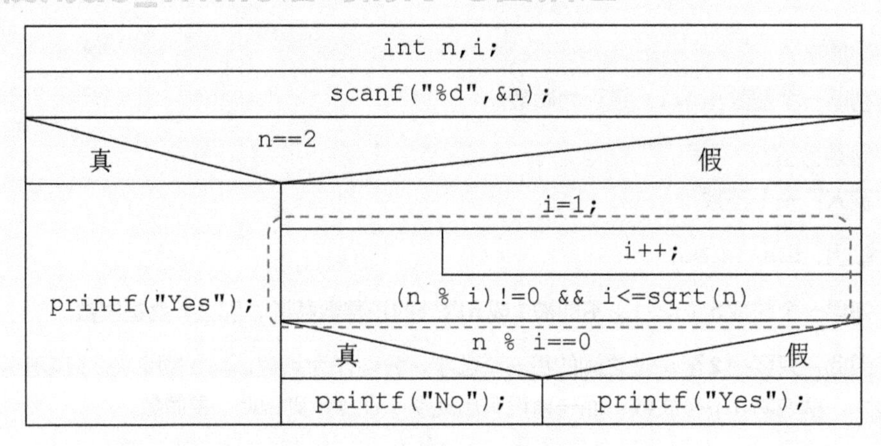

代码清单7.5.1 使用do-while语句判断一个整数*n*（*n*>1）是否为质数

```
1   #include <stdio.h>
2   #include <stdlib.h>
3   int main(){
4       int n,i;
5       printf("输入一个大于1的整数：\n");
6       scanf("%d",&n);
7       if(n==2) printf("Yes\n");                    //处理2的判断
8       else                                         //处理n>2的判断
9       {
10          i=1;
11          do
12              i++;
13          while(n%i!=0 && i<=sqrt(n));             //循环条件
14          if(n%i==0) printf("No\n");               //出现整除，非质数
15          else printf("Yes\n");                    //否则，是质数
16      }
17      system("pause");
18      return 0;
19  }
```

do-while语句在判断之前就执行i++一次，所以i的初始值为1

— 算法描述

使用while语句的N-S图描述

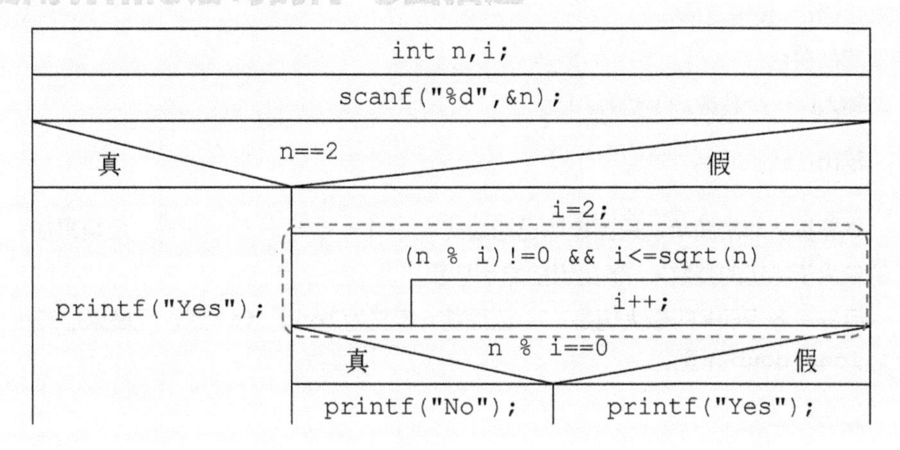

代码清单7.5.2　使用while语句判断一个整数 *n*（*n*>1）是否为质数

```
1   #include <stdio.h>
2   #include <stdlib.h>
3   int main(){
4       int n,i;
5       printf("输入一个大于1的整数：\n");
6       scanf("%d",&n);
7       if(n==2) printf("Yes\n");                    //处理2的判断
8       else                                         //处理n>2的判断
9       {
10          i=2;
11          while(n%i!=0 && i<=sqrt(n))              //循环条件
12              i++;
13          if(n%i==0) printf("No\n");               //出现整除，非质数
14          else printf("Yes\n");                    //否则，是质数
15      }
16      system("pause");
17      return 0;
18  }
```

while语句先判断，再执行i++，所以i的初始值为2

问题7.6

已知$S_n = 1 + \frac{1}{2} + \frac{1}{3} + \cdots + \frac{1}{n}$。现在任意给出一个整数$k(1 \leqslant k \leqslant 15)$，要求计算出一个最小的$n$，使得$S_n > k$。

问题分析

输入：一个整数$k(1 \leqslant k \leqslant 15)$。

输出：最小的**n**。

本题算法非常简单，只要按照已知公式$S_n = 1 + \frac{1}{2} + \frac{1}{3} + \cdots + \frac{1}{n}$，反复累加，直到$S_n$的值大于给定的整数**k**，输出当前的**n**即可。

另外，考虑到**k**的最大值是15，因而将**n**定义为**long int**型，反复累加的和S_n定义为**long double**型。

算法描述

N-S图描述

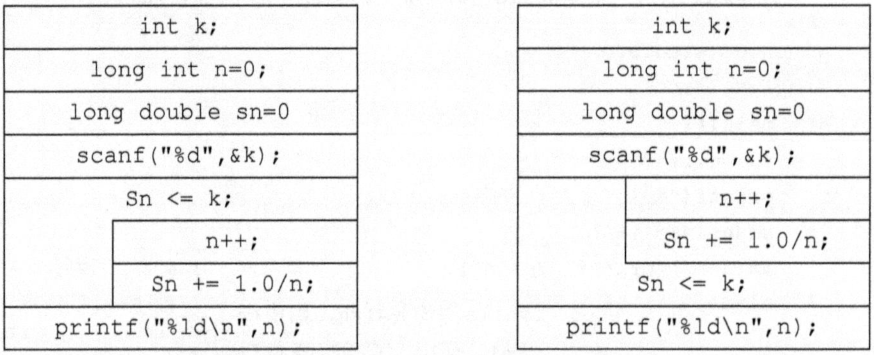

```
int k;
long int n=0;
long double sn=0
scanf("%d",&k);
Sn <= k;
    n++;
    Sn += 1.0/n;
printf("%ld\n",n);
```

(a) 使用while语句

```
int k;
long int n=0;
long double sn=0
scanf("%d",&k);
    n++;
    Sn += 1.0/n;
Sn <= k;
printf("%ld\n",n);
```

(b) 使用do-while语句

代码清单7.6.1 使用while语句

```
1   #include <stdio.h>
2   #include <stdlib.h>
3   int main()
4   {
5       int k;
6       long int n=0;
```

```
7       long double Sn=0;
8       printf("输入一个整数");
9       printf("(1-15) : \n");
10      scanf("%d",&k);
11      while(Sn<=k)
12      {
13          n++;
14          Sn += 1.0/n;
15      }
16      printf("最小的n是");
17      printf("%ld\n",n);
18      system("pause");
19      return 0;
20  }
```

代码清单7.6.2 使用do-while语句

```
1   #include <stdio.h>
2   #include <stdlib.h>
3   int main()
4   {
5       int k;
6       long int n=0;
7       long double Sn=0;
8       printf("输入一个整数");
9       printf("(1-15) : \n");
10      scanf("%d",&k);
11      do
12      {
13          n++;
14          Sn += 1.0/n;
15      }while(Sn<=k);
16      printf("最小的n是");
17      printf("%ld\n",n);
18      system("pause");
19      return 0;
20  }
```

7.9 for循环语句

前面学习的do-while语句和while语句都适合于解决循环次数未知的重复操作。如果**已知重复操作的次数**，可以使用**for循环语句**，其一般格式如下：

```
for（循环变量初始化；循环条件；循环变量增量）
{
    循环体                    //一条或多条C语句
}                             //若循环体内只有一条语句，则花括号可以不写
```

循环变量必须在for循环语句之前被声明过，一般定义为**int**型。

循环变量增量一般情况下是递增或递减循环变量的语句，比如i++、i--、++I、i-=2、i=i+2、i%=4 等等。

图7.9(a) 展示了for循环语句的执行过程，图7.9(b) 为输出1～100的所有整数的for语句示例（红色箭头为循环执行顺序，变量i为循环变量）。

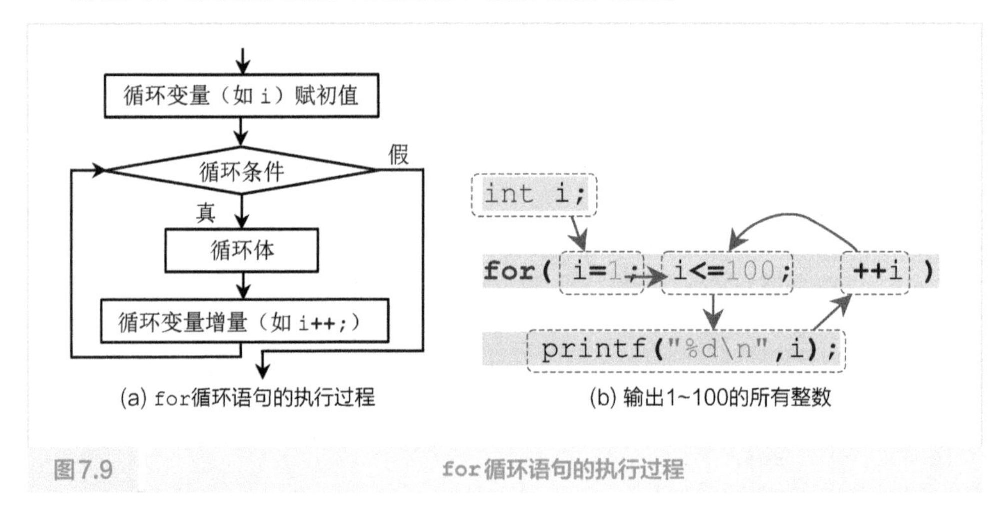

(a) for循环语句的执行过程
(b) 输出1~100的所有整数

图7.9 for循环语句的执行过程

（1）循环变量赋初值；

（2）判断循环条件，如果成立，执行循环体内的语句；如果不成立，则转到（5）；

（3）执行循环变量增量语句；

（4）转回（2）继续执行；

（5）循环结束，执行for循环语句后面的语句。

7.10 编程实例5：数列求和（2）

— 问题7.7

计算1+2+3+…+100。

— 问题分析

本题需要反复累加100次，而且每次累加的数字都递增1。这种特性完全符合for循环语句的使用条件。

利用for循环语句的循环变量i的递增，产生1～100的数字，并在循环体中累加求和。

— 算法描述

自然语言描述

（1）定义累加和为s并设初始值为0;

（2）定义循环变量i;

（3）设定i初始值为1；用i控制累加次数，同时表示当前的加数;

（4）s = s+i;

（5）i = i+1;

（6）如果i>100，则转到（7），否则转到（4）;

（7）输出s的值;

（8）结束。

流程图描述

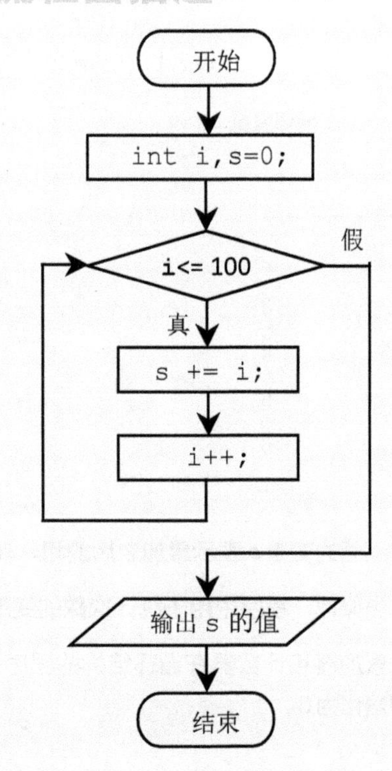

代码清单7.7　计算1+2+3+…+100的和

```
1   #include <stdio.h>
2   #include <stdlib.h>
3   int main()
4   {
5       int i,s=0;                    //初始化
6       for(i=1; i<=100; i++)
7           s += i;                   //s=s+i;每次执行时s都在原基础上增加i
8       printf("s=%d\n",s);
9       system("pause");
10      return 0;
11  }
```

程序运行时，循环变量**i**从1开始每次递增1，加数也随之递增，并累加到变量**s**中。程序运行期间，各变量值的变化情况如表7.1所示。

表7.1　代码清单7.7运行过程中各变量值的变化情况

循环变量i	加数i	累加后的和s
		0
1	1	1(0+1)
2	2	3(1+2)
3	3	6(3+3)
4	4	10(6+4)
5	5	15(10+5)
6	6	21(15+6)
…	…	…

上面的变量**s表示累加之后的和**，在编程中通常称之为**累加器**。

类似地，程序中**用于统计次数的变量**，通常称之为**计数器**，比如上面的变量**i**。

累加器和计数器在循环结构的程序设计中经常会用到，在进入循环前，它们通常都被初始化为0。

7.11 编程实例6：棋盘上的麦粒

问题7.8 棋盘上的麦粒

在印度有一个古老的传说：舍罕王打算奖赏国际象棋的发明人——宰相达依尔。国王问他想要什么，他对国王说：“陛下，请您在这张棋盘的第1个小格里，赏给我1粒麦子，在第2个小格里给2粒，第3小格给4粒，像这样，**后面一格里的麦粒数量总是前面一格里的麦粒数的2倍**。请您把这样摆满棋盘上所有的**64格**的麦粒，都赏给您的仆人吧！”国王觉得这要求太容易满足了，于是令人扛来一袋麦子，可很快就用完了。当人们把一袋一袋的麦子搬来开始计数时，国王才发现：就是把全印度的麦粒全拿来，也满足不了那位宰相的要求。那么，宰相要求得到的麦粒到底有多少呢？假如体积为1立方米的麦粒约为1.42×10^8粒，请编程计算宰相要求得到的麦粒体积为多少？

问题分析

根据题意，第一格放麦粒2^0粒，第二格放麦粒2^1粒，第三格放麦粒2^2粒，……，第64格放麦粒2^{63}粒。假设64个格子里共放麦粒数量为**s**，则：

$$s=2^0+2^1+2^2+\cdots+2^{63}$$

设其体积为**t**，则：

$$t=s/(1.42\times10^8)$$

要计算**s**的值，需要**s**从0开始累加64次，而且每次累加的加数**n**（棋盘上每格中的麦粒数）都是上一个加数的2倍。因此我们可以使用**for循环语句**来编程解决该问题。

在此，需要特别注意变量**n**、**s**、**t**的数据类型。因为越到后面每格中的麦粒数量就越大，第64格中的麦粒数为2^{63}，远远超出了C语言中长整型数的最大值（$2^{31}-1$）。在计算机中，我们**把一个数据的实际值大于计算机可以保存和处理的该类型数据的最大值的情况称为溢出**，编程过程中要避免数据溢出的情况发生。

为了避免数据溢出，我们需要把变量**n**、**s**、**t**定义为最大可以处理308位数字的双精度浮点型（**double**）。

— 算法描述

自然语言描述

（1）设麦粒总数s的初始值为0，每一格里　的麦粒数n初始值为1;

（2）定义循环变量i;

（3）设定i初始值为1；用i控制累加次数;

（4）**s = s+n;**

（5）**n = n*2;**

（6）**i = i+1;**

（7）如果**i<=64**，则转到（4），否则转到（8）;

（8）**t = s / (1.42*100000000);**

（9）输出t的值;

（10）结束。

流程图描述

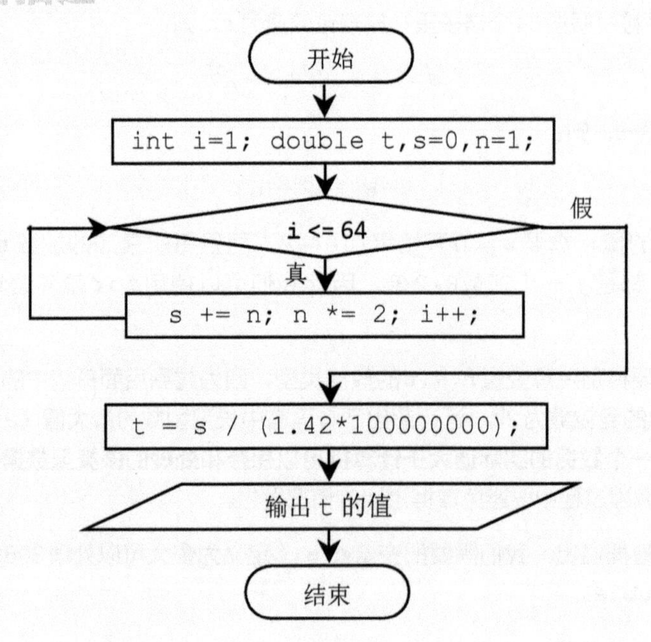

代码清单7.8 棋盘上的麦粒

```
1   #include <stdio.h>
2   #include <stdlib.h>
3   int main(){
4       int i;
5       double t;                          //定义共需麦粒t立方米
6       double s = 0;                      //累加器初始化
7       double n = 1;                      //加数初始化
8       for(i=1; i<=64; i++)               //重复64次
9       {
10          s += n;                        //累加
11          n *= 2;                        //n=n*2,在前一个n的基础上再乘以2
12      }
13      t = s / (1.42*100000000);          //计算麦粒体积
14      printf("共需%.0lf立方米的麦粒! \n",t);
15      system("pause");
16      return 0;
17  }
```

程序运行时，循环变量**i**从1开始每次递增1，加数**n**则每次增加为**2n**，并累加到变量**s**中。程序运行期间，变量**i**、**n**、**s**的值变化情况如表7.2所示：

表7.2 代码清单7.8运行过程中各变量的变化情况

循环变量i	加数n	累加后的和s
		0
1	1	1(0+1)
2	2	3(1+2)
3	4	7(3+4)
4	8	15(7+8)
5	16	31(15+16)
6	32	63(31+32)
…	…	…

7.12 编程实例7：求最大值和最小值

— 问题7.9

编写程序，帮桐桐找出全班同学身高的最大值和最小值。

— 问题分析

输入：班级总人数；依次输入班上每位同学的身高值（float型）。

输出：最大身高值和最小身高值（float型）。

这是一个依次比较大小的问题。准备两个位置*A*和*B*,*A*位置站立身高最高的,*B*位置站立身高最矮的。第一位同学先站在*A*位置，第二位同学跟站在*A*位置的同学比身高，如果第二位同学高，则替换站在*A*位置的同学，否则，第二位同学站在*B*位置；接着第三位同学跟站在*A*位置的同学比身高，如果第三位同学高，则替换站在*A*位置的同学，否则，第三位同学再跟站在*B*位置的同学比身高，如果第三位同学矮，则替换站在*B*位置的同学；后面每一位同学都像第三位同学一样，依次跟站在*A*位置或*B*位置的同学比身高并替换站立，直至所有同学都参加过身高比较，最后A位置站立的就是身高最高的同学，而*B*位置站立的就是身高最矮的同学。

— 算法描述

N-S图描述

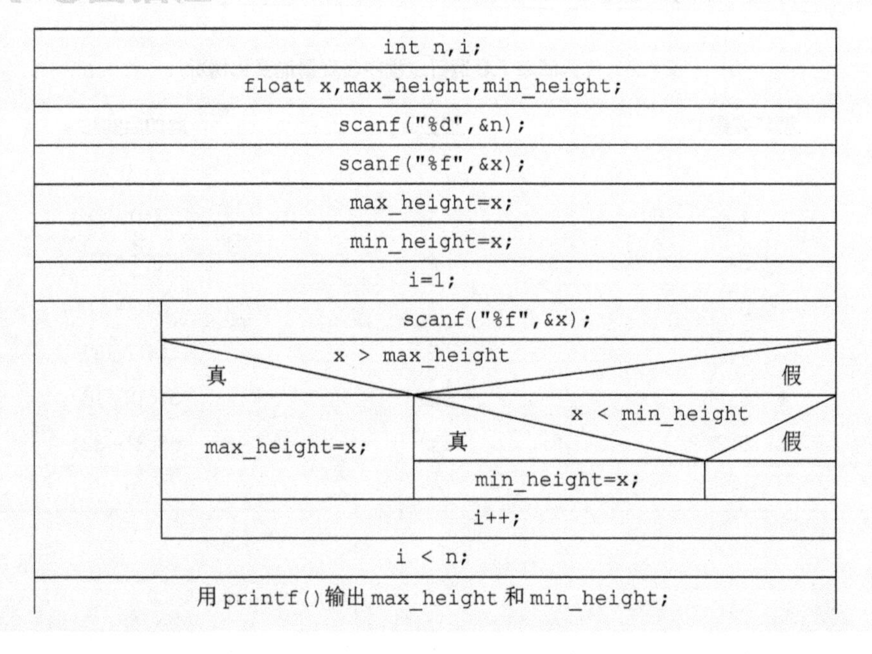

代码清单7.9 找出n位同学身高的最大值和最小值

```
1   #include <stdio.h>
2   #include <stdlib.h>
3   int main()
4   {
5       int n,i;
6       float x,max_height,min_height;
7       printf("输入全班同学人数（个）：\n");
8       scanf("%d",&n);
9       printf("输入第1位同学的身高（cm）：\n");
10      scanf("%f",&x);
11      max_height = x;                                //初始化最大身高值
12      min_height = x;                                //初始化最小身高值
13      for(i=1;i<n;i++)
14      {
15          printf("输入第%d位同学的身高（cm）：\n",i+1);
16          scanf("%f",&x);
17          if(x>max_height) max_height = x;
18          else if(x<min_height) min_height = x;
19      }
20      printf("全班%d位同学身高最大值：%.2fcm\n",n,max_height);
21      printf("全班%d位同学身高最小值：%.2fcm\n",n,min_height);
22      system("pause");
23      return 0;
24  }
```

在程序中求多个数的最大值，在初始化最大值变量时，为了便于被后面出现的较大值替换，一般将其初始化为尽可能小的值（比如0）；同理，如果求最小值，在初始化最小值变量时，一般将其初始化为尽可能大的值（比如32767）。

本例中，将最大值和最小值都初始化为第一个值，这样做的目的是为了提高程序的运行效率（减少了比较的次数）。

7.13 for循环语句的嵌套

如果把一个for循环语句放在另一个for循环语句的循环体中，就构成了**for循环的嵌套**。其一般格式如下：

```
for(外层循环变量i初始化; 外层循环条件; 外层循环变量i增量)
{
    ......
    for(内层循环变量j初始化; 内层循环条件; 内层循环变量j增量)
    {
        内层循环体
    }
    ......
}
```

在for循环的嵌套中，内层的for循环语句要执行外层的循环变量i所指定的次数。例如，要打印3行“1 2 3 4 5”，就可以使用for循环的嵌套。外层的循环从1到3，而内层的循环从1到5，如图7.10所示。

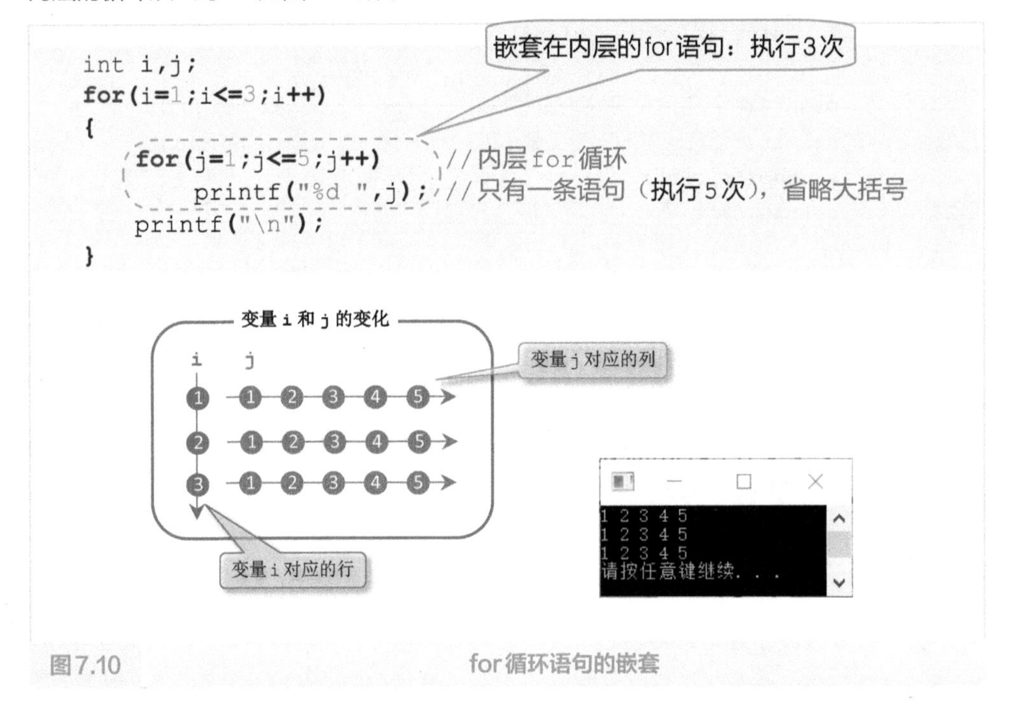

图7.10 for循环语句的嵌套

7.14 编程实例8：嵌套循环应用

问题7.10

给定一个自然数*n*，在屏幕输出*n*行*n*列图形（见图7.11）。

```
    *
   **
  ***
 ****
*****
```

图7.11 输出结果

问题分析

这是个打印图形问题，一般按行和列分别处理，找出每一行和每一列的规律，然后按行输出。

根据题意，总共输出n行，第i行中首先输出（n-*i*）个空格“　”，然后输出i个“*”。

用变量*i*控制循环n次，输出n行；用变量*j*控制循环（n-i）次，输出（n-i）个空格“　”；继续用变量*j*控制循环i次，输出i个“*”。

算法描述

自然语言描述

（1）输入n的值；

（2）重复处理n行的操作（行号*i*从1至n）：

　　重复处理n列的操作（列号*j*从1至n-*i*）：

　　　　输出空格“　”；

　　重复处理n列的操作（列号j从1至i）：

　　　　输出“*”；

　　输出换行符（表示该行结束）；

（3）结束。

知识点总结

想通过循环来递增或递减变量时，就可以使用for循环。

嵌套在内层的for循环语句要执行外层循环变量i所指定的次数。

如果想循环特定的次数，就使用嵌套的for循环语句。

代码清单7.10　输出由“＊”构成的n行n列的图形

```
1   #include <stdio.h>
2   #include <stdlib.h>
3   int main()
4   {
5       int n,i,j;
6       printf("输入一个整数：");
7       scanf("%d",&n);
8       for(i=1;i<=n;i++)                       //控制行的输出
9       {
10          for(j=1;j<=n-i;j++)                 //控制列的输出
11              printf("  ");                   //每一列打印n-i个空格
12          for(j=1;j<=i;j++)                   //控制列的输出
13              printf("＊");                   //每一列打印i个"＊"
14          printf("\n");                       //当前行结束，输出换行符
15      }
16      system("pause");
17      return 0;
18  }
```

图7.12展示了代码清单7.10在运行过程中变量**i**和**j**的变化情况。

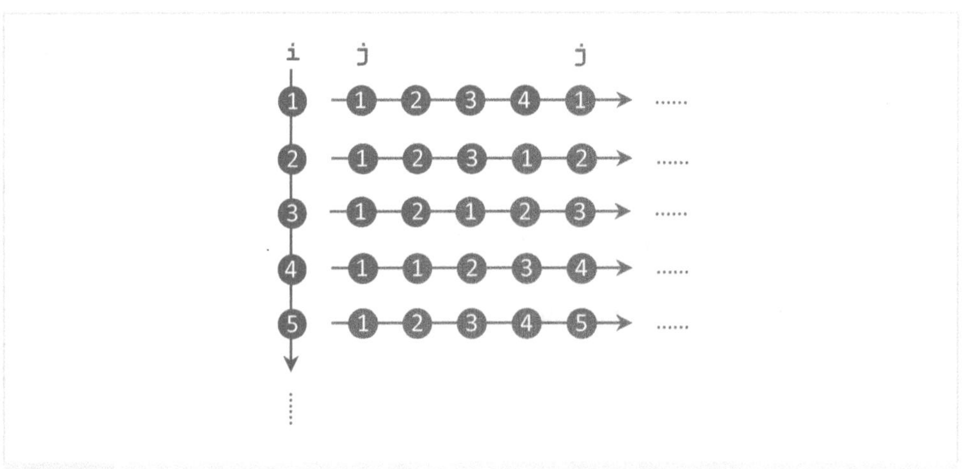

图7.12　代码清单7.10中变量i和j的变化情况

问题7.11

过年了，外婆给了桐桐100元压岁钱，桐桐想把它兑换成50元、20元、10元的小钞票。请你编写程序，帮桐桐算算共有多少种兑换方案，并输出每一种兑换方案。

问题分析

对于这个问题，我们可以使用**枚举法**来解决。**枚举法就是将问题的所有可能答案全部列举出来，然后根据条件判断每个答案是否合适，合适的保留，不合适的就丢弃。**

假设兑换方案中50元、20元、10元的钞票张数分别是a、b、c，则：

$$50a+20b+10c=100$$

分析可知，a的取值范围是0～2，b的取值范围是0～5，c的取值范围是0～10，用for循环的嵌套枚举a、b、c所有的可能组合，对于每一种可能组合，判断上面的等式是否成立，如果等式成立，这一种组合就是一种兑换方案。

算法描述

自然语言描述

（1）定义50元、20元、10元钞票的可能张数a、b、c；

（2）定义兑换方案数Count，并初始化赋值0；

（3）枚举50元钞票张数a（0~2）

　　　　枚举20元钞票张数b（0~5）

　　　　　　枚举10元钞票张数c（0~10）

　　　　　　　　如果50*a+20*b+10*c=100成立，则

　　　　　　　　　　① Count=Count+1;

　　　　　　　　　　② 输出a、b、c;

（4）输出Count;

（5）结束。

知识点总结

枚举法是计算机编程中常用的一种数据处理方法。

使用枚举法时必须列举出所有可能的数据值，然后从中找出合适的。

枚举法可以用for循环语句实现。

代码清单7.11.1　用枚举法找出100元钱所有可能的50、20、10元面额钞票的兑换组合

```
1   #include <stdio.h>
2   #include <stdlib.h>
3   int main(){
4       int a,b,c,Count=0;
5       for(a=0;a<=2;a++)                         //枚举50元钞票的可能张数
6           for(b=0;b<=5;b++)                     //枚举20元钞票的可能张数
7               for(c=0;c<=10;c++)                //枚举10元钞票的可能张数
8                   if(50*a+20*b+10*c==100)   //判断是否是有效兑换组合
9                   {
10                      Count++;
11                      printf("50:%d  20:%d  10:%d\n",a,b,c);
12                  }
13      printf("100元钱共有以上%d种兑换方案！\n",Count);
14      system("pause");
15      return 0;
16  }
```

上面程序代码用了三层for循环，第三层for循环语句的循环体if语句总共执行了3×6×11＝198次。事实上，知道了*a*和*b*，就可以通过公式计算出*c*：

$$c=(100-50\times a-20\times b)/10\ (c\geqslant 0)$$

因而，第三层for循环就不需要了，这样用来判断是否为有效兑换组合的if语句就只需执行3×6＝18次，这样大大提高了程序的运行效率。

代码清单7.11.2　用枚举法找出100元钱所有可能的50、20、10元面额钞票的兑换组合

```
1   #include <stdio.h>
2   #include <stdlib.h>
3   int main(){
4       int a,b,c,Count=0;
5       for(a=0;a<=2;a++)                         //枚举50元钞票的可能张数
6           for(b=0;b<=5;b++)                     //枚举20元钞票的可能张数
7           {
8               c=(100-50*a-20*b)/10;             //对于每一组a、b组合，计算c
9               if(c>=0)                          //判断是否是有效的兑换组合
10              {
11                  Count++;
12                  printf("50:%d  20:%d  10:%d\n",a,b,c);
13              }
14          }
15      printf("100元钱共有以上%d种兑换方案！\n",Count);
16      system("pause");
17      return 0;
18  }
```

7.15 用for循环语句给数组元素赋值

本书第3章3.8节部分讲到，如果知道所有数组元素的内容，可以在数组声明（定义）的同时对其进行初始化。但是在数组声明时，我们并不总是知道数组的内容。对于字符数组我们可以使用C语言提供的**strcpy()**函数，把一个字符串填充到字符数组中；而对于其他类型的数组，我们只能一次一个元素地进行初始化赋值，此时，我们**可以使用for循环语句来实现给数组的每一个元素赋值**。

此外，**用for循环语句还可以获取或输出所有的数组元素**。我们把一次性查看获取所有数组元素的过程称为**遍历数组**。

使用for循环语句给数组元素赋值或遍历数组时，必须要知道循环的次数，也就是数组元素的大小，在C语言中一般可以用**sizeof()**的返回值作为数组的大小（适用于一个数组元素内的数据只占1个字节的情况）。

下面代码实现了用for循环语句给数组大小为5的数组score所有元素赋值：

```
int i;
int score[5];
for(i=0;i<5;i++)                          //用for循环给数组元素赋值
{
    printf("输入第%d个数：",i+1);
    scanf("%d",&score[i]);
}
```

下面代码实现了用for循环语句遍历数组，输出所有数组元素：

```
printf("用for循环输出全部数组元素如下：\n");
for(i=0;i<5;i++)                          //用for循环遍历全部数组元素
    printf("score[%d]=%d\n",i,score[i]);
```

知识点总结

使用**for**循环语句可以给数组的每一个元素赋值。
使用**for**循环语句还可以获取或输出所有的数组元素（即遍历数组）。
字符数组可以使用C语言提供的**strcpy()**函数赋值。

7.16 编程实例9：遍历数组

— 问题7.12

从键盘输入100个整数，将它们按输入顺序倒序输出，并求这100个数中所有偶数之和。

— 问题分析

由于题意要求输入的数据比较多，为了便于灵活使用数据，我们定义一个一维数组a[100]来存放输入的数据，每个数据按照键盘输入的顺序依次保存在对应的数组元素中。这样，将100个数据倒序输出就是将这个数组的所有元素按其下标值从大到小的顺序输出。

在输出数组元素的同时，对每个数组元素的值进行判断，如果是偶数，就加到累加器中，这样所有数组元素都输出以后，累加器中存放的数就是所有偶数之和。

代码清单7.12　输入100个整数，倒序输出并求其中偶数之和

```
1   #include <stdio.h>
2   #include <stdlib.h>
3   int main()
4   {
5       int i,total=0;
6       int a[100];
7       for(i=0;i<100;i++)                    //用for循环给数组元素赋值
8       {
9           printf("输入第%d个数：",i+1);
10          scanf("%d",&a[i]);
11      }
12      for(i=99;i>=0;i--)                    //用for循环遍历数组
13      {
14          printf("%d ",a[i]);               //按下标倒序输出数组元素
15          if(a[i]%2==0) total+=a[i];        //累加偶数元素
16      }
17      printf("\n所有偶数之和total=%d\n",total);
18      system("pause");
19      return 0;
20  }
```

问题7.13

杨辉三角形是一个由数字排列组成的三角形数表。其一般形式如图7.13所示，每行开始和结尾处的数字都为1，其他数字都是它所在行的上一行中靠近它的两个数之和。

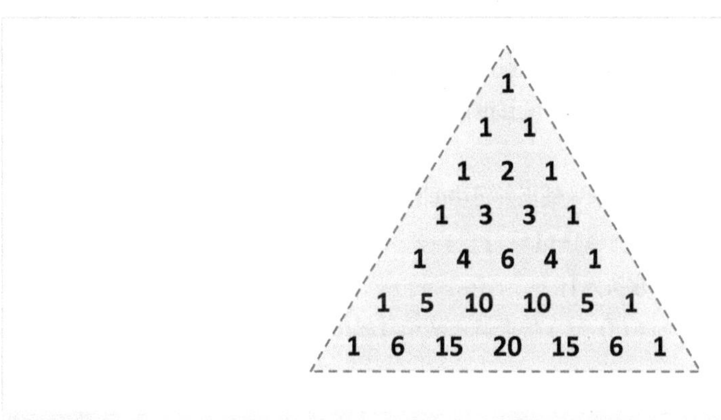

图7.13　杨辉三角形

请编程输出其中的前n($n \leqslant 20$) 行。

问题分析

输入：一个正整数，表示杨辉三角形的行数。

输出：n行杨辉三角形。

仔细观察杨辉三角形可以发现，其数字是有规律的，每行的第一个和最后一个数字都为1，而且从第3行开始，其他位置的数字都是它所在行的上一行中靠近它的两个数之和。

因为数字比较多，而且分布在多行，我们可以用一个二维数组来存储和处理这些数字。如此，则从第3行开始，除行首和行尾之外的其他任意数字t[i][j]就等于其上一行的数字t[i-1][j-1]和t[i-1][j]之和，即：

```
t[i][j] = t[i-1][j-1] + t[i-1][j]
```

第一行和第二行的数字以及其他所有处在行首和行尾的数字都为1，即：

```
t[0][0]=1                                   //第一行
t[1][0]=1  t[1][1]=1                        //第二行
t[i][0]=1  t[i][i]=1                        //其他行首和行尾
```

另外，行数增大后，处在行中间位置的数字会大于**int**型的最大取值范围32767，因此，我们定义二维数组的类型为**long int**型。

— 算法描述

自然语言描述

（1）输入欲打印的行数n；

（2）初始化第一行的t[0][0]和第二行的t[1][0]、t[1][1]；

（3）循环变量i（2~n-1）控制处理3~n行的数组元素赋值：

当前行行首数组元素赋值为1；

循环变量j（1~i-1）控制处理当前行中间位置的数组元素赋值：

t[i][j]=t[i-1][j-1]+t[i-1][j]

当前行行尾数组元素赋值为1；

（4）循环变量i（0~n-1）、j（0~i）控制遍历数组并输出杨辉三角形；

（5）结束。

代码清单7.13　输入20行以内的杨辉三角形

```
1   #include <stdio.h>
2   #include <stdlib.h>
3   int main(){
4       int n,i,j;
5       printf("输入欲打印的行数n(2<n≤20): ");
6       scanf("%d",&n);
7       if(n>20) n=20;                              //确保最多输出20行
8       long t[20][20]={[0][0]=1,[1][0]=1,[1][1]=1}; //赋初值
9       for(i=2;i<n;i++)                  //用for循环给3~n行元素赋值
10      {
11          t[i][0]=1;                                  //行首数字为1
12          for(j=1;j<i;j++)          //计算除行首和行尾外的其他所有数字
13              t[i][j] = t[i-1][j-1] + t[i-1][j];
14          t[i][i]=1;                                  //行尾数字为1
15      }
16      for(i=0;i<n;i++)                            //输出杨辉三角形
17      {
18          for(j=0;j<=i;j++)        //用for循环遍历并打印一行所有数字
19              printf("%d ",t[i][j]);
20          printf("\n");                             //打印完一行后换行
21      }
22      system("pause");
23      return 0;
24  }
```

7.17 冒泡排序：使用嵌套的for循环

排序（sorting）就是调整列表的顺序，是计算机编程中经常要做的一件事情。经过排序以后的数据，可以极大地提高查找的效率。

冒泡排序（bubble sort）是用嵌套的for循环来实现的，其名称来源于这种排序方法的特性。在排序过程中，每一轮循环都使得较小或较大的值“浮”到列表的最上端。图7.14演示了用冒泡排序法对5个数进行排序的过程。

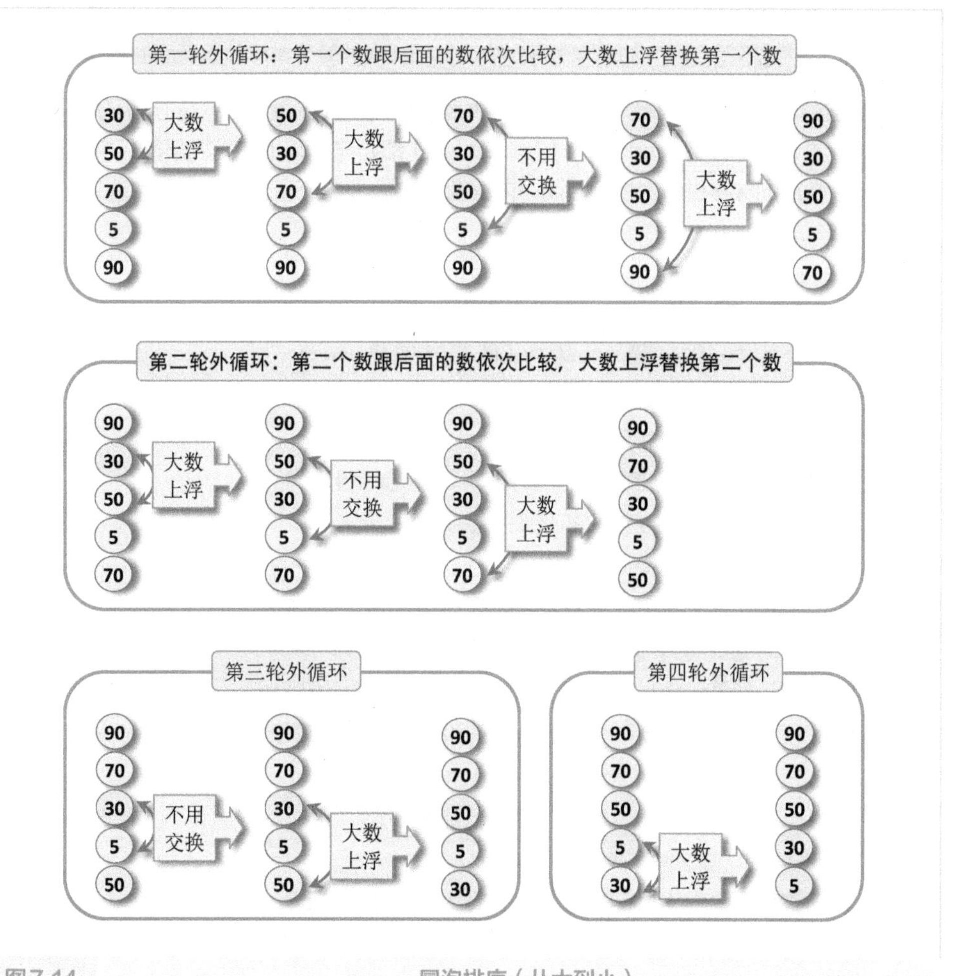

图7.14　冒泡排序（从大到小）

7.18 编程实例10：排序

— 问题7.14

随机生成10个100内的正整数，按从小到大的顺序输出。

— 问题分析

10个正整数用 1+rand()%99 随机生成（参见第4章4.3节）。

整个排序过程用嵌套的for循环来完成。外层循环的循环次数为9次，设置排序位置，使得从第一个位置开始的每一个数都与其后面的所有数依次比较大小（内层循环）；内层循环负责数的比较，并把不符合顺序的数字进行对换，其循环次数就是排序位置后面的数字的个数。

定义数组nums[10]存储10个数。如果外层循环设置处在排序位置*i*的元素是nums[i]，则其后的元素nums[i+1]、nums[i+2]、…、nums[9]都要与nums[i]在内层循环中进行比较，并把不符合顺序的数字进行对换。因而，内层循环的循环变量范围可以设置为**i+1～9**。

— 算法描述

自然语言描述

（1）定义外层循环控制变量outer和内层循环控制变量inner；

（2）定义用于交换数值的临时变量temp；

（3）定义数组nums[10]用于存储10个数；

（4）循环变量i（0~9）控制循环为数组nums的元素赋值：

用获得一个100内的随机整数并复制给数组元素nums[i]；

输出数组元素nums[i]；

（5）循环变量outer（0~8）控制外层循环，设置排序位置outer：

循环变量inner（outer+1~9）控制内层循环：

如果nums[inner]的值小于排序位置的nums[outer]

的值，则交换nums[inner]的和nums[outer]的值：

① temp = nums[outer];

② nums[outer] = nums[inner];

③ nums[inner] = temp;

（6）循环变量i（0~9）控制输出排序后的数组nums的所有元素：

输出数组元素nums[i]；

（7）结束。

代码清单7.14　随机生成10个100内的正整数，按从小到大的顺序输出

```
1   #include <stdio.h>
2   #include <stdlib.h>
3   int main()
4   {
5       system("color 70");                  //设置显示屏前景色7和背景色0
6       int i,inner,outer,temp;
7       int nums[10];
8       printf("排序前：");
9       for(i=0;i<10;i++)                    //随机生成10个数并输出
10      {
11          nums[i] = 1+rand()%99;
12          printf("%d ",nums[i]);
13      }
14      for(outer=0;outer<9;outer++)                     //外层循环
15          for(inner=outer+1;inner<10;inner++)          //内层循环
16          {
17              if(nums[inner] < nums[outer])            //比较大小
18              {
19                  temp = nums[outer];
20                  nums[outer] = nums[inner];
21                  nums[inner] = temp;
22              }                                        //互换
23          }
24      printf("\n排序后：");
25      for(i=0;i<10;i++)                                //输出排序后的数列
26          printf("%d ",nums[i]);
27      printf("\n");
28      system("pause");
29      return 0;
30  }
```

运行后

```
E:\sort.exe
排序前：42 54 98 68 63 83 94 55 35 12
排序后：12 35 42 54 55 63 68 83 94 98
请按任意键继续. . .
```

7.19 终止循环：break和continue语句

break语句的作用是**终止并退出当前的循环语句**（见图7.15），执行该循环语句后面的语句，其一般格式如下：

```
break;              //一般出现在if语句的主体部分
```

下面的for循环语句正常情况下会打印出10个数字，然后再打印出“OK”。不过，其中的break语句使得循环在输出5个数字以后就打印出了“OK”，for循环语句实际上只执行了5次循环。

```
for(i=1;i<=10;i++)
{
 printf("%d ",i);
 if(i==5)
       break;    //当循环变量i=5时退出循环，执行for语句后面的printf()
}
printf("OK");
```

break语句使得循环语句还没有完全执行完就提前结束，与之相反，**continue语句**并不终止当前的循环语句的执行，仅仅是终止当前循环变量*i*所控制的这一次循环，而继续执行该循环语句。continue语句的实际含义是“**忽略continue之后的所有循环体语句，回到循环的顶部并开始下一次循环**”（见图7.16）。其一般格式如下：

```
continue;          //一般出现在if语句的主体部分
```

下面的for循环语句执行了全部10次循环，但其循环体中printf()语句只执行了5次，因为，当*i*的值为奇数时，continue语句使得其后的printf()语句没有被执行。

```
for(i=1;i<=10;i++)
{
 if(i%2==1)
       continue;  //当i为奇数时不执行下面的printf()，而继续下一次循环
 printf("%d是偶数\n",i);
}
```

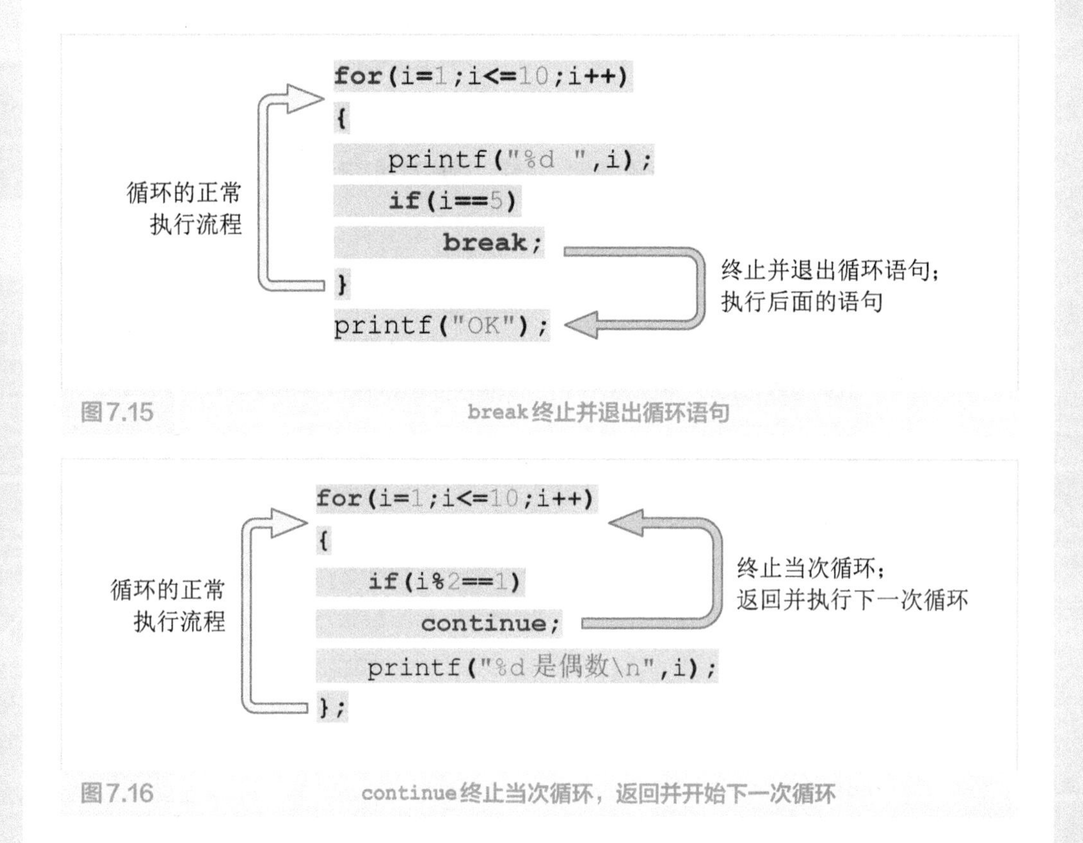

图7.15　break终止并退出循环语句

图7.16　continue终止当次循环，返回并开始下一次循环

知识点总结

用break可以提前终止for、while和do-while循环。

用continue可以强迫循环进入新的循环周期。

break和continue前通常有if语句进行某种关系测试。

7.20 编程实例11：顺序查找

查找是计算机处理大量数据时最普遍的功能。**顺序查找**实际上是枚举法的应用。

— 问题7.15

期中考试结束了，数学老师已经把所有数学成绩按从高到低的顺序排列好。请编写一个程序，根据输入的个人数学成绩获得本次考试的排名。

代码清单 7.15.1　根据输入的个人成绩获得考试排名（顺序查找）

```
1   #include <stdio.h>
2   #include <stdlib.h>
3   int main(){
4       int i,S,a[100];
5       printf("从高到低输入成绩（空格分隔），\n");
6       printf("全部输入后，输入0并回车！\n");
7       for(i=0;i<100;i++){                    //用for循环给数组元素赋值
8           scanf("%d",&a[i]);
9           if(a[i]==0) break;                 //接收到0，则退出循环
10      }
11      do{
12          printf("输入成绩查询名次（输入0结束查询）：");
13          scanf("%d",&S);
14          i=0;
15          if(S==0) break;                    //输入0结束查询
16          while(a[i]!=0){                    //顺序查找
17              if(a[i]==S) break;             //找到目标退出循环
18              i++;
19          }
20          if(a[i]==S)
21             printf("%d\n",i+1);            //输出名次
22          else
23             printf("未找到该成绩！");
24      }while(S!=0);
25      system("pause");
26      return 0;
27  }
```

7.21　编程实例12：二分法查找

顺序查找是从第一个数据开始比较，直到找到目标数据。当数据量较大时，顺序查找的效率就会降低。

将数据进行排序以后，我们就可以使用另一种更加有效的查找方法：**二分法查找**。二分法查找的思想是，对于已经按照从小到大的顺序排列好的*N*个数据，取出排在中间位置的数据进行比较，如果等于要找的数则查找结束；如果比要找的数大，则要找的数据一定在左边部分，则在左边数据中继续用类似的方法查找；如果比要找的数小，则在右边数据中继续用类似的方法查找。在整个过程中，查找的数据范围每次都被分成两半，因而称为二分法查找。

例如，在**有序数据`{26,30,45,55,60,61,62,65,70,78,99}`**中查找55的过程如图7.17所示。

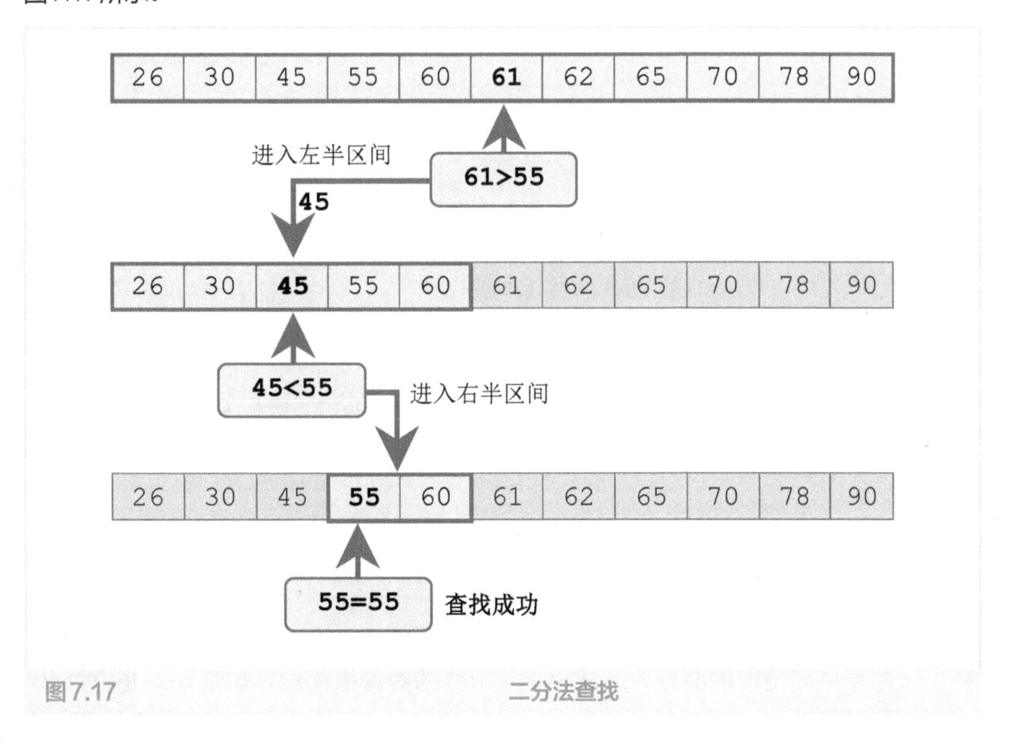

图7.17　二分法查找

问题7.15用二分法实现查找的代码如下：

代码清单7.15.2　根据输入的个人成绩获得考试排名（二分法查找）

```
1   #include <stdio.h>
2   #include <stdlib.h>
3   int main(){
4       int i,S,a[100];
5       printf("从高到低输入成绩（空格分隔),\n");
6       printf("全部输入后，输入0并回车！\n");
7       for(i=0;i<100;i++){                       //用for循环给数组元素赋值
8           scanf("%d",&a[i]);
9           if(a[i]==0) break;                     //接收到0，则退出循环
10      }
11      int L,R,mid,R0=i;
12      do{
13          printf("输入成绩查询名次（输入0结束查询)：");
14          scanf("%d",&S);
15          if(S==0) break;                         //输入0结束查询
16          L=1;R=R0;                               //L:左端位置 R:右端位置
17          while(L<=R){                            //mid:中间位置
18              mid=(L+R)/2;
19              if(a[mid-1]==S) break;              //找到目标退出循环
20              if(a[mid-1]<S) R=mid-1;             //进入左半区间
21              else if(a[mid-1]>S) L=mid+1;        //进入右半区间
22          }
23          if(a[mid-1]==S) printf("%d\n",mid);//输出名次
24          else printf("未找到该成绩！");
25      }while(S!=0);
26      system("pause");
27      return 0;
28  }
```

上述代码中，录入的成绩从大到小排序，用L指示最左端数据，R指示最右端数据，mid指示中间位置的数据。查找值与mid处的数据相比较，如果mid处的数小，则查找值在其左侧，改变R的值；如果mid处的数大，则查找值在其右侧，改变L的值；继续在L和R之间的数据中用同样的方法查找，直到找到要找的数或L和R位置重合。

练习题

— 习题7.1 写出代码清单test_7_1中程序的运行结果。

代码清单test_7_1

```
1   #include <stdio.h>
2   #include <stdlib.h>
3   int main(){
4       int i=1, ans=0;
5       //for(i=1; i<=99; i+=2)
6       //    ans += i;
7       /* while(i<=99){
8           ans += i;
9           i += 2;
10      } */
11      do {
12          ans += i;
13          i += 2;
14      } while(i<=99);
15      printf("%d\n",ans);
16      system("pause");    return 0;
17  }
```

— 习题7.2 写出代码清单test_7_2中程序的运行结果。

代码清单test_7_2

```
1   #include <stdio.h>
2   #include <stdlib.h>
3   int main(){
4       int i,j,n=5;
5       for(i=1; i<=n; i++){
6           for(j=1; j<=i; j++)
7               printf("#");
8           printf("\n");
9       }
10      system("pause");    return 0;
11  }
```

— 习题7.3 补充完整代码清单test_7_3中的程序：输入一个整数*N*，计算它的各位数字之和。

代码清单test_7_3

```
1   #include <stdio.h>
2   #include <stdlib.h>
3   int main() {
4       int N, S=0;
5       scanf("%d",&N);
6       while(____①____)
7       {
8           ____②____;
9           ____③____;
10      }
11      printf("%d\n",S);
12      system("pause");
13      return 0;
14  }
```

— 习题7.4 补充完整代码清单test_7_4中的程序：输出如图7.18所示的由“#”组成的边长为*n*个字符的菱形字符图案。

代码清单test_7_4

```
1   #include <stdio.h>
2   #include <stdlib.h>
3   int main() {
4       int i,j,n;
5       scanf("%d",&n);
6       for(i=1;i<=____①____;i++){
7           for(j=1;j<=____②____;j++)
8               ____③____;
9           for(j=1;j<=____④____;j++)
10              ____⑤____;
11          ____⑥____;
12      }
13      system("pause");
14      return 0;
15  }
```

```
   #
  ###
 #####
#######
 #####
  ###
   #
```

图7.18　菱形字符矩阵

习题7.5 满载爱的代码

母亲节到了，桐桐想给妈妈写一封电子邮件，表达她对妈妈的感激和爱。她还想在邮件中附上一个由字符组成的大大的心形图案（如图7.19所示），为了表达对妈妈满满的爱，她希望能打印出一个尽可能大的心形。然而手动打字输入符号未免太慢了，请你编写一个能够输出心形字符图案的程序，帮助桐桐实现她的心愿。

```
  #    #
 ###  ###
##########
##########
 ########
  ######
   ####
    ##
```

图7.19　心形字符矩阵

输入：

一个整数n，表示心形上面两个突起部分的高度（即图中深蓝色部分的行数）。

输出：

如图7.19所示的心形字符矩阵（n=3）。

习题7.6 百钱百鸡问题

中国古代数学家张丘建在他的《算经》中提出的一个著名问题：“鸡翁一，值钱五；鸡婆一，值钱三；鸡雏三，值钱一。百钱买百鸡，问鸡翁、鸡婆、鸡雏各几何？”

一只公鸡值五钱，一只母鸡值三钱，三只小鸡值一钱，现在要用百钱买百鸡，请问公鸡、母鸡、小鸡各多少只？

输出：

若干行，每行三个用空格分隔的整数，表示一组可能的鸡翁、鸡婆、鸡雏的数目。

— 习题7.7 兔子产子问题

有一对兔子，从出生后的第3个月起每个月都生一对小兔子。小兔子长到第3个月后，每个月也会生一对小兔子，假设所有的兔子都不死。问30个月内每个月的兔子总数为多少对？

输出：

10行，每行三列，每列占20个字符宽度；

第n（1～10）行m（1～3）列中包含两个数字，分别表示月数和当月兔子总数，并用冒号“:”分隔。

— 习题7.8 最小公倍数

求任意两个正整数的最小公倍数（LCM）。

计算两个数的最小公倍数时，通常会借助最大公约数来辅助计算，即：

$$最小公倍数=\frac{两数的乘积}{最大公约数}$$

代码清单test_7_8_2

```
1   #include<stdio.h>
2   #include <stdlib.h>
3   main(){
4       int m,n,temp,b,lcw,k;    // b存储两数相除得到的余数
5       printf("Input m & n:");
6       scanf("%d%d",&m,&n);
7       k = m*n;
8       if(m<n) {      //比较大小，使得m中存储大数，n中存储小数
9           temp = m;  m = n;  n = temp;
10      }
11      b = m%n;
12      while(b!=0) {                //辗转相除法求得最大公约数
13          m = n;  n = b;  b = m%n;
14      }
15      lcw = k/n;
```

```
16      printf("The LCW of %d and %d is: %d\n",m,n,lcw);
17      printf("\n");
18      system("pause");
19      return 0;
20  }
```

除了利用最大公约数外，还可以根据两个数的最小公倍数的定义来设计算法，即求出一个最小的能同时被这两个整数整除的自然数。编程用此方法求两个数的最小公倍数。

输入：

两个正整数*m*和*n*。

输出：

*m*和*n*的最小公倍数。

第8章

函数：可重复使用的功能性“零件”

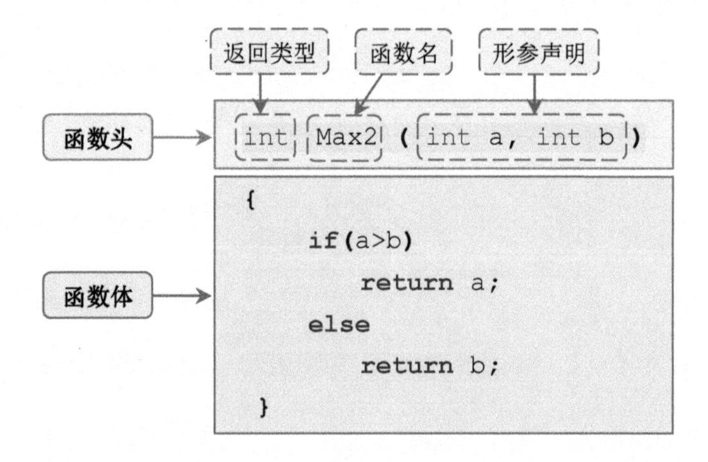

8.1　函数是C程序中最主要的“组合零件”

C语言程序是由多个零件组合而成的，而函数就是最主要的组合零件。

C语言程序的主体部分就是一个**main()**函数，它在C语言程序中是必不可少的，每一个C程序都首先从**main()**函数开始执行。

在前面几章的学习中，我们知道在**main()**函数中可以通过**printf()**函数实现屏幕输出显示的功能，用**scanf()**函数实现读取键盘输入信息的功能。另外，我们还可以使用**abs(x)**、**sqrt(x)**等函数实现各种数学运算功能（参见本书3.22节）。这些都是由C语言提供的库函数，我们在编程过程中直接拿来使用就可以了，不过在使用之前需要在程序开头部分，用**#include**引入包含这些库函数的头文件（参见本书第4章4.5节的表4.6）。

此外，我们可以根据需要自己创建各种函数，称为**自定义函数**。

而C语言程序基本上就是用这些函数像搭积木一样搭建起来的（见图8.1）。

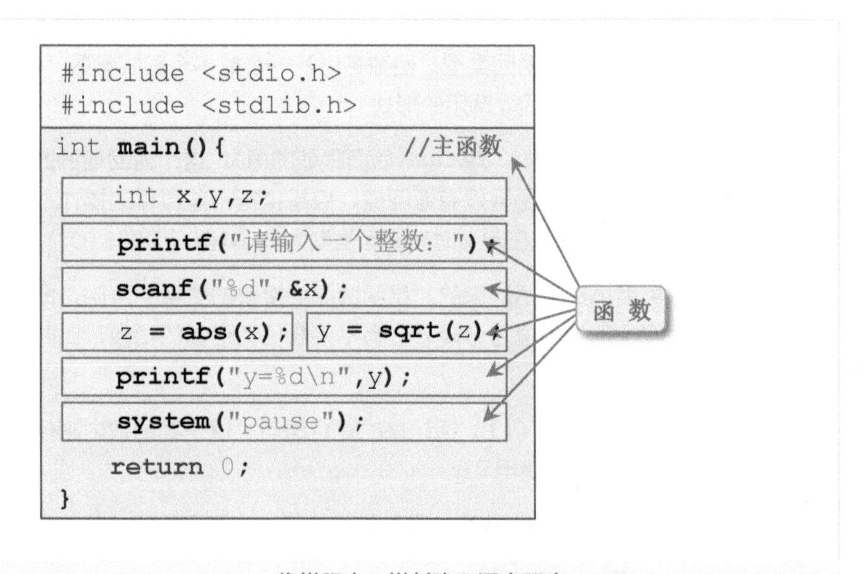

图8.1　像搭积木一样创建C语言程序

知识点总结

将多个处理步骤集中在一起并且可能重复使用时，可以使用函数。

函数可以理解为能够执行特定功能的“魔法盒”。

8.2 函数的定义

函数的定义由多个部分构成（见图8.2）。其一般格式如下：

```
返回类型 函数名 ( 形参声明 )                    //函数头
{
        函数体;                              //一条或多条C语句
}
```

下面的代码定义了一个函数Max2，其功能是接收两个整数，返回较大的值：

```
int  Max2 ( int a, int b )
{
      if(a>b) return a;
      else    return b;
}
```

函数头部分包含函数的**返回类型**、**函数名**以及一个或多个**形式参数**（简称形参）。它指出了该函数的使用方法（函数调用的形式）。

一般函数都会返回一个值（**return**后面跟随的值），这个**返回值的数据类型，就是函数的返回类型**。也有一些函数没有返回值，只是执行一些具体的操作（比如打印输出等），这些没有返回值的函数在定义时其返回类型为**void**型（见图8.2）。

函数头部分中用小括号括起来的，是函数需要接收的变量的声明，即**形式参数**（简称形参）声明，多个形参用逗号分隔。也有不接收任何形参的函数，此时，在小括号中需写入**void**。

函数体部分是用花括号（**{}**）括起来的复合语句。仅在某函数内部使用的变量，应在该函数的函数体中声明和使用。

return表示从被调函数返回到主函数继续执行，它后面跟随的就是函数返回值。

知识点总结

函数由返回类型、函数名、形参和函数体四部分构成。
返回类型、函数名、形参统称为函数头。
形参是函数定义时声明的用于接收数据（值）的特定变量。

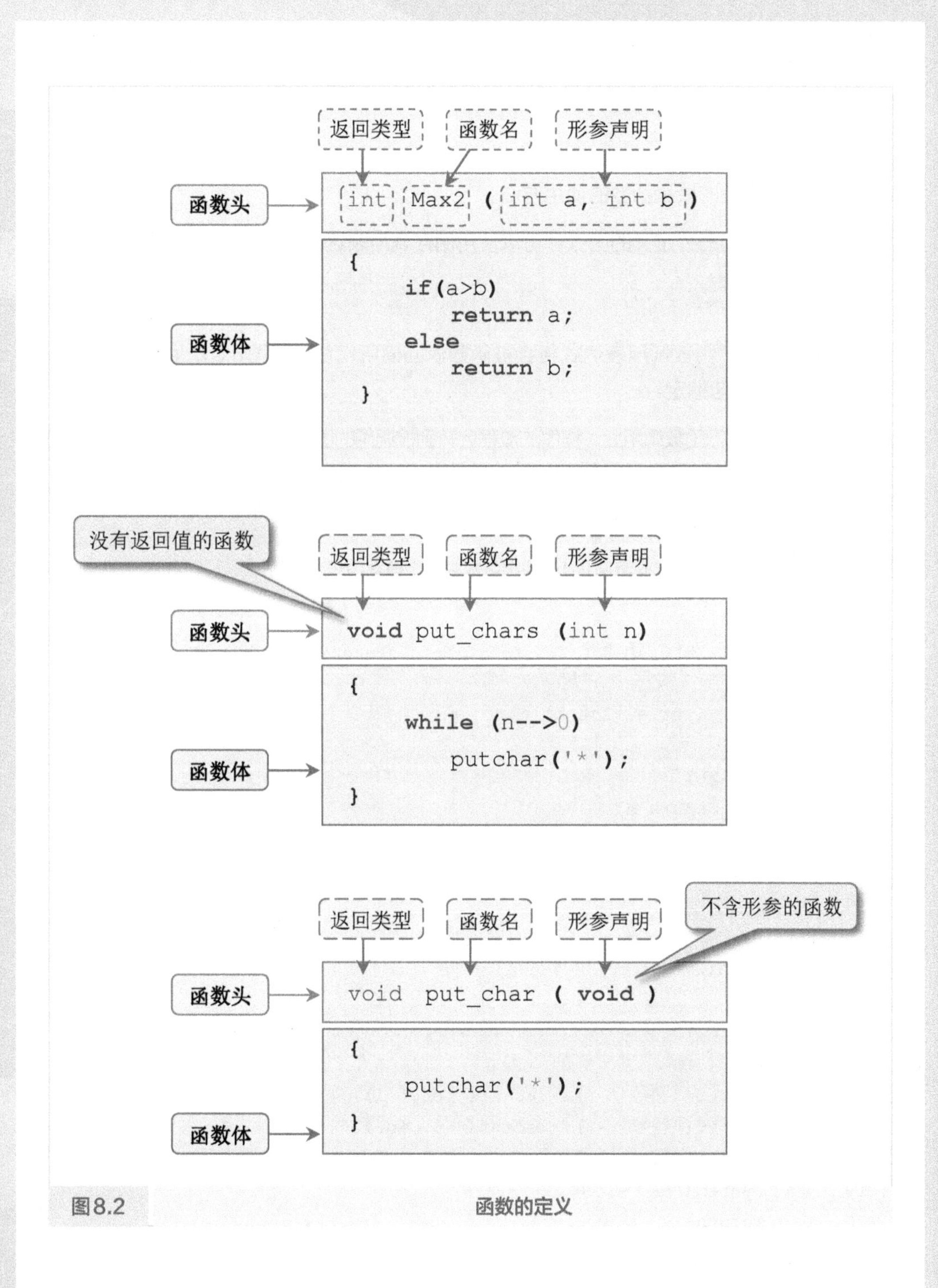

返回类型
函数名
形参声明
函数头
int Max2 (int a, int b)
函数体
{
if(a>b)
return a;
else
return b;
}
没有返回值的函数
返回类型
函数名
形参声明
函数头
void put_chars (int n)
函数体
{
while (n-->0)
putchar('*');
}
不含形参的函数
返回类型
函数名
形参声明
函数头
void put_char (void)
函数体
{
putchar('*');
}

图8.2　函数的定义

8.3 函数的调用

函数的调用指的就是函数的使用方法。

在程序中使用已经定义的函数，可以使用**函数调用表达式**，其一般格式如下：

```
函数名(实参1,实参2,…)      //实参对应于函数定义时的形参声明
```

程序执行时，函数调用表达式将会被函数返回值所代替（见图8.3）。函数的返回值一般由**return语句**指定。

程序运行中进行函数调用后，程序的流程会转到被调用的函数处，同时传递过来的实参的值被赋值给函数对应的形参（形参初始化），接着执行函数体语句，在遇到return语句，或者执行到函数体最后的大括号时，程序流程就会从该函数跳转到原来调用函数的位置（见图8.4）。

代码清单8.1　使用函数求两个整数中较大的值

```
1   #include <stdio.h>
2   #include <stdlib.h>
3   /*---自定义函数Max2：返回较大值---*/
4   int Max2 (int a, int b)
5   {
6       if(a>b)
7           return a;
8       else
9           return b;
10  }
11  /*---主函数---*/
12  int main()
13  {
14      int n1,n2;
15      puts("请输入两个整数。\n");
16      printf("整数1："); scanf("%d",&n1);
17      printf("整数2："); scanf("%d",&n2);
18      printf("较大的值是%d \n",Max2(n1,n2));    //调用Max2函数
19      system("pause");
20      return 0;
21  }
```

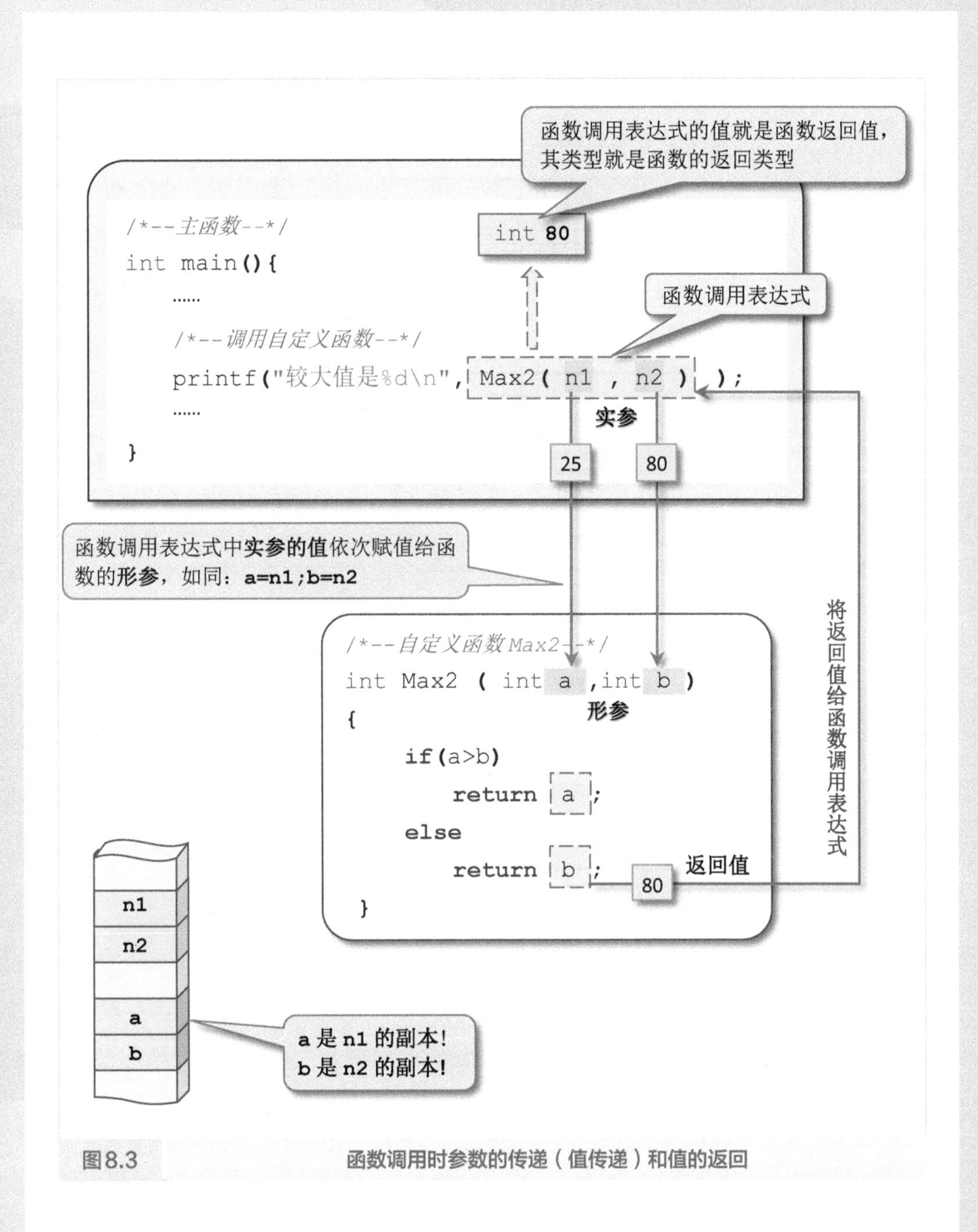

图8.3　函数调用时参数的传递（值传递）和值的返回

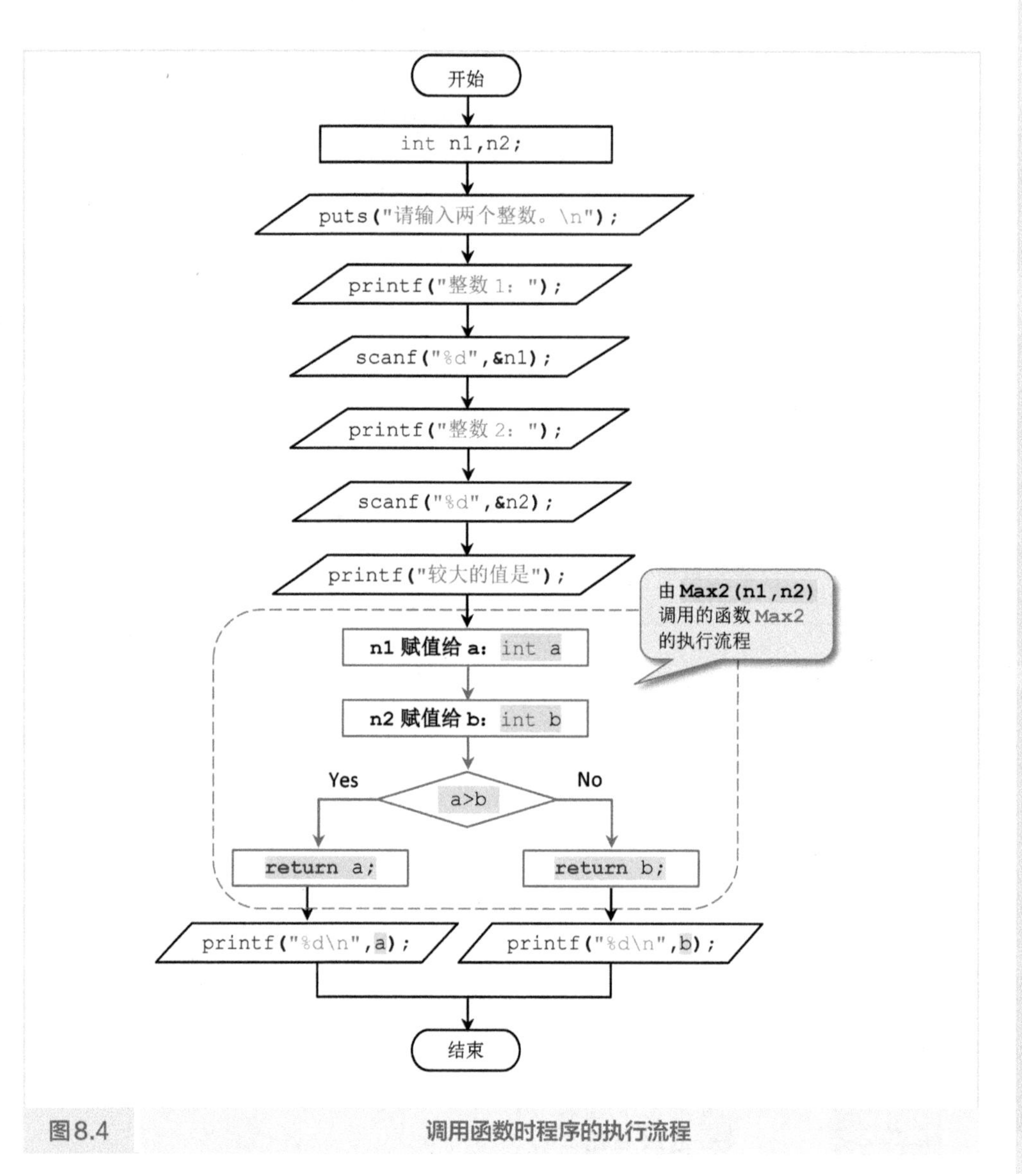

图8.4 调用函数时程序的执行流程

知识点总结

函数调用的形式是在函数名后面加上小括号“()”。
函数调用时，小括号“()”中的参数称为“实参”。
函数调用的形式可称为“函数的调用表达式”。
函数调用表达式的值就是函数的返回值。

8.4　函数调用时参数的传递：值传递

在程序代码清单8.1中，main()函数通过Max2(n1,n2)调用自定义函数Max2时，实参变量n1的值被赋值给Max2的形参变量a，实参变量n2的值被赋值给Max2的形参变量b，此时，a是n1的副本，两者具有相同的值，b是n2的副本，两者具有相同的值（见图8.3）。像这样通过值来进行参数传递的机制称为**值传递**。

由于**函数间参数的传递是通过值传递进行的**，所以，函数调用表达式中的实参可以是另一个有返回值的函数调用表达式（见图8.5）。

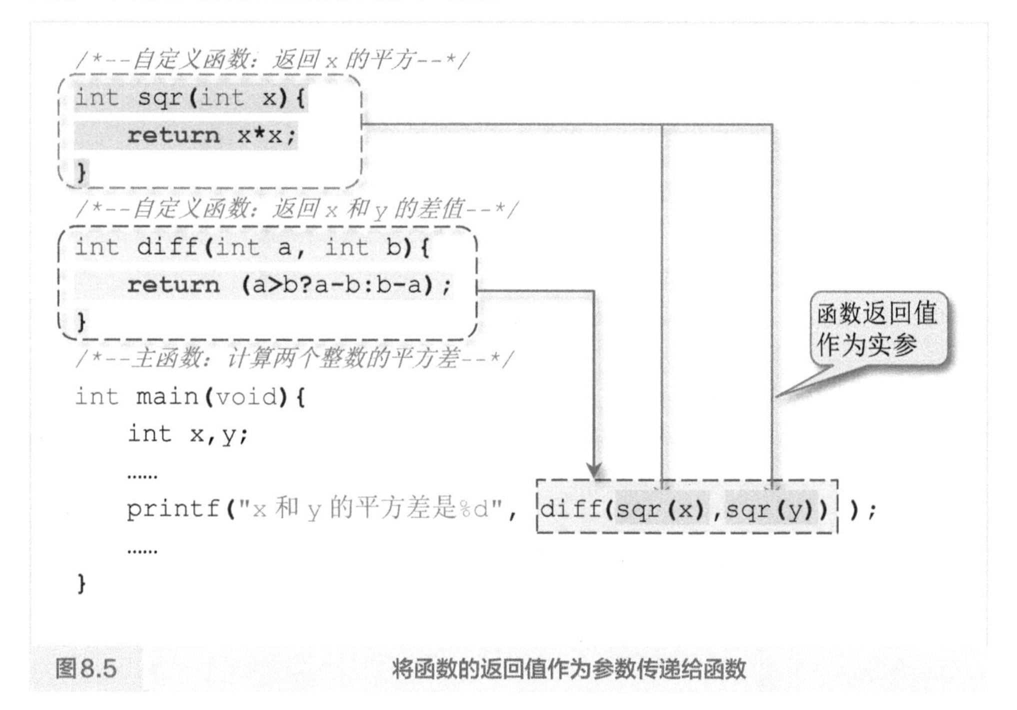

/*--自定义函数：返回x的平方--*/
int sqr(int x){
return x*x;
}
/*--自定义函数：返回x和y的差值--*/
int diff(int a, int b){
return (a>b?a-b:b-a);
}
/*--主函数：计算两个整数的平方差--*/
int main(void){
int x,y;
……
printf("x和y的平方差是%d", diff(sqr(x),sqr(y)));
……
}
函数返回值作为实参

图8.5　将函数的返回值作为参数传递给函数

知识点总结

函数间参数的传递是通过值的传递进行的。

函数调用时实参的值会被赋给形参。

形参所指的变量是对应的实参所指的变量的副本，它们具有相同的值。

8.5 函数调用时数组的传递

自定义函数中，如果形参接收的是一个数组，则定义函数时要在形参声明中加上“[]”。而在函数调用表达式中的实参则直接使用数组名即可（见图8.6）。

指向数组的形参声明格式如下：

```
类型名 形参名[]          //形参名与指向的原数组名不同
                         //类型名与数组的数据类型相同
```

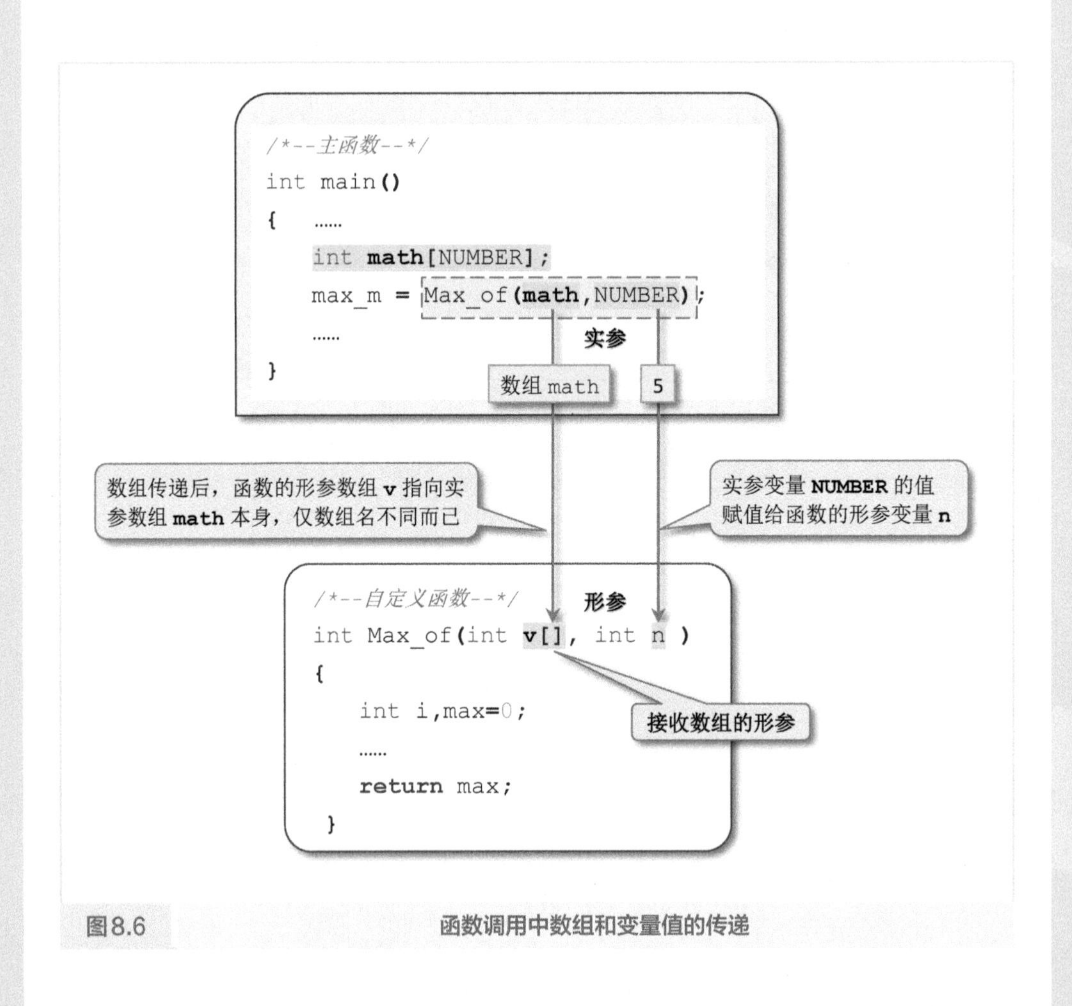

图8.6 函数调用中数组和变量值的传递

代码清单8.2　使用函数（数组的传递）计算数学成绩和英语成绩的最高分

```
1   #include <stdio.h>
2   #include <stdlib.h>
3   #define NUMBER 5
4   /*--自定义函数：返回拥有n个元素的数组v中的最大值--*/
5   int Max_of(int v[],int n){
6       int i,max=0;
7       for(i=0;i<n;i++)
8          if(v[i]>max) max=v[i];
9       return max;
10  }
11  /*--主函数--*/
12  int main(){
13      system("color 70");
14      int i,eng[NUMBER],math[NUMBER],max_e,max_m;
15      printf("请输入%d名学生的成绩。\n",NUMBER);
16      for(i=0;i<NUMBER;i++){
17          printf("[%d]英语：",i+1);  scanf("%d",&eng[i]);
18          printf("    数学：");       scanf("%d",&math[i]);
19      }
20      max_e=Max_of(eng,NUMBER);   //调用Max_of函数
21      max_m=Max_of(math,NUMBER);  //调用Max_of函数
22      printf("英语最高分=%d\n",max_e);
23      printf("数学最高分=%d\n",max_m);
24      system("pause");
25      return 0;
26  }
```

运行后

```
请输入5名学生的成绩。
[1]英语：63
   数学：95
[2]英语：85
   数学：92
[3]英语：75
   数学：82
[4]英语：58
   数学：72
[5]英语：62
   数学：77
英语最高分=85
数学最高分=95
```

知识点总结

函数中接收数组的形参的声明为“类型名 参数名[]”。

函数中接收数组的形参的参数名一般不同于原数组名。

图 8.7 展示了函数调用中数组的传递和变量值传递的区别。

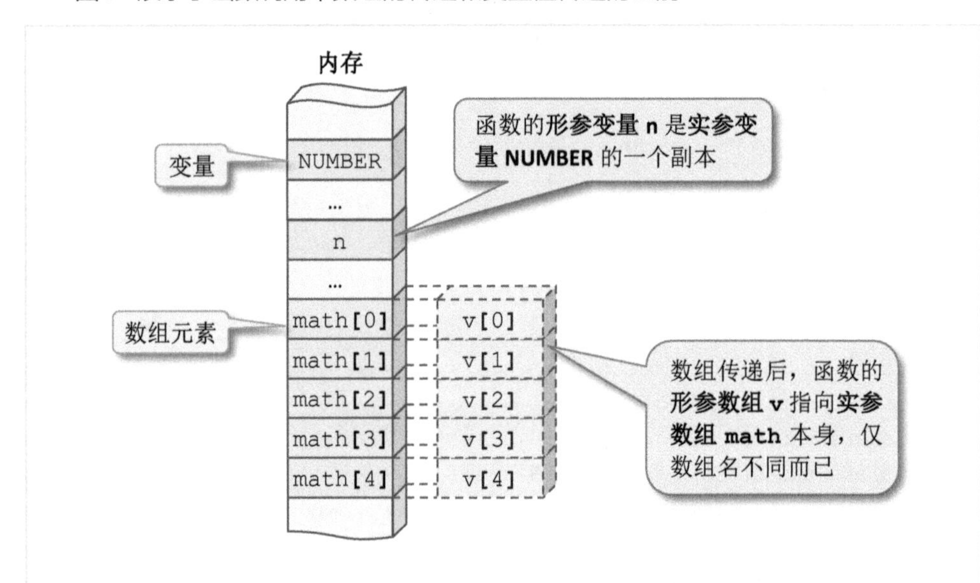

数组的传递是将函数形参数组指向实参数组，原数组本身没有发生变化，仅仅是数组名改变而已。在函数内对形参数组的修改实际上就是对实参数组的修改。
变量值的传递是将实参变量的值赋值给函数形参变量，形参变量是实参变量的一个副本。在函数内改变形参变量的值不会影响实参变量。

图 8.7　函数调用中数组的传递和变量值传递的区别

知识点总结

函数内接收数组的形参所指的数组就是原数组本身，只是数组名改变为形参的参数名而已（有别于一般变量参数值的传递）。

在函数内对形参数组的修改实际上就是对实参数组（原数组）的修改。

在函数内改变形参变量的值不会影响实参变量。

8.6 编程实例1：计算组合数和计数

问题8.1

计算组合数C(m,n)的值（m≤10）。

问题分析

组合数**C(m,n)**可以理解为从m个数中任意取出n个数的所有情况数。在数学中，求组合数**C(m,n)**的值可以借助m和n的阶乘来计算，计算公式为：

$$C(m,n) = \frac{m!}{(m-n)! \times n!}$$

$$m! = (m-1) \times (m-2) \times \cdots \times 3 \times 2 \times 1$$

从上面的计算公式可以看出，求组合数**C(m,n)**的值，需要进行三次阶乘运算。为了简化程序，可以把阶乘运算设计为函数fac(x)，求组合数时调用该函数即可。

代码清单8.3　计算组合数C(m,n)的值（m≤10）

```
1   #include <stdio.h>
2   #include <stdlib.h>
3   long int fac(int x)                    //定义阶乘函数
4   {
5       int i;
6       long int s = 1;
7       for(i=1;i<=x;i++)
8           s *= i;
9       return s;
10  }
11  int main()                             //主函数
12  {
13      int m, n;
14      printf("输入m和n(m≤10,n≤m):\n");
15      scanf("%d %d",&m, &n);
16      printf("C(m,n)=%ld\n",fac(m)/(fac(m-n)*fac(n)));
17      system("pause");
18      return 0;
19  }
```

问题8.2

求2～n($n\geqslant 2$）中有多少个质数。

问题分析

要统计2～n中质数的个数，首先要判断其中的每一个数是否是质数，而且判断质数的运算总共需要进行n-1次。

可以设计一个用于判断整数x是否为质数的函数prime(x)（判断是否为质数的程序算法在第7章7.8节中已经讲到过），并将该函数的返回值类型定义为int型，返回值为1时，表示x是质数，返回值为0时，表示x不是质数。

代码清单8.4　求2～n（$n\geqslant 2$）中有多少个质数

```
1   #include <stdio.h>
2   #include <stdlib.h>
3   int prime(int x){                          //判断x是否是质数的函数
4       int j=2;
5       if(x==2) {
6          printf("%d ",x);
7          return 1;
8       }
9       while(x%j!=0 && j<=sqrt(x))
10          j++;
11      if(x%j==0) return 0;
12      else {
13         printf("%d ",x);
14         return 1;
15      }
16  }
17  int main(){
18      int i, n, ans=0;
19      printf("请输入一个大于2的正整数：");
20      scanf("%d",&n);
21      for(i=2;i<=n;i++)                  //调用n-1次prime(x) 函数
22         if(prime(i)) ans++;
23      printf("\n2~%d之间有%d个质数。\n",n,ans);
24      system("pause");    return 0;
25  }
```

8.7 变量的作用域：文件作用域和块作用域

要创建大规模的C语言程序，必须首先理解程序中变量的**作用域**和**存储期**。

变量的作用域是指一个变量在程序中起作用的区域，一般可以理解为变量所在的“{}”的包围区域。

在程序块（一个{}内）中声明的变量（一般称为**局部变量**），只在该程序块（{}）中起作用。也就是说，一个变量从被声明的位置开始，到包含该变量声明的程序块最后的大括号（}）为止，这一区间内是起作用的。这样的作用域称为**块作用域**。

而在C程序的main()函数以及其他自定义函数外面的程序开始部分声明的变量（一般称为**全局变量**），从声明位置开始，到该程序的结尾都是起作用的。这样的作用域称为**文件作用域**（如代码清单8.5中所示）。

在代码清单8.5的程序中对变量x的声明共有三处（分别用**x**、**x**、**x**来区分）。

在程序第3行声明的变量**x**，它是在函数外面声明定义的，因而它是全局变量，具有文件作用域。其后的自定义函数print_x中输出的变量x就是上述全局变量**x**，程序中每次调用该函数所输出的变量x都是该全局变量**x**。因而在程序第15行(1)处和第25行(4)处调用函数print_x()输出的都是**x**的值10。

在程序第14行声明的变量**x**，是在main()函数内声明的，因而它具有块作用域，其作用范围直到main()函数结束。因而在程序第17行(2)处和第27行(5)处输出的都是**x**的值999。

在程序第21行声明的变量**x**，是在for语句的循环语句块中声明的，因而它具有块作用域，其作用范围仅限于for语句的循环块（{}内）。因而在程序第22行(3)处循环输出的都是**x**的值0、100、200、300、400。

知识点总结

在函数外定义的变量，拥有文件作用域。
拥有文件作用域的变量，其寿命是从定义变量到整个程序执行结束。
在函数内定义的变量，拥有块作用域，其寿命仅限于该函数体内。
当变量同名时，处在内层作用域的变量是“可见的”，而处在外层作用域的变量会被“隐藏起来”。

代码清单8.5　用变量x验证文件作用域和块作用域

```
1   #include <stdio.h>
2   #include <stdlib.h>
3   int x = 10;                                          // A：文件作用域 /
4   /*--自定义函数--*/
5   void print_x(void)
6   {
7       printf("x=%d  ",x);
8   }
9   /*--主函数--*/
10  int main()
11  {
12      system("color 70");
13      int i;
14      int x = 999;          // B：块作用域 /
15      print_x();            //----(1)调用函数print_x
16      printf("//循环前print_x函数打印(1)\n");
17      printf("x=%d  ",x);   //----(2)
18      printf("//循环前printf函数打印(2)\n");
19      for(i=0;i<5;i++)
20      {
21          int x = i*100;     // C：块作用域 /
22          printf("x=%d",x); //----(3)
23          printf("   //第%d轮循环(3)\n",i+1);
24      }
25      print_x();            //----(4)调用函数print_x
26      printf("//循环后print_x函数打印(4)\n");
27      printf("x=%d  ",x);   //----(5)
28      printf("//循环后printf函数打印(5)\n\n");
29      system("pause");
30      return 0;
31  }
```

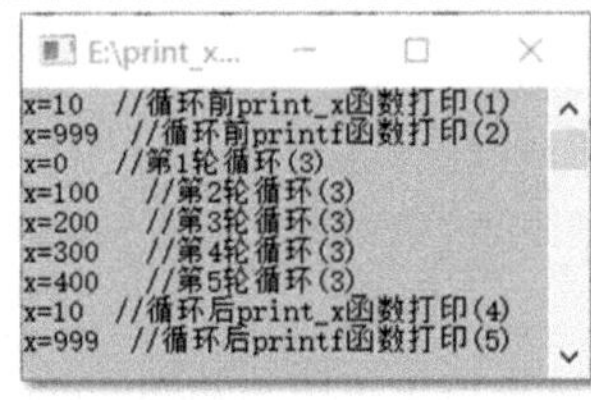

8.8　C程序执行过程中变量的存储期

变量的存储期是指程序运行过程中，变量在内存中的生存期，可以理解为变量的寿命。C语言中变量的存储期有**自动存储期**和**静态存储期**两种。

一般情况下，变量的存储期和作用域是紧密相关的。在函数外面定义的**全局变量都拥有文件作用域，同时被赋予静态存储期**，其生存期直至程序运行结束，可理解为拥有“永久”寿命。

在函数内或其他程序块（{}）中定义的变量都拥有块作用域，一般情况下被赋予自动存储期，其生存期从被定义开始直至该程序块结束（大花括号）处）。

另外，在函数内或其他程序块（{}）中使用**存储类说明符static**定义的变量，也被赋予静态存储期，其生存期也直至程序运行结束（如代码清单8.6中所示）。

代码清单8.6　自动存储期和静态存储期

```
1   #include <stdio.h>
2   #include <stdlib.h>
3   int fx = 0;                    //静态存储期 + 文件作用域
4   /*--自定义函数--*/
5   void func(void) {
6       static int sx = 0;         //静态存储期 + 块作用域
7       int ax = 0;                //自动存储期 + 块作用域
8       printf("%3d %3d %3d\n",ax++,sx++,fx++);
9   }
10  /*--主函数--*/
11  int main() {
12      system("color 70");
13      int i;          //自动存储期 + 块作用域
14      printf("  i  ax  sx  fx\n");
15      printf("----------------\n");
16      for (i=0;i<10;i++) {
17          printf("%3d ",i);
18          func();
19      }
20      printf("----------------\n");
21      system("pause");
22      return 0;
23  }
```

运行后

```
  i  ax  sx  fx
----------------
  0   0   0   0
  1   0   1   1
  2   0   2   2
  3   0   3   3
  4   0   4   4
  5   0   5   5
  6   0   6   6
  7   0   7   7
  8   0   8   8
  9   0   9   9
----------------
请按任意键继续. . .
```

在代码清单8.6的程序中，变量`fx`在函数外面被定义，因而具有文件作用域，被赋予静态存储期。在程序执行到`int fx = 0;`的时候，在内存中变量`fx`就被创建出来并进行初始化，直至程序运行结束时变量`fx`才在内存中消失。

变量`sx`、`ax`、`i`都是在函数内被定义的，都具有块作用域。

其中的变量`sx`是用存储类说明符**static**定义的，因而被赋予静态存储期。在程序执行开始的时候（**main()**函数执行之前），在内存中变量`sx`被创建出来并进行初始化，并且直至程序运行结束时才消失。

而变量`ax`、`i`并没有用存储类说明符**static**定义，因而它们只被赋予自动存储期，在程序调用一次**func()**函数执行到`int ax = 0;`的时候，在内存中变量`ax`被创建出来并进行初始化，当它所在的`func()`函数调用结束时，它就在内存中消失了。

在程序运行到执行**main()**函数中的`int i;`的时候，变量`i`被创建并初始化，直到**main()**函数执行结束它才消失。

在整个程序执行过程中，拥有静态存储期（永久寿命）的变量`fx`和`sx`会一直自动增加，直至程序结束时它们的值均为9。而只在函数**func()**中存在的变量`ax`，由于每次函数调用中，它都被重新创建并初始化为0，因而它被创建了10次之后，它的值始终还是0（参见代码清单8.6运行结果）。

图8.8形象地列出了代码清单8.6的程序在运行过程中，内存中各变量对象的生成和消失过程。

知识点总结

在函数外定义的变量，被赋予静态存储期，拥有“永久”的寿命。
在函数内不使用**static**定义的变量，被赋予自动存储期，其寿命仅限于它所在的程序块。
在函数内使用**static**定义的变量，被赋予静态存储期，也拥有“永久”的寿命。

A：**main()** 函数执行之前的状态，拥有静态存储期的变量**fx**和**sx**被创建，并生存至程序运行结束。

B：**main()** 函数开始执行时，创建拥有自动存储期的变量**i**。

C：**main()** 函数中第一轮for循环首次调用函数func()时，创建拥有自动存储期的变量**ax**。

D：函数func()的首次调用结束时，变量**ax**消失。

E：第二轮for循环再次调用函数func()时，再次创建拥有自动存储期的变量**ax**。

F：函数func()的第二次调用结束时，变量**ax**再次消失。

G：**main()** 函数执行结束时，变量**i**随之消失。

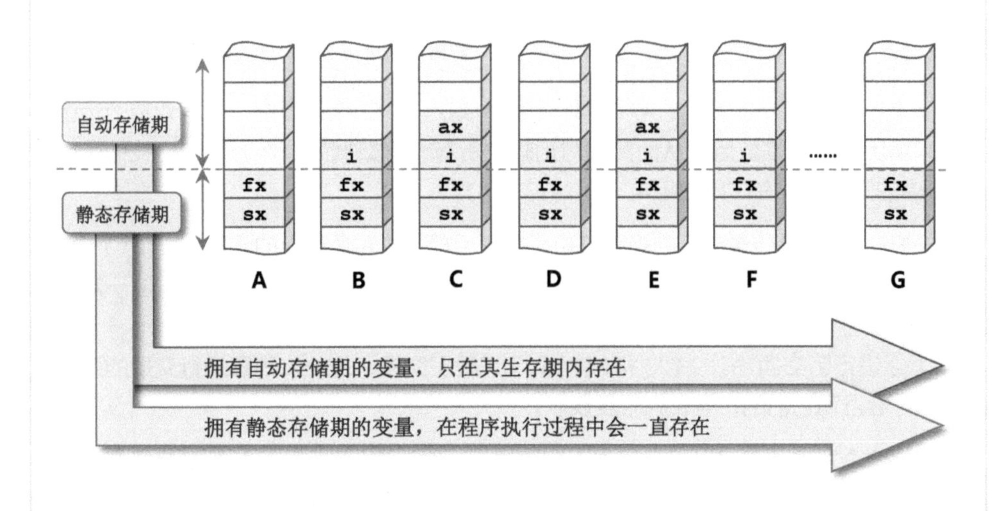

图8.8　C程序执行过程中，变量对象的生成和消失

8.9 编程实例2：矩阵转置

— 问题8.3

输入一个n行n列的整数矩阵，输出其转置矩阵（2≤n≤100）。

— 问题分析

要解决该问题应该清楚什么是矩阵的转置。矩阵的转置就是将原矩阵第i行的所有数据，依次放入新矩阵的第i列，即原矩阵中第n行第m列的数据被放在了新矩阵的第m行第n列中（见图8.9）。

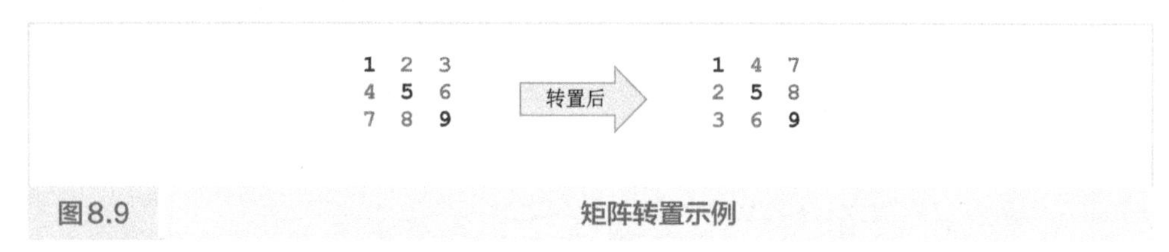

图8.9 矩阵转置示例

解决矩阵问题时通常都是先将矩阵元素存放在一个二维数组中，使用双重for循环语句来遍历这个二维数组，从而实现对矩阵中所有元素数据的操作。例如，我们可以将图8.9中的矩阵存放在二维数组**A**(int A[3][3];）中。

仔细观察图7.9转置前后的矩阵可知，转置后矩阵主对角线上的元素A[1][1]、A[2][2]、A[3][3]的值并没有发生变化，只是位于对角线右上方的三个元素与位于对角线左下方的三个元素的值进行了交换，即A[1][2]和A[2][1]进行了交换，A[1][3]和A[3][1]进行了交换，A[2][3]和A[3][2]进行了交换。进一步观察进行交换的两个数组元素，会发现它们的行号和列号互换了。

根据这个发现我们可以设计算法，用双重for循环遍历数组A，找出对角线左下角的元素（行号大于列号），将其值与对角线右上角的对应元素（行号和列号互换后的元素）的值互换，就可以实现矩阵的转置操作。

```
for(i=0;i<n;i++)
    for(j=0;j<n;j++) {
        if (i>j) {
            k = a[i][j];
            a[i][j] = a[j][i];
            a[j][i] = k;
        }
    }
```

代码清单8.7 输入一个$n \times n$整数矩阵，输出其转置矩阵（$2 \leqslant n \leqslant 100$）

```
1    #include <stdio.h>
2    #include <stdlib.h>
3    int n,a[100][100];                    //静态存储期 + 文件作用域
4    void doubleCycle(int s)
5    {
6        int i,j,k;
7        for(i=0;i<n;i++)
8        {
9            for(j=0;j<n;j++)
10           {
11               if(s==0) scanf("%d",&a[i][j]);      //读入矩阵
12               if(s==1) printf("%5d",a[i][j]);     //输出矩阵
13               if(s==2 && i>j)          //转置
14               {
15                   k=a[i][j]; a[i][j]=a[j][i]; a[j][i]=k;
16               }
17           }
18           if(s==1) printf("\n");          //输出矩阵行结束符
19       }
     }
     int main()
     {
         printf("输入一个正整数n(1<n<101):");
         scanf("%d",&n);
         printf("依次输入%d*%d矩阵所有%d个元素:\n",n,n,n*n);
         doubleCycle(0);                       //调用函数读入矩阵
         printf("原始矩阵:\n");
         doubleCycle(1);                      //调用函数输出原矩阵
         doubleCycle(2);                      //调用函数将原矩阵转置
         printf("转置以后的矩阵:\n");
         doubleCycle(1);                      //调用函数输出转置结果
         system("pause");
         return 0;
     }
```

8.10 编程实例3：数制转换

— 问题8.4

输入一个M进制的整数x，实现对x向任意非M进制的数的转换。

— 问题分析

掌握不同数制之间的转换关系是解决该问题的关键（参考第1章相关内容）。

十进制转换为二进制、八进制、十六进制：整数部分除以基数（二进制基数为2，八进制基数为8，十六进制基数为16）取余数（取余数方向为从后向前），小数部分乘以基数取整数（取整方向为从前向后）。

二进制、八进制、十六进制转换为十进制：按权值展开相加。

二进制、八进制、十六进制的相互转换：先转换为十进制，再转换成其他进制。

从各种数制转换方法可以看出，数制间转换时都是以各个数位上的数字参加某种运算的。因而，我们设计一个**数组**temp[]用来存放转换前后的数，则这个数各位上的数字分别就是一个数组元素。比如，将十六进制数“25D”存入temp[]数组后，temp[0]的值为字符'2'，temp[1]的值为字符'5'，temp[2]的值为字符'D'。但是在数制转换中参与运算的各数位上的数字其类型都是整型而非字符型，因而，我们还需要设计两个函数，一个用于将字符转换成数字，另一个用于将数字转换为字符。

在该问题中，字符转换为对应的数字分两类情况考虑。第一类是介于'0'到'9'之间的字符，转换成相应的数字0～9时，可利用其ASCII码之间的对应关系。字符'0'的ASCII码是48，字符'1'的ASCII码是49，则运算式'1'-'0'=1，得到的这个差即为字符'1'对应的数字1，同理，'2'-'0'=2，即可得到字符'2'对应的数字2。由此可知，介于'**0**'到'**9**'之间的字符**ch**对应的数字**num**可以用公式**num = ch-'0'**得到。第二类是**介于'A'到'F'之间的字符**，字符'A'对应的数字是10，字符'B'对应的数字是11，对于此类字符**可以利用公式num = ch-'A'+10得到对应的数字**。

```
int char_to_num(char ch)              //自定义函数：返回字符对应的数字
{
 if(ch>='0'&&ch<='9')
     return ch-'0';                   //将数字字符转换成数字
 else
     return ch-'A'+10;                //将字母字符转换成数字
}
```

同理，数字转换为对应的字符也分两种情况。一种是**0～9之间的数字**，只需用字符'0'的ASCII码48加上相应的数值，然后进行**强制类型转换**将其转换为字符型即可，具体**公式为**(char)('0'+num-0)。另一种**10～15之间的数值**，同样用字符'A'的ASCII码65加上相应的数值再减去10，然后进行**强制类型转换**将其转换为字符型即可，**公式为**(char)('A'+num-0)。

```
char num_to_char(int num)            //自定义函数：返回数字对应的字符
{
    if(num>=0&&num<=9)
        return (char)('0'+num-0);      //将0～9转换成字符
    else
        return (char)('A'+num-10);     //将10～15转换成字符
}
```

其他数值转换成十进制采用按权展开相加的方法，因此我们定义一个变量decimal_num来存储相加的和，同时定义一个变量decimal_s来计算并存储各位上的权值。以下为其他数值转换为十进制数的自定义函数代码：

```
long source_to_decimal(char temp[],int source)
{   long decimal_num=0;         //存储按权展开累加所得的和（即十进制数）
    long decimal_s;                                  //存储各位上的权值
    int i, j, length;
    for(i=0;temp[i]!='\0';i++);                       //计算有效字符个数
    length = i;
    for(i=0;i<=length-1;i++)
    {
        decimal_s=1;
        for(j=1;j<=length-i-1;j++)                  //计算各位上的权值
            decimal_s *= source;
        decimal_num += decimal_s*char_to_num(temp[i]); //累加
    }
   return decimal_num;              //返回由其他数制转换成的十进制数
}
```

以上代码中使用了双重for循环语句，程序运行效率不高。其实我们可以将各位权值的计算过程合并在展开累加这层循环当中，这样就可以减少一层for循环，提高程序运行效率。优化以后的函数代码如下：

```
long source_to_decimal(char temp[],int source)
{   long decimal_num=0;                              //存储展开之后的和
    int i, j;
    for(i=0;temp[i]!='\0';i++);                      //计算数组中有效字符数
    for(j=0; j<=i-1; j++)                            //累加
      decimal_num=(decimal_num*source)+char_to_num(temp[j]);
    return decimal_num;                         //返回由其他数制转换成的十进制数
}
```

上面的代码中decimal_num在每次累加时先要乘一次基数，这样累加*n*次将所有的有效元素都转换累加后，第一个元素temp[0]与基数相乘了*n*-1次，即基数的*n*-1次方，刚好是其权值，第二个元素temp[1]与基数相乘了*n*-2次，即基数的*n*-2次方，也刚好是其权值，……最后一个元素temp[n-1]与基数相乘了0次，即基数的0次方，也是其权值1。

十进制转换成其他数制采用除以基数取余的方法。以十进制转化为八进制为例：首先用当前的十进制数decimal_num除以基数8(object)，得到的余数转化为字符（调用num_to_char()函数）并存放在数组元素temp[0]中，将相除之后的商再次赋值给decimal_num；继续用得到的新十进制数decimal_num除以基数8，再将得到的余数转化为字符并存放在数组元素temp[1]中，一直重复上述过程直到十进制数decimal_num为0。将得到最后一个余数存入数组元素temp[i-1]中之后，在下一个数组元素temp[i]中存入一个字符串结束符'\0'。十进制转换成其他数制并打印转换后的新数的自定义函数代码如下：

```
void decimal_to_obj(char temp[],long decimal_num,int object)
{   int i=0;
    while(decimal_num)
    { temp[i]=num_to_char(decimal_num%object); //求余数并转为字符
      decimal_num=decimal_num/object;          //用十进制数除以基数
      i++;
    }
    temp[i]='\0';
    int j;
    for(j=i-1;j>=0;j--) //倒序输出temp数组（由十进制数转换成的新数）
        printf("%c",temp[j]);
    printf("\n");
}
```

代码清单8.8 数制转换

```
1  #include <stdio.h>
2  #include <stdlib.h>
3  #include <string.h>
4  #define MAXCHAR 101                                /*最大允许字符串长度*/
5  int char_to_num(char ch)
6  {   if(ch>='0'&&ch<='9') return ch-'0';
7      else return ch-'A'+10;
8  }
9  char num_to_char(int num)
10 {   if(num>=0&&num<=9) return (char)('0'+num-0);
11     else return (char)('A'+num-10);
12 }
13 long source_to_decimal(char temp[],int source)
14 {   long decimal_num=0;    int i, j;
15     for(i=0;temp[i]!='\0';i++);
16     for(j=0; j<=i-1; j++)
17         decimal_num=(decimal_num*source)+char_to_num(temp[j]);
18     return decimal_num;
19 }
20 void decimal_to_obj(char temp[],long decimal_num,int object)
21 {   int i=0, j;
22     while(decimal_num)
23     {   temp[i]=num_to_char(decimal_num%object);
24         decimal_num=decimal_num/object;
25         i++;
26     }
27     temp[i]='\0';
28     for(j=i-1;j>=0;j--) printf("%c",temp[j]);
29 }
30 int main()    /*主函数。source为转换前的数制，object为转换后的数制*/
31 {   int source,object,length,flag=1;
32     long decimal_num;    char temp[MAXCHAR];
33     while(flag)
34     {   printf("转换前的数是：");    scanf("%s",temp);
35         printf("转换前的数制是：");  scanf("%d",&source);
36         printf("转换后的数制是：");  scanf("%d",&object);
37         printf("转换后的数是：");
38         decimal_num = source_to_decimal(temp,source);
39         decimal_to_obj(temp,decimal_num,object);
40         printf("\n\n继续请输入1，否则输入0:"); scanf("%d",&flag);
41     }
42     system("pause");    return 0;
43 }
```

练习题

— 习题8.1 写出代码清单test_8_1中的程序的运行结果。

代码清单test_8_1

```
1   #include <stdio.h>
2   void invert(int number){
3       while(number){
4           printf("%d", number % 10);
5           number /= 10;
6       }
7   }
8   int main(){
9       int x = 6790;
10      invert(x);
11      return 0;
12  }
```

— 习题8.2 写出代码清单test_8_2中的程序的运行结果。

代码清单test_8_2

```
1   #include <stdio.h>
2   int gd(int x, int y){
3       if(x<y){
4           int t;
5           t = x; x = y; y = t;
6       }
7       if(x%y == 0) return y;
8       return gd(y,x%y);
9   }
10  int main(){
11      int N = 36, M = 240;
12      printf("%d\n", gd(N,M));
13      return 0;
14  }
```

— 习题8.3 根据题意补充完整代码清单test_8_3中的程序：判断一个数是不是素数。素数是指一个除了1和它本身以外再没有其他因子的数，1不是素数。

代码清单test_8_3 判断素数

```
1   #include <stdio.h>
2   #include <stdlib.h>
3   int isPrime(int num){
4       int i;
5       if(__①__) return 0;
6       if(num<4) return 1;
7       for(i=2; i*i<num; ++i)
8           if(____②____) return 0;
9       ____③____;
10  }
11  int main(){
12      int N;    scanf("%d",&N);
13      if(_____④_____)
14          printf("Yes\n");
15      else
16          printf("No\n");
17      system("pause");    return 0;
18  }
```

— 习题8.4 根据题意补充完整代码清单test_8_4中的程序：已知数列$a_n=2a_{n-1}+10, n\geqslant 1, a_1=1$。输入整数$m(10\geqslant m\geqslant 1)$，输出$a_m$的值。

代码清单test_8_4

```
1   #include <stdio.h>
2   #include <stdlib.h>
3   long int m;
4   long int fun(____①____){
5       if(n==1) return 1;
6       else ________②________;
7   }
8   int main(){
9       scanf("%ld",&m);    printf("%ld\n",____③____);
10      system("pause");    return 0;
11  }
```

— 习题8.5 根据题意补充完整代码清单test_8_5中的程序：输出不超过n的所有孪生素数。孪生素数是指差为2的素数对。

代码清单test_8_5　寻找孪生素数

```
1   #include <stdio.h>
2   #include <stdlib.h>
3   int isPrime(int num){
4       int i;
5       if(num<2) return 0;
6       if(num<4) return 1;
7       for(i=2;______①______; ++i)
8           if(_____②_____) return 0;
9       return 1;
10  }
11  void twinPrime(int num){
12      int i;
13      for(i=5; i<=num; ++i)
14          if(__________③__________)
15              printf("%d %d\n",i-2,i);
16  }
17  int main(){
18      int N;
19      scanf("%d",&N);
20      ______④______;
21      system("pause");
22      return 0;
23  }
```

— 习题8.6 桐桐喜欢看英文小说，可是她不喜欢看到大写字母，请你编写一个程序，帮她把所有大写字母转换成小写字母。

要求用一个函数`char upperToLower(char ch)`,其中`ch`是任意大写字母，返回该大写字母对应的小写字母。

输入：

输入一行若干个字符，均为大写字母。样例：ABCDE。

输出：

输出一行若干个字符，为输入的大写字母对应的小写字母。样例：**abcde**。

习题8.7 级数求和

编写程序，使用函数计算如下级数：$sum = \frac{1}{2} + \frac{2}{3} + \frac{3}{4} + \cdots + \frac{i}{i+1}$

输入：

一个正整数i。

输出：

一个实数sum，精确到小数点后6位。

习题8.8 01矩阵

编写程序，使用函数判断一个矩阵是否只由0和1两个数字组成。

输入：

第一行输入两个用空格分隔的正整数n和m，表示矩阵的大小（行数和列数）。

以下n行，每行输入m个0～9之间的数，表示矩阵中的元素。

输出：

一个字符串。如果矩阵中所有的元素都只有0和1两个数字，则输出“yes”；否则输出“no”。

另起一行输出该矩阵所有元素。

输入样例：

```
3 3
2 1 0
1 0 5
3 1 0
```

输出样例：

```
no
2 1 0
1 0 5
3 1 0
```

第9章 结构体：多种类型数据的集合体

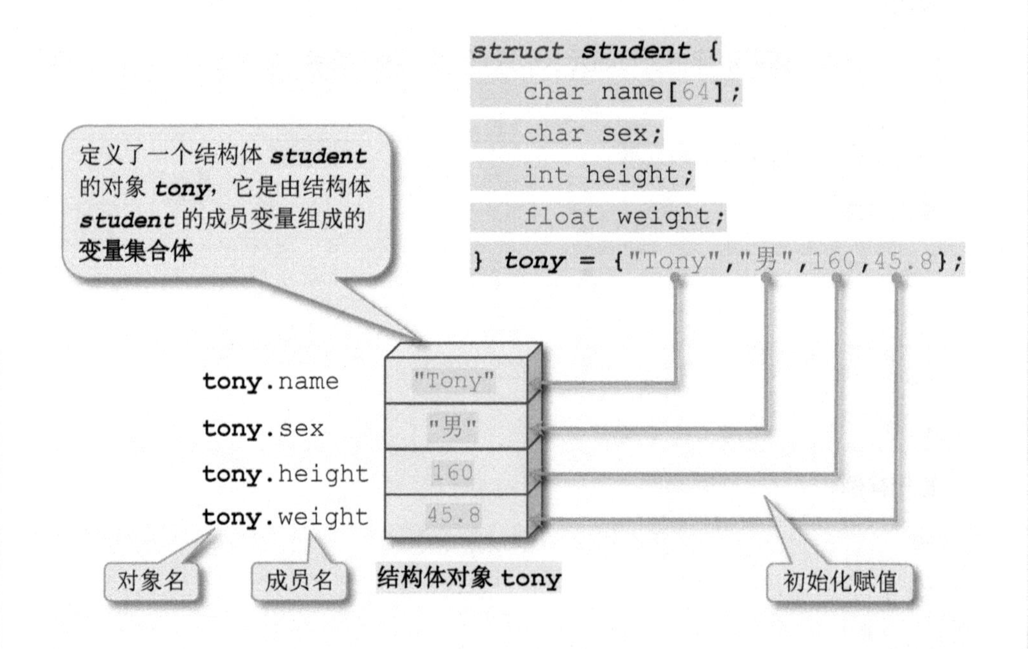

struct student {
char name[64];
char sex;
int height;
float weight;
} tony = {"Tony","男",160,45.8};
定义了一个结构体 student 的对象 tony，它是由结构体 student 的成员变量组成的变量集合体
tony.name
tony.sex
tony.height
tony.weight
"Tony"
"男"
160
45.8
对象名
成员名
结构体对象 tony
初始化赋值

9.1 结构体：多种类型数据的集合体

我们已经知道C语言中有整型、浮点型和字符型三种基本数据类型，同一种类型的数据的集合是数组，**多种类型的数据的集合就是结构体**。

结构体是类似于名片形式的数据集合体，可以把它理解为一种由**用户自定义**的特殊的**复合型**的“数据类型”，在这个复合型的“数据类型”中可以包含多种基本数据类型，我们可以把它作为一个整体来操作。这就像是某个公司做好一个名片模板为其员工制作统一样式的名片，上面可以印上公司名称、姓名、职务、联系电话、E-mail、地址等（见图9.1），结构体就类似于这个制作名片的空白模板。

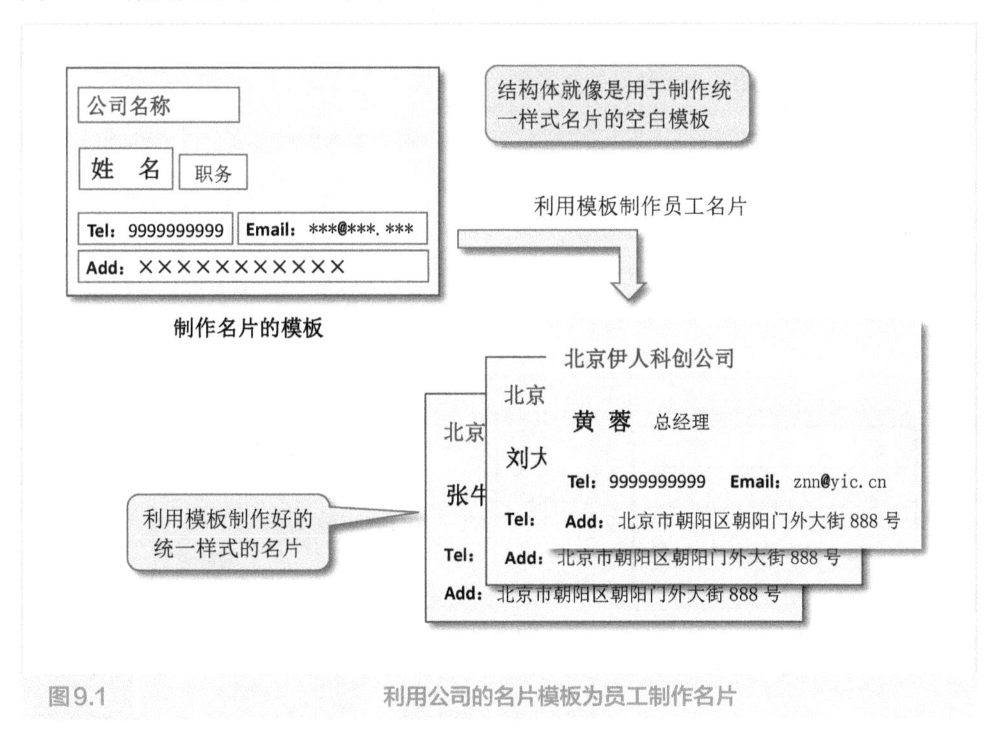

图9.1 利用公司的名片模板为员工制作名片

知识点总结

结构体是多种类型的数据的集合。
结构体是一种由用户自定义的特殊的复合型的“数据类型”。
结构体类似于用于制作统一样式名片的空白模板。

9.2 结构体的声明

如同在制作统一样式的员工名片之前，先要设计一个名片模板一样，在C语言中使用结构体数据之前，先要对结构体进行声明，结构体的声明如同制作一个包含多种数据的空白卡片。一个包含多种数据的结构体的声明格式如图9.2(b）所示。

其中，***student***是**结构名**（structure tag）；**{}**中的name、sex、height、weight称为**结构体成员**，每个结构体成员都表示一个C语言基本数据类型的数据，这些基本类型的数据集中起来组成了一个复合型的新数据类型***struct student***型。

也就是说，**结构体的声明只是某种新的数据类型的声明**，这个声明并没有定义具体的对象（变量）的实体。两个单词的组合***struct student***就是这个新的数据类型的类型名，它的使用方式如同表示整型的类型名int一样。

图9.2(b）中的代码所声明的这个“结构体”，相当于仅仅制作了一个类似图9.2(a）中的“学生基本信息登记卡”（空白卡片）。

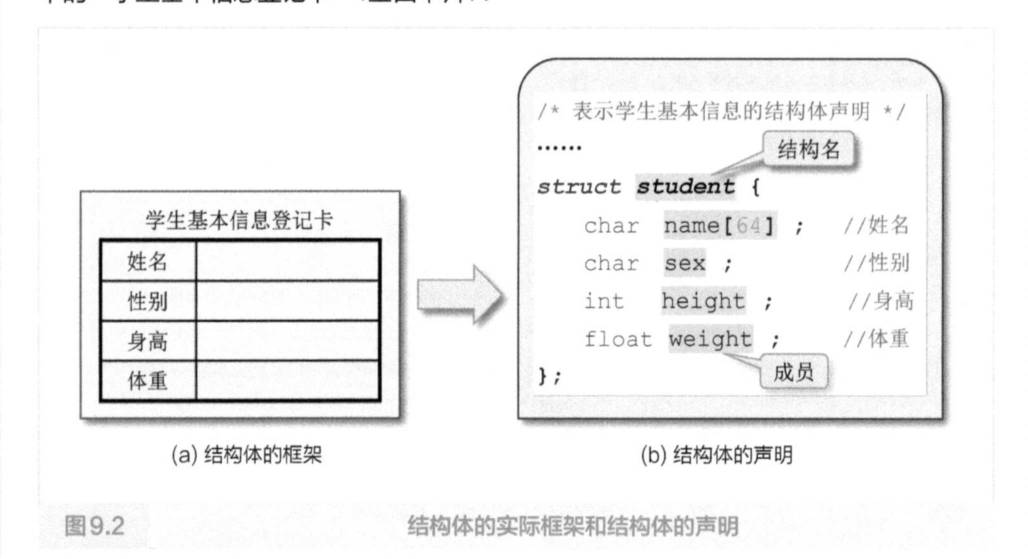

(a) 结构体的框架 (b) 结构体的声明

图9.2 结构体的实际框架和结构体的声明

知识点总结

结构体的声明是一种“数据类型”的声明，并不是定义对象（变量）实体。

struct student就是结构体***student***这个复合型“数据类型”的类型名，其使用方式如同于表示整型的***int***。

9.3 结构体对象的定义及初始化

结构体的声明只是定义了一种数据类型，并没有定义对象实体，内存中也没有生成任何变量。只有定义了结构体对象，才会在内存中生成一个由结构体成员变量组成的变量集合体。结构体对象的定义及初始化如同把卡片分配给个人。结构体对象的定义格式如下：

```
struct 结构名 对象名;              //"struct 结构名"就是结构体的数据类型名
```

结构体对象的定义和C语言基本数据类型变量（如`int`型变量）的定义是一样的（见图9.3），即“类型名+变量名”的形式。结构体这种自定义的数据类型的类型名比较特殊，是“***struct 结构名***”。

上一节讲到结构体*student*的声明如同制作了空白的学生信息登记卡，那么结构体对象的声明就好像是把这些空白的登记卡分配给具体的同学（见图9.4）。定义一个结构体对象以后，内存中就会生成一个对象的实体，这个对象实体是由结构体成员变量组成的变量集合体，并且由对象名来标识这个变量集合体。

结构体对象可以在定义的同时对成员进行初始化赋值，方法如同数组的初始化，即把各个结构体成员的初始值依次排列在{}中，并用逗号分隔。如：

```
struct student tony = {"Tony","男",160,45.8};
```

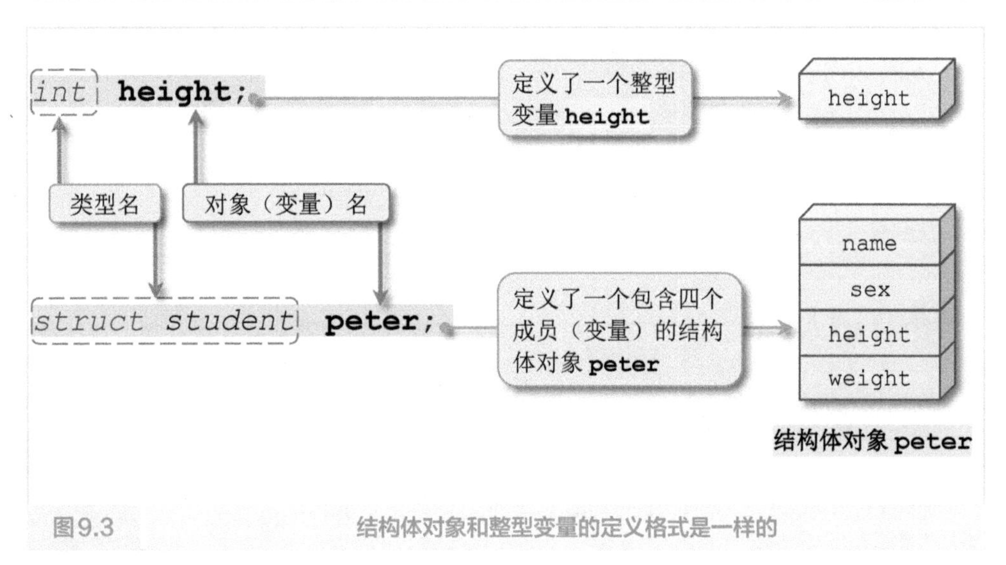

图9.3 结构体对象和整型变量的定义格式是一样的

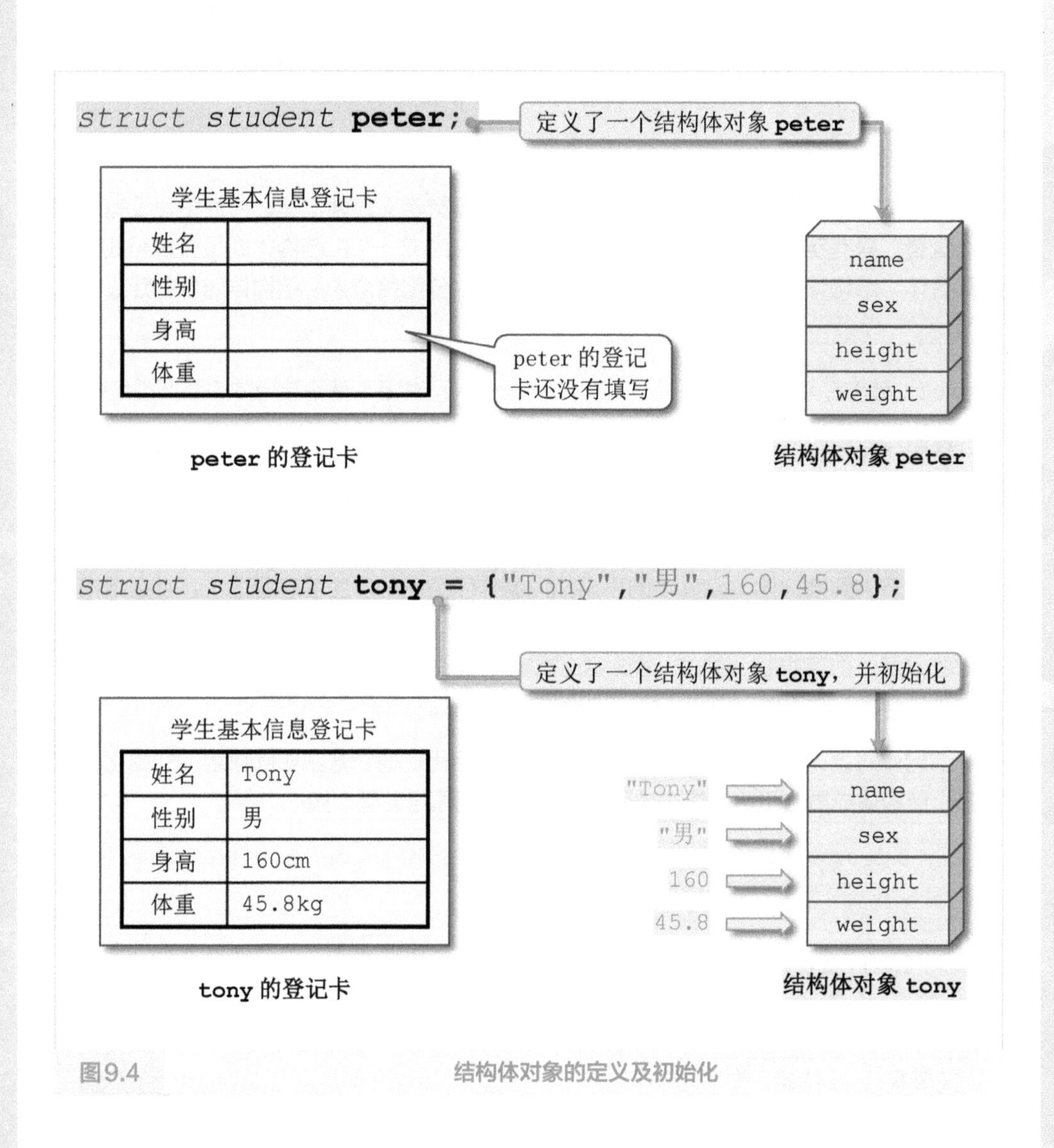

图9.4 结构体对象的定义及初始化

知识点总结

结构体对象是由结构体成员变量组成的变量集合体。

结构体对象的定义格式和整型变量的定义格式是一样的：类型名+变量名。

结构体的数据类型名是“*struct 结构名*”。

结构体对象可以在定义的同时进行初始化，方法如同数组的初始化。

结构体声明、定义结构体对象并初始化可以由一条C语句完成，如下面代码在声明结构体**student**的同时定义了一个结构体student的对象**tony**并同时将其成员变量初始化赋值。

```
struct student {                           //声明结构体：student
    char name[64];
    char sex;
    int height;
    float weight;
} tony = {"Tony","男",160,45.8};            //定义结构体对象tony并初始化
```

结构体对象**tony**是由结构体**student**的成员变量组成的变量集合体，{}中的值依次赋值给这些成员变量name、sex、height、weight(见图9.5)。

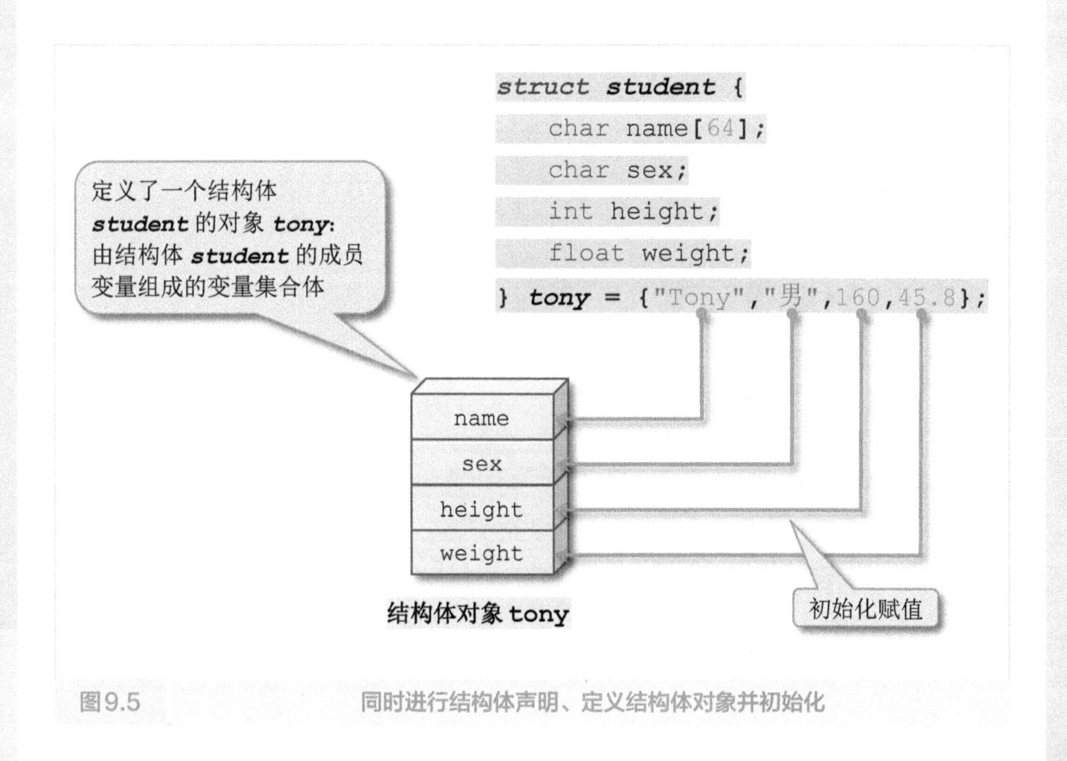
struct student {
char name[64];
char sex;
int height;
float weight;
} tony = {"Tony","男",160,45.8};
定义了一个结构体
student 的对象 tony:
由结构体 student 的成员
变量组成的变量集合体
name
sex
height
weight
结构体对象 tony
初始化赋值

图9.5　同时进行结构体声明、定义结构体对象并初始化

9.4 结构体对象成员的访问

结构体对象是由结构体成员变量组成的变量集合体（一个整体），并且像数组一样存储在连续的内存空间中，因而我们可以单独对组成对象的结构体成员变量进行访问。

访问结构体对象成员时使用运算符“.”，该运算符称为**句点运算符**，具体形式是“**对象名.**成员名”。例如图9.6中访问结构体对象**tony**的成员name的表达式如下所示：

```
tony.name            //对象名.成员名
```

tony.name是一个char型的数组变量，所以对它的操作和普通的数组变量一样，比如用字符串复制函数strcpy(**tony**.name,"Kitty")修改它的值。

tony.height则可以访问**tony**的成员height，它是一个int型变量，它和普通的int型变量一样可以直接进行赋值和取值操作。

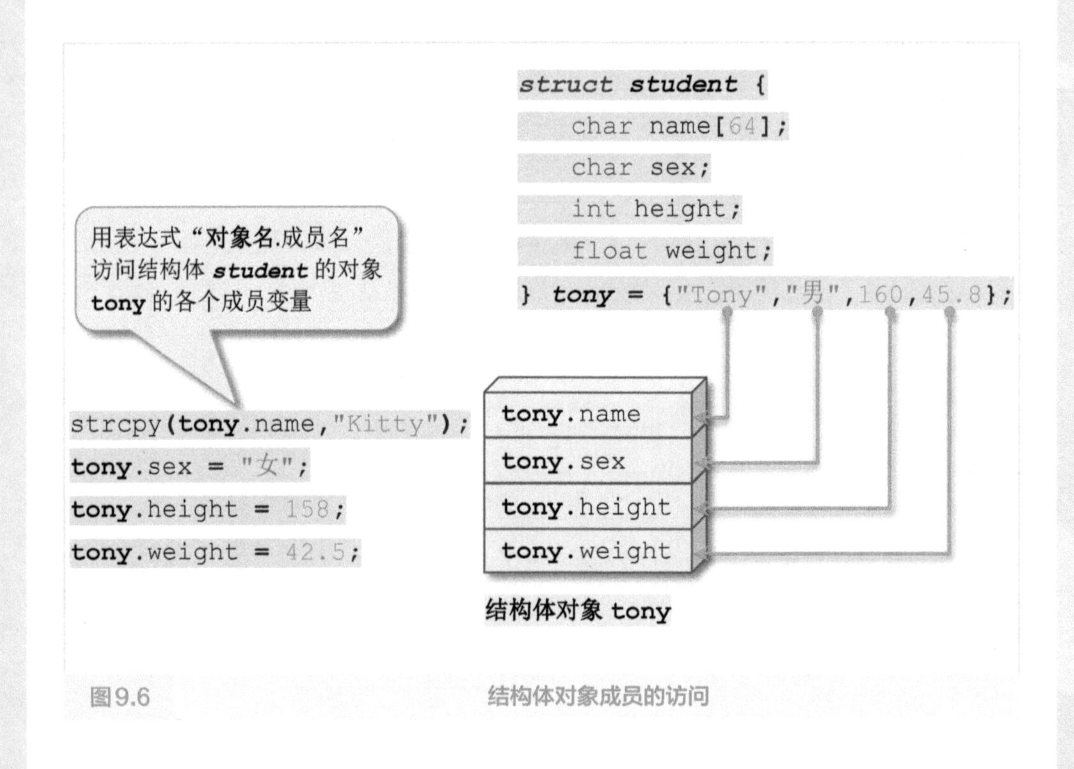
struct student {
char name[64];
char sex;
int height;
float weight;
} tony = {"Tony","男",160,45.8};
用表达式“对象名.成员名”访问结构体 student 的对象 tony 的各个成员变量
strcpy(tony.name,"Kitty");
tony.sex = "女";
tony.height = 158;
tony.weight = 42.5;
tony.name
tony.sex
tony.height
tony.weight
结构体对象 tony

图9.6 结构体对象成员的访问

9.5 相同类型的结构体对象可以互相赋值

结构体和数组在处理多个对象的集合方面具有诸多相同点，因而它们在C语言中被统称为**聚合类型**。

但两者也有明显的不同点，数组被用于高效处理“相同类型”的数据的集合，而结构体通常被用于高效处理“不同类型”的数据的集合（偶尔也会有成员类型全部相同的情况）。

此外，在可否整体赋值方面也不同。即便两个数组的类型和元素个数相同，它们也不能用赋值符“=”相互赋值（数组的赋值通常用strcpy()函数）。但是，具有相同类型的两个结构体对象却可以用“=”相互赋值（见图9.7）。

```
int a[5],b[5];
a = b;                    //错误的数组赋值方法
struct student peter,tony = {"Tony","男",160,45.8};
peter = tony;    //OK
```

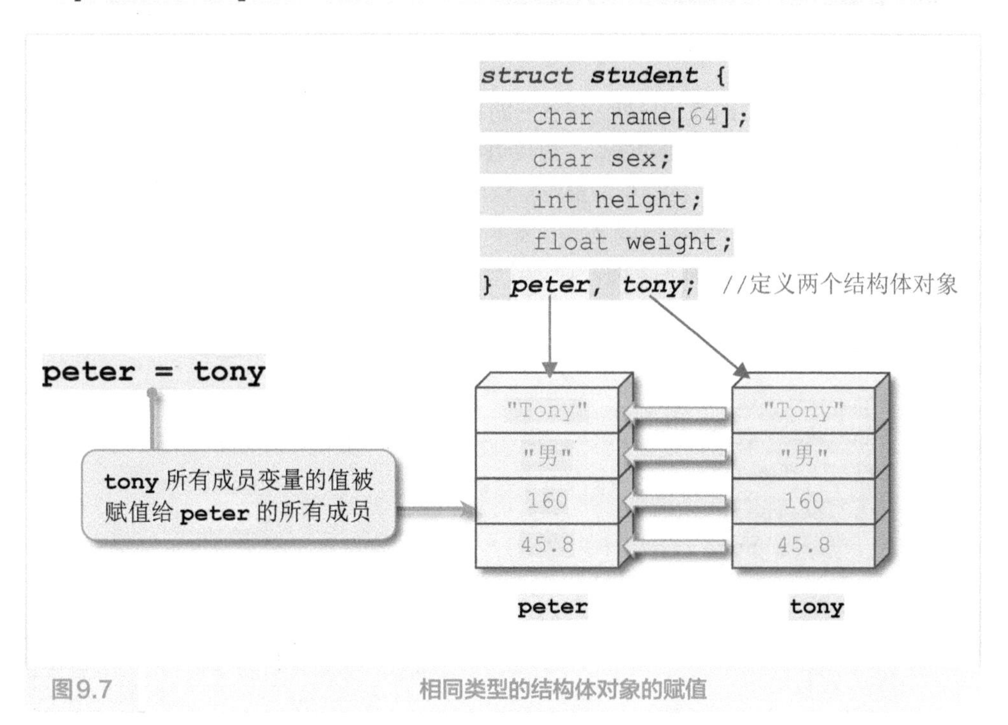
struct student {
char name[64];
char sex;
int height;
float weight;
} peter, tony;　//定义两个结构体对象
peter = tony
tony 所有成员变量的值被赋值给 peter 的所有成员
"Tony"
"男"
160
45.8
"Tony"
"男"
160
45.8
peter
tony

图9.7　相同类型的结构体对象的赋值

9.6 编程实例1：比较两个日期的迟早

— 问题9.1

设计一个函数，用来比较输入的两个日期的迟早，日期定义为结构体类型。

— 问题分析

日期包含年月日三部分，因而我们可以声明一个包含year、month、day三个成员的结构体*date*，用来表示日期：

```
struct date{
    int year;
    int month;
    int day;
};
```

用于比较日期A和B迟早的函数定义为：

```
int compare(struct date A,struct date B)
```

当函数返回值为1时表示日期A早于日期B，返回值为0时表示日期A迟于或等于日期B。显然不能对两个结构体对象A、B直接进行比较，而要按照其成员的具体时间意义逐个进行比较处理。如果A的年份成员A.year小于B的年份成员B.year，则日期A比较早，函数返回1；当A、B的年份成员year相同时，则比较其月份成员month；当年份成员year和月份成员month都相同时，则比较日期成员day。

代码清单9.1　按（1970-6-1）格式输入两个日期，比较迟早

```
1    #include <stdio.h>
2    #include <stdlib.h>
3    struct date{                          //声明结构体date用于表示日期
4        int year;
5        int month;
6        int day;
7    };
8    /*--自定义函数：比较日期A和B,A早则返回1，否则返回0--*/
```

```
9    int compare(struct date A,struct date B){
10       if(A.year<B.year)
11           return 1;
12       if(A.year==B.year && A.month<B.month)
13           return 1;
14       if(A.year==B.year && A.month==B.month && A.day<B.day)
15           return 1;
16       return 0;    //A迟于或等于B时返回0
17   }
18   /*--主函数--*/
19   int main(){
20       struct date x;                          //定义date结构体对象x
21       struct date y;                          //定义date结构体对象y
22       printf("输入日期X(yyyy-mm-dd):");
23       scanf("%d-%d-%d",&x.year,&x.month,&x.day);
24       printf("输入日期Y(yyyy-mm-dd):");
25       scanf("%d-%d-%d",&y.year,&y.month,&y.day);
26       if(compare(x,y))
27           printf("日期X比较早！");
28       else
29           printf("日期Y比较早！");
30       system("pause");
31       return 0;
32   }
```

9.7 编程实例2：计算奖学金总额

一 问题9.2

桐桐班级期末考试结束后要根据成绩及这学期的表现发放奖学金，具体奖学金发放标准如下：

学习成绩奖：

一等奖（￥2000）：期末平均成绩高于95分，并且班级评议成绩高于90分；
二等奖（￥1500）：期末平均成绩高于90分，并且班级评议成绩高于85分；
三等奖（￥1000）：期末平均成绩高于85分，并且班级评议成绩高于80分；
鼓励奖（￥500）：期末平均成绩高于85分或者班级评议成绩高于80分。

积极进取奖，参加各类竞赛获得一等奖以上奖项，每次奖励￥800；获得二等奖，每次奖励￥500；获得三等奖，每次奖励￥300。

班级贡献奖：班级评议成绩高于80分的班干部可以获得。

请编写程序，输入学生各项成绩后输出应获得的奖学金总额。

一 问题分析

每位同学都有姓名、期末平均成绩、班级评议成绩、是否班干部以及参加各类竞赛的获奖情况多种信息，我们可以使用结构体类型来比较直观且有效的存储和处理这些学生信息：

```
struct student{
    char name[40];              //学生姓名
    float score;                //期末平均成绩
    float cScore;               //班级评议成绩
    int cadre;                  //是否班干部（1:是 0:不是）
    int award1;                 //竞赛获得一等奖次数
    int award2;                 //竞赛获得二等奖次数
    int award3;                 //竞赛获得三等奖次数
    long int money;             //获得奖学金总额
};
struct student stu;             //定义一个student结构体对象stu
```

代码清单9.2　输入学生信息，判断发放奖学金额度

```
1   #include <stdio.h>
2   #include <stdlib.h>
3   struct student{                      //声明结构体student用于表示学生信息
4       char name[40];                   //学生姓名
5       float score,cScore;              //成绩
6       int cadre;                       //是否班干部（1:是 0:不是）
7       int award1,award2,award3;        //竞赛获奖次数
8       long int money;                  //获得奖学金总额
9   };
10  struct student stu;                  //定义一个student结构体对象stu
11  int main(){
12      printf("学生姓名：");      scanf("%s",stu.name);
13      printf("期末平均成绩：");  scanf("%f",&stu.score);
14      printf("班级评议成绩：");  scanf("%f",&stu.cScore);
15      printf("班干部(1:是 0:不是):"); scanf("%d",&stu.cadre);
16      printf("获得一等奖次数：");   scanf("%d",&stu.award1);
17      printf("获得二等奖次数：");   scanf("%d",&stu.award2);
18      printf("获得三等奖次数：");   scanf("%d",&stu.award3);
19      stu.money = stu.award1*800 + stu.award2*500 + stu.
20                  award3*300;
21      if(stu.score>95 && stu.cScore>90)
22          stu.money += 2000;
23      else
24          if(stu.score>90 && stu.cScore>85)
25              stu.money += 1500;
26          else
27              if(stu.score>85 && stu.cScore>80)
28                  stu.money += 1000;
29              else
30                  if(stu.score>85 || stu.cScore>80)
31                      stu.money += 500;
32      if(stu.cadre==1 && stu.cScore>80)
33          stu.money += 500;
34      printf("%s同学获得奖学金%ld元\n",stu.name,stu.money);
35      system("pause");
36      return 0;
37  }
```

9.8 编程实例3：按考试成绩排名次

— 问题9.3

期末考试结束后要对同学们的考试成绩进行排序，张老师已经计算好了每一位同学的总成绩。请编写程序，输入每位同学的总成绩并输出一个按成绩高低排列的名次表。

— 问题分析

在第7章中我们讲到过排序问题，因此如果单纯处理成绩的排序，很容易解决。该问题中，在成绩排序的同时，需要相应的学号和姓名一起随之变化。因此，我们可以使用结构体，学号、姓名、成绩以及名次作为结构体成员。通过对结构体对象成员（总成绩）的大小判断，实现把结构体对象作为一个整体进行排序操作。

我们定义一个结构体对象的数组 ***stu*** 用来存放多个学生信息，每一个数组元素都是一个结构体对象：

```
struct student{
    char id[5];                           //学号
    char name[40];                        //姓名
    float score;                          //期末总成绩
    int num;                              //名次
    }stu[100];                            //定义一个结构体对象的数组stu
```

判断两个数组元素stu[i]和stu[j]中的结构体对象成员stu[i].score和stu[j].score的大小，从而决定是否交换数组元素stu[i]和stu[j]的值：

```
if(stu[i].score < stu[j].score){
    temp = stu[i];  stu[i] = stu[j];  stu[j] = temp;
}
```

代码清单9.3　输入学生成绩并排列名次

```
1  #include <stdio.h>
2  #include <stdlib.h>
3  int main(){
4      struct student{
5          char id[5];                          //学生学号（四位）
6          char name[40];                       //学生姓名
```

```
7          float score;                    //期末总成绩
8          int num;                        //名次
9      }stu[100],temp;     //定义结构体对象数组stu和临时对象temp
10     int i,j,n;
11     printf("输入学生人数（1~100）："); scanf("%d",&n);
12     for(i=0;i<n;i++){                   //输入学生成绩
13         printf("学号输入9999则停止输入！\n");
14         printf("学号(9999):"); scanf("%s",&stu[i].id);
15         if(strcmp(stu[i].id,"9999")==0){
16            n=i; break;
17         }
18         printf("姓名：");    scanf("%s",&stu[i].name);
19         printf("总成绩："); scanf("%f",&stu[i].score);
20         printf("-----------------------\n");
21     }
22     for(i=0;i<n;i++){                  //按成绩排序（冒泡法）
23         for(j=i+1;j<n;j++)
24             if(stu[i].score < stu[j].score){
25                temp=stu[i]; stu[i]=stu[j]; stu[j]=temp;
26             }                          //结构体对象整体交换
27         stu[i].num = i+1;
28     }
29     printf("  学号         姓名          成绩   名次\n");
30     for(i=0;i<n;i++){                  //按名次先后顺序输出
31         printf("%+6s",stu[i].id);
32         printf("%+12s",stu[i].name);
33         printf("%10.2f",stu[i].score);
34         printf("%4d\n",stu[i].num);
35     }
36     system("pause");
37     return 0;
38 }
```

练习题

— 习题9.1 根据题意补充完整代码清单test_9_1中的程序。

投票统计： 桐桐班级要进行班长竞选，有Tony、Peter和Anny三位同学参选。以下程序用于投票统计，每次输入一位候选人的名字，其得票数加1，最后输出三位候选人姓名和得票数。

代码清单test_9_1 投票统计：

```
1   #include <stdio.h>
2   #include <stdlib.h>
3   #include <string.h>
4   struct person {
5       char name[20];
6       int count;
7   }cand[3] = {"tony",0,"peter",0,"anny",0};
8   int main() {
9       char temp[20];
10      int i,j;
11      printf("输入"0"结束计票！\n");
12      do {
13          printf("输入被投票候选人名字：");
14          scanf("%s",temp);
15          for(j=0;____①____; j++)
16              if (_______②_______)
17                  _______③_______;
18      } while ( !strcmp(temp,"0")==0 );
19      for(i=0; i<3; i++)
20          printf("%s：%d\n", _____④_____, _____⑤_____);
21      system("pause");
22      return 0;
23  }
```

— 习题9.2 编程解决排序问题。

期末考试结束后，桐桐班级要给学习成绩优秀的前5名同学发放不同额度的奖学金。

每位同学都有3门课的成绩：语文、数学和英语。先按总分从高到低排序，如果总分相同，则按语文成绩从高到低排序，如果总分和语文成绩都相同，则按数学成绩从高到低排序，如果总分、语文和数学成绩都相同，则按英语成绩从高到低排序，如果总分、语文、数学和英语成绩都相同，则按学号从小到大排序。

输入：

输入n行以空格分隔的4个整数，分别表示学号、语文成绩、数学成绩和英语成绩。

输出：

输出按题目要求的排序规则排序的n行数据。每行包括学号、语文成绩、数学成绩、英语成绩、总分和名次。

输入样例：

```
1 90 89 91
2 88 86 95
3 98 92 90
```

输出样例：

```
3 98 92 90 280 1
1 90 89 91 270 2
2 88 86 95 269 3
```

第10章
指针：用内存地址指定对象

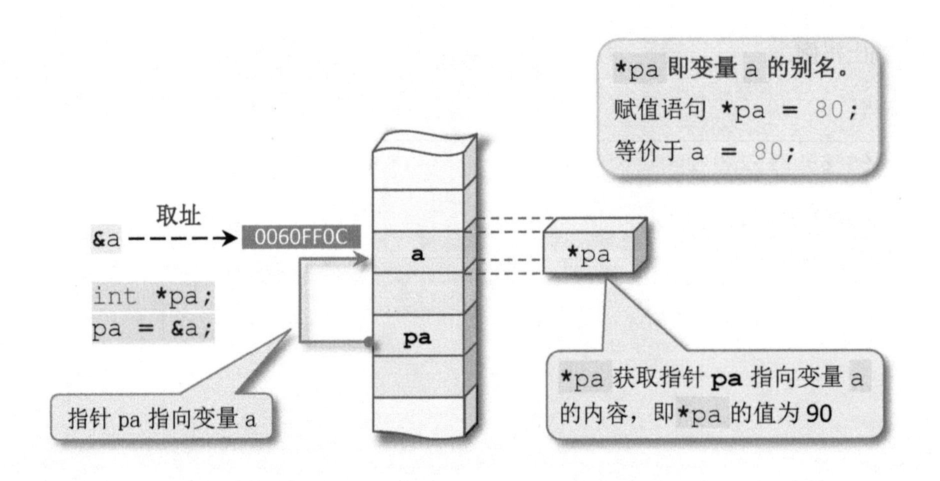
*pa 即变量 a 的别名。
赋值语句 *pa = 80;
等价于 a = 80;
取址
&a
0060FF0C
a
*pa
int *pa;
pa = &a;
pa
指针 pa 指向变量 a
*pa 获取指针 pa 指向变量 a 的内容，即*pa 的值为 90

指针运算符“*”和变量别名

10.1　内存地址和指针的定义

代码清单10.1　自定义函数交换两个变量的值（错误的解决方法）

```
#include <stdio.h>
#include <stdlib.h>
/*--自定义函数：交换两个变量的值--*/
void swap(int a, int b){
    int temp;
    temp = a; a = b; b = temp;
}
/*--主函数--*/
int main(){
    system("color 70");
    int dA, dB;
    puts("请输入两个整数。");
    printf("整数dA：");    scanf("%d",&dA);
    printf("整数dB：");    scanf("%d",&dB);
    swap(dA,dB);
    puts("互换以后的变量值。");
    printf("dA=%d dB=%d\n",dA,dB);
    system("pause");
    return 0;
}
```

运行后

```
请输入两个整数。
整数dA：10
整数dB：20
互换以后的变量值。
dA = 10  dB = 20
```

在代码清单10.1的程序中，main()函数调用swap()函数时，实参dA、dB的值分别传给形参a和b(值传递)，在swap()函数内变量a和b的值进行了互换。但是，变量a和b只是实参变量dA、dB的副本，变量dA、dB本身的值并没有改变。因此，在此代码中使用函数并没有实现变量a和b的值的交换（见图10.1）。

为了解决这个问题，我们可以使用C语言提供的**指针**（pointer）。

指针实质上是一个变量，该变量里面存储的是某个特定变量在内存中的地址，我们把它表述为指向该特定变量的**指针变量**（指针），该**指针变量的类型与它指向的变量的类型一致**。

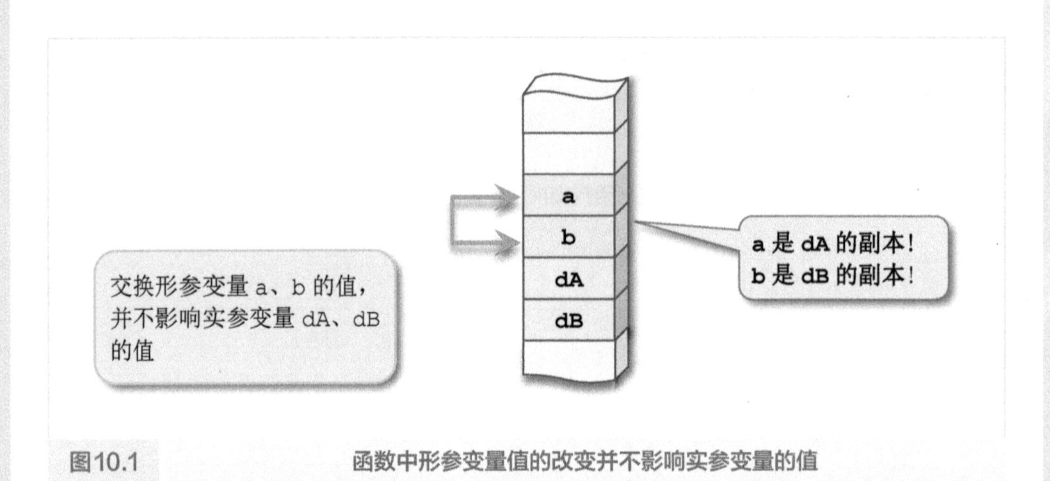

图10.1 函数中形参变量值的改变并不影响实参变量的值

变量是计算机内存中存储数值的“小房子”，这些小房子在内存空间中并不是杂乱无章地随便放置的，而是如图 10.2（b）所示，有序排列在内存空间中的。这些存放在内存空间中的变量我们统称为**对象**。**变量（对象）在内存空间中的存放位置就是其内存地址**。在 C 语言中，我们可以用**取址运算符“&”**获取一个变量（对象）的内存地址（十六进制数）。

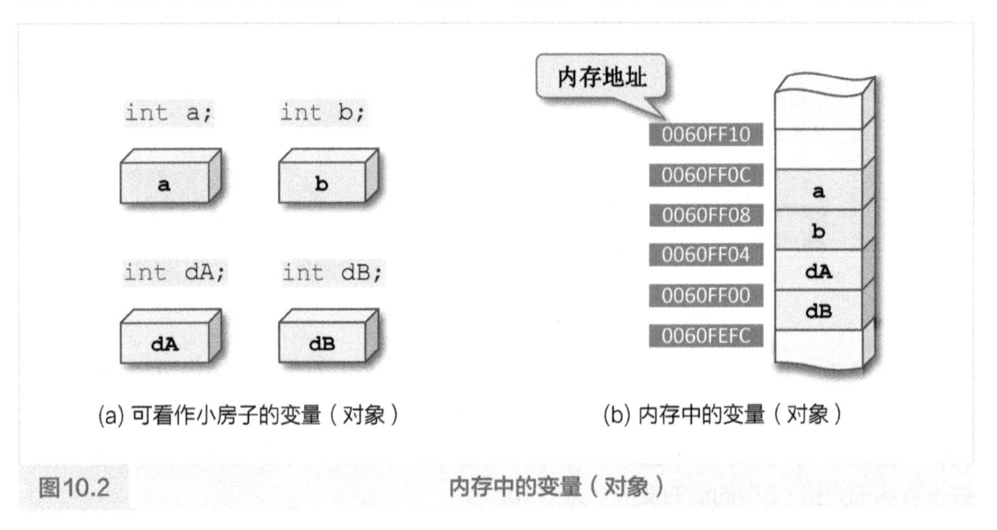

图10.2 内存中的变量（对象）

知识点总结

指针实质上是一个变量。
指针变量里面存储的是它指向的变量在内存中的地址。
指针变量的类型与它指向的变量的类型一致。

在代码清单10.2中，变量a,b,dA,dB在内存中的地址可分别用&a、&b、&dA、&dB获取（见图10.3）。**用printf()函数显示变量地址时要用转化字符“%p”。**

代码清单10.2 用取址运算符&获取变量（对象）的内存地址

```
1   #include <stdio.h>
2   int main(){
3       system("color 70");
4       int a, b, dA, dB;
5       printf("a 的地址：%p \n", &a );
6       printf("b 的地址：%p \n", &b );
7       printf("dA的地址：%p \n", &dA );
8       printf("dB的地址：%p \n", &dB );
9       system("pause");
10      return 0;
11  }
```

运行后

```
a 的地址：0060FF0C
b 的地址：0060FF08
dA的地址：0060FF04
dB的地址：0060FF00
```

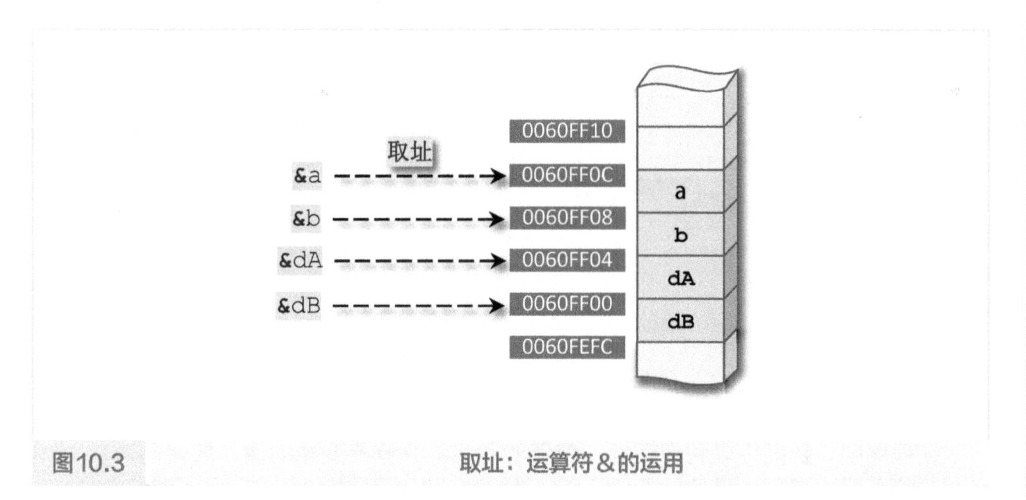

图10.3 取址：运算符&的运用

指针变量中存放的就是变量在内存中的地址。**指针的定义**类似于普通变量的定义，只是**需要在指针（变量）名前添加指针运算符**“*”。

```
int *pa;            //定义了一个指向int型变量（对象）的指针（变量)pa
                    //保存“存放整数的变量的内存地址”的小房子
int a;              //定义了一个int型变量，保存“整数”的小房子
pa = &a;            //指针pa指向变量a(指针变量的赋值)
```

将指针运算符“*”写在指针之前（如*pa），可以获取指针指向的变量（对象）内存储的内容。即指针**pa**指向变量**a**时，***pa**就是变量**a**的别名，给***pa**赋值就相当于给**a**赋值，`*pa = 80;`等价于`a = 80;`（见图10.4）。

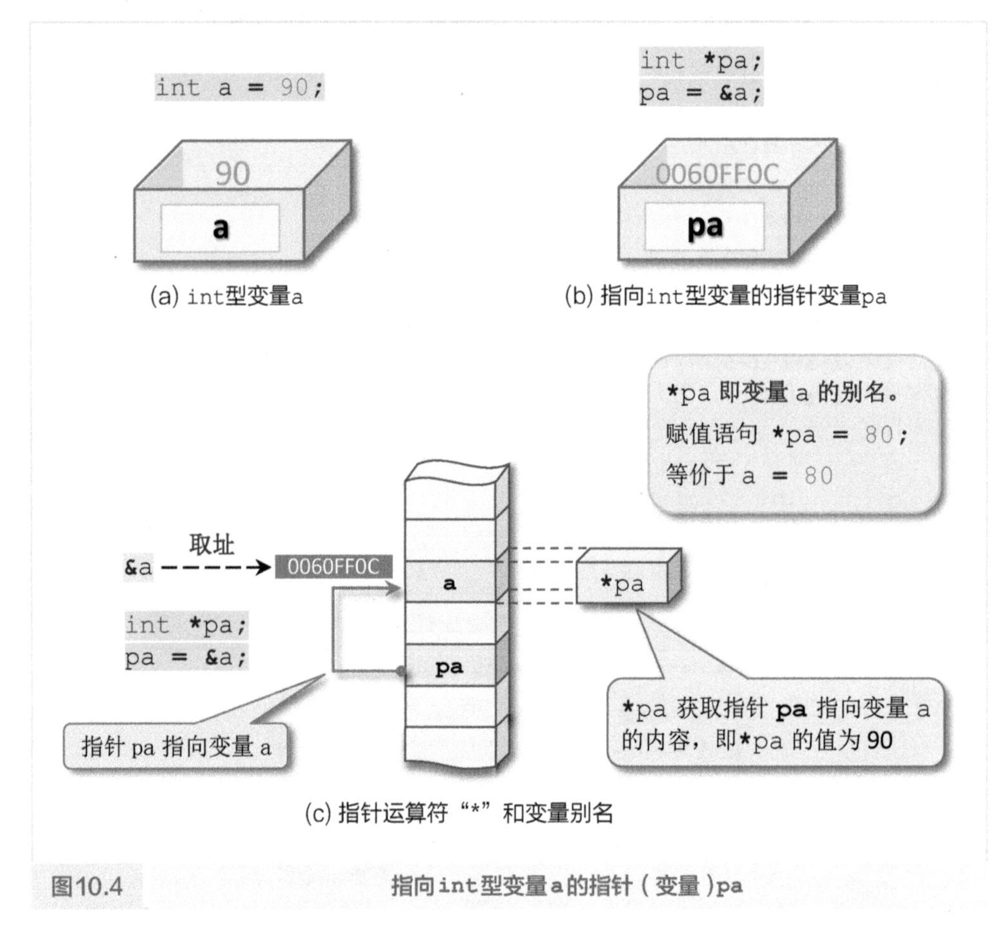
int a = 90;
90
a
(a) int型变量a
int *pa;
pa = &a;
0060FF0C
pa
(b) 指向int型变量的指针变量pa
*pa 即变量 a 的别名。
赋值语句 *pa = 80;
等价于 a = 80
取址
&a
0060FF0C
a
*pa
int *pa;
pa = &a;
pa
指针 pa 指向变量 a
*pa 获取指针 pa 指向变量 a 的内容，即*pa 的值为 90
(c) 指针运算符“*”和变量别名

图10.4　指向**int**型变量**a**的指针（变量）**pa**

在程序中，我们可以利用指针（变量的别名）来修改变量的值，如代码清单10.3所示。

代码清单10.3　通过指针操作年龄（修改变量的值）

```
1   #include <stdio.h>
2   #include <stdlib.h>
3   int main(){
4       system("color 70");
```

```
5       int back00=10, back90=30, back80=35;
6       int *son, *mother, *father;         //定义指针
7       son = &back00;                      //指针son指向back00
8       mother = &back90;                   //指针mother指向back90
9       father = &back80;                   //指针father指向back80
10      puts("今年：");
11      printf("儿子的年龄：%d\n",*son);    //获取back00的值
12      printf("妈妈的年龄：%d\n",*mother);//获取back90的值
13      printf("爸爸的年龄：%d\n",*father);//获取back80的值
14      puts("5年后：");
15      *son = 15;                   //将指针son指向的对象修改为15
16      *mother = 35;                //将指针mother指向的对象修改为35
17      *father = 40;                //将指针father指向的对象修改为40
18      printf("儿子的年龄：%d\n", back00);
19      printf("妈妈的年龄：%d\n", back90);
20      printf("爸爸的年龄：%d\n", back80);
21      system("pause");
22      return 0;
23  }
```

运行后

```
儿子今年的年龄：10
妈妈今年的年龄：30
爸爸今年的年龄：35
5年后：
儿子的年龄：15
妈妈的年龄：35
爸爸的年龄：40
```

知识点总结

变量名前加上**取址运算符**“&”可以获取变量在内存中的地址（如 &a）。

指针前加上**指针运算符**“*”可以获取指针所指向变量的值（如 *pa）。

若指针 pa 指向变量 a（pa=&a；），则 *pa 即为 a 的别名。

修改 *pa 的值就是修改 a 的值。即 *pa = 80；等价于 a = 80；。

10.2 指针和函数

了解了指针的基本概念，接下来让我们看看如何把指针作为函数的参数，来交换两个变量的值。

代码清单10.4　指针作为函数的参数间接交换两个变量的值

```c
#include <stdio.h>
#include <stdlib.h>
/*--自定义函数：将指针px、py指向的变量的值进行互换--*/
void swap(int *px, int *py)        //将形参变量定义为指针
{
    int temp = *px;
    *px = *py;                     //使用指针改变指向变量的值
    *py = temp;
}
/*--主函数--*/
int main(){
    system("color 70");
    int dA, dB;
    puts("请输入两个整数：");
    printf("整数dA：");    scanf("%d",&dA);
    printf("整数dB：");    scanf("%d",&dB);
    swap(&dA, &dB);                //将变量的地址作为实参
    puts("互换以后的变量值：");
    printf("    dA = %d\n",dA);
    printf("    dB = %d\n\n",dB);
    system("pause");
    return 0;
}
```

运行后

```
请输入两个整数：
整数dA：10
整数dB：20
互换以后的变量值：
    dA = 20
    dB = 10
```

通过swap(&dA,&dB);调用swap()函数后，作为实参的变量地址&dA和&dB分别被赋值给定义为指针的形参变量px和py，此时指针变量px和py分别指向变量dA和dB，*px和*py则成为dA和dB的别名。因而，在swap()函数内交换*px和*py的值，就相当于变量dA和dB的值进行了交换（见图10.5）。

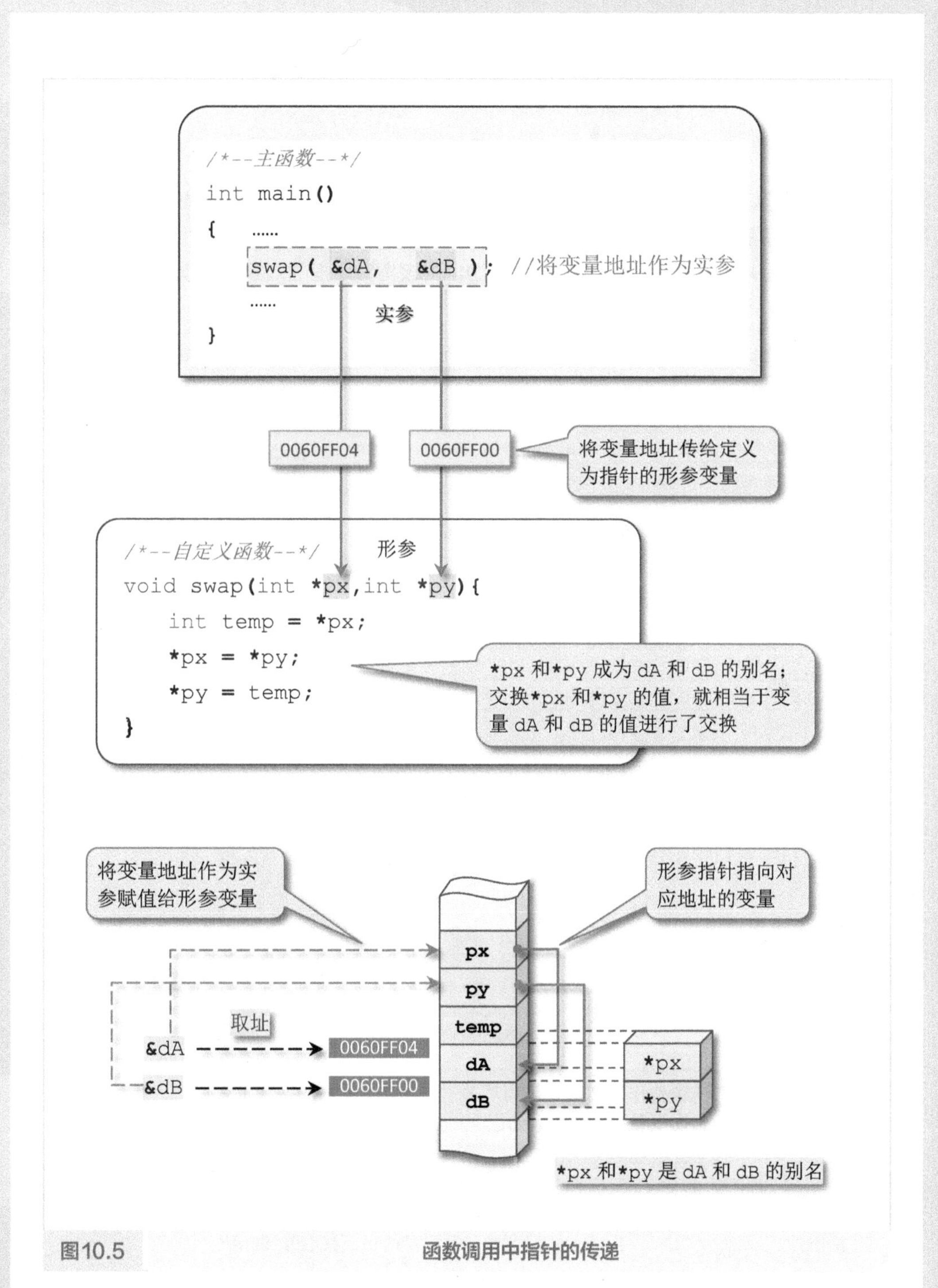
/*--主函数--*/
int main()
{ ......
swap(&dA, &dB); //将变量地址作为实参
......
}
实参
0060FF04
0060FF00
将变量地址传给定义为指针的形参变量
/*--自定义函数--*/
形参
void swap(int *px,int *py){
int temp = *px;
*px = *py;
*py = temp;
}
*px 和*py 成为 dA 和 dB 的别名；交换*px 和*py 的值，就相当于变量 dA 和 dB 的值进行了交换
将变量地址作为实参赋值给形参变量
形参指针指向对应地址的变量
px
py
temp
dA
dB
取址
&dA
&dB
0060FF04
0060FF00
*px
*py
*px 和*py 是 dA 和 dB 的别名

图10.5　函数调用中指针的传递

10.3 指针和scanf()函数

我们在第3章讲到**scanf()**函数的时候，曾讲过在使用**scanf()**函数从键盘读取数据时，变量名前必须加上一个特殊符号“**&**”，这个符号就是取址符。实际上**scanf()**函数接收的就是指针（具有内存地址的“值”），由该指针所指的对象（变量）保存从键盘输入的值。

因此，调用**scanf()**函数实际上就是将读取到的值存入内存地址指向的变量对象当中（见图10.6）。

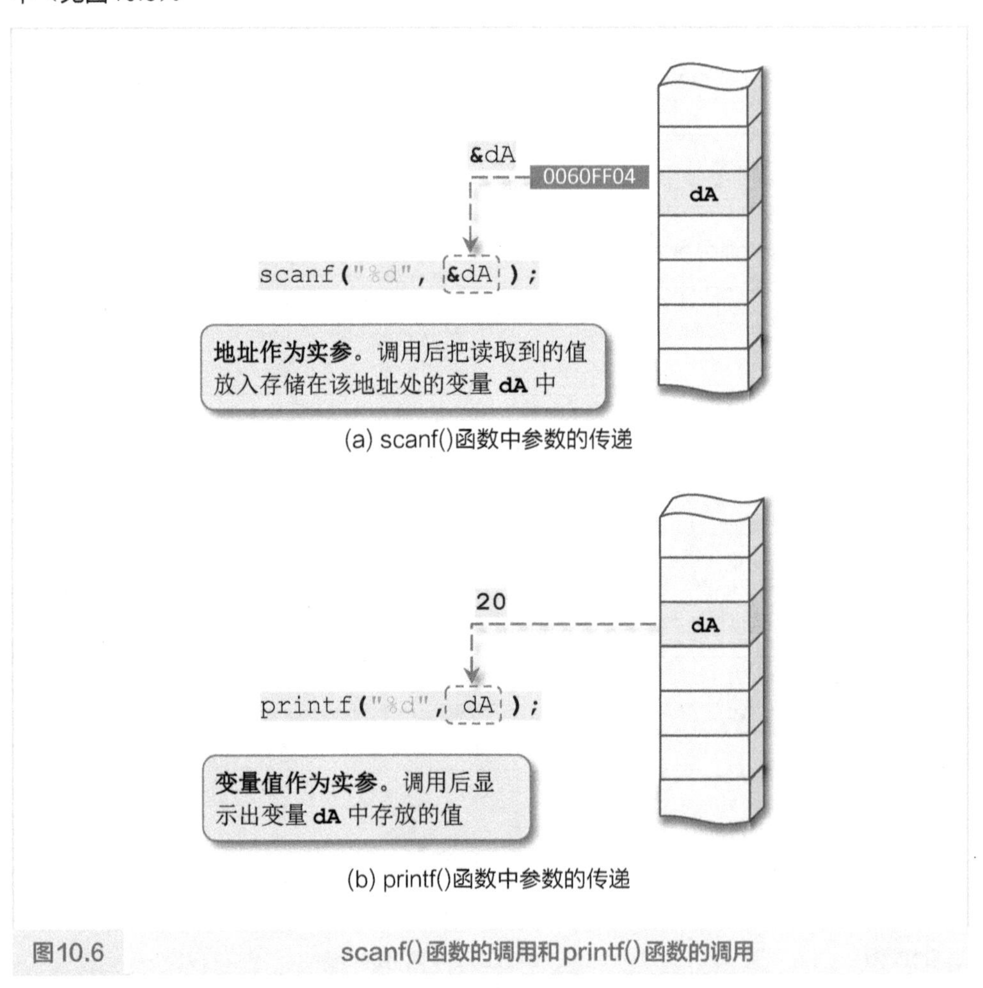
&dA
0060FF04
dA
scanf("%d", &dA);
地址作为实参。调用后把读取到的值放入存储在该地址处的变量 **dA** 中
(a) scanf()函数中参数的传递
20
dA
printf("%d", dA);
变量值作为实参。调用后显示出变量 **dA** 中存放的值
(b) printf()函数中参数的传递

图10.6 scanf()函数的调用和printf()函数的调用

10.4 指针和数组

在代码清单10.5的程序中，我们用`printf("a=%p p=%p\n",a,p);`显示指针**p**和数组名**a**的值后发现两者的显示结果都是0060FEE4(数组元素a[0]的内存地址)。之所以会有这样的结果，是因为C语言中的**数组名实际上就是一个指针，而且它指向该数组的第一个元素**（见图10.7(a)），即代表数组名的变量**a**里面存放的是第一个数组元素的内存地址。

如果定义一个指针**p**，并将其指向数组**a**(`int *p = a;`)，则这个指针**p**的行为就像数组**a**本身一样（见图10.7(b)），即在访问数组**a**的过程中，所有的数组名**a**都可以用**p**代替：

```
a[i]  *(a+i)  p[i]  *(p+i)
```

这4个表达式都表示相同的第i个数组元素。

指针**p**和**a**都指向数组的第一个元素a[0]，则：p+1和a+1指向数组元素a[1]；p+2和a+2指向数组元素a[2]；依次类推，p+i**和**a+i**都指向数组元素**a[i]。

指针变量**p**和**a**中都存放的是数组第一个元素a[0]的地址&a[0]，则：p+1和a+1中都存放的是数组元素a[1]的地址&a[1]；p+2和a+2中都存放的是数组元素a[2]的地址&a[2]；依次类推，p+i**和**a+i**中都存放的是数组元素**a[i]**的地址**&a[i]。

由此可知：

```
&a[i]  a+i  &p[i]  p+i
```

这4个表达式的值都是数组元素a[i]**在内存中的地址**&a[i]。

代码清单10.5中程序的运行结果也验证了上述内容。

代码清单10.5　显示数组元素的地址（指向元素的指针）

```
1   #include <stdio.h>
2   #include <stdlib.h>
3   int main() {
4       system("color 70");
5       int i,
6       int a[5]={1,2,3,4,5};
7       int *p = a;    //把a的值（元素a[0]的地址）赋值给指针变量p
8                      //数组名a本身是一个指针，指向第一个元素a[0]
9       printf("指向各元素的指针的表达式及值：\n");
10      printf("     a = %p      p = %p\n",a,p);
11      for(i=0;i<5;i++) {
12          printf(" &a[%d] = %p  a+%d = %p  ",i,&a[i],i,a+i);
13          printf("&p[%d] = %p  p+%d = %p\n",i,&p[i],i,p+i);
14      }
15      printf("\n各元素的表达式及值：\n");
16      printf("   *a = %d  *p = %d\n",*a,*p);
17      for(i=0;i<5;i++) {
18          printf("a[%d]=%d  *(a+%d)=%d  ",i,a[i],i,*(a+i));
19          printf("p[%d]=%d  *(p+%d)=%d\n",i,p[i],i,*(p+i));
20      }
21      system("pause");
22      return 0;
23  }
```

运行后

E:\pointer_arr.exe

```
指向各元素的指针的表达式及值：
     a = 0060FEE4    p = 0060FEE4
 &a[0] = 0060FEE4  a+0 = 0060FEE4  &p[0] = 0060FEE4  p+0 = 0060FEE4
 &a[1] = 0060FEE8  a+1 = 0060FEE8  &p[1] = 0060FEE8  p+1 = 0060FEE8
 &a[2] = 0060FEEC  a+2 = 0060FEEC  &p[2] = 0060FEEC  p+2 = 0060FEEC
 &a[3] = 0060FEF0  a+3 = 0060FEF0  &p[3] = 0060FEF0  p+3 = 0060FEF0
 &a[4] = 0060FEF4  a+4 = 0060FEF4  &p[4] = 0060FEF4  p+4 = 0060FEF4

各元素的表达式及值：
   *a = 1  *p = 1
 a[0] = 1  *(a+0) = 1  p[0] = 1  *(p+0) = 1
 a[1] = 2  *(a+1) = 2  p[1] = 2  *(p+1) = 2
 a[2] = 3  *(a+2) = 3  p[2] = 3  *(p+2) = 3
 a[3] = 4  *(a+3) = 4  p[3] = 4  *(p+3) = 4
 a[4] = 5  *(a+4) = 5  p[4] = 5  *(p+4) = 5
```

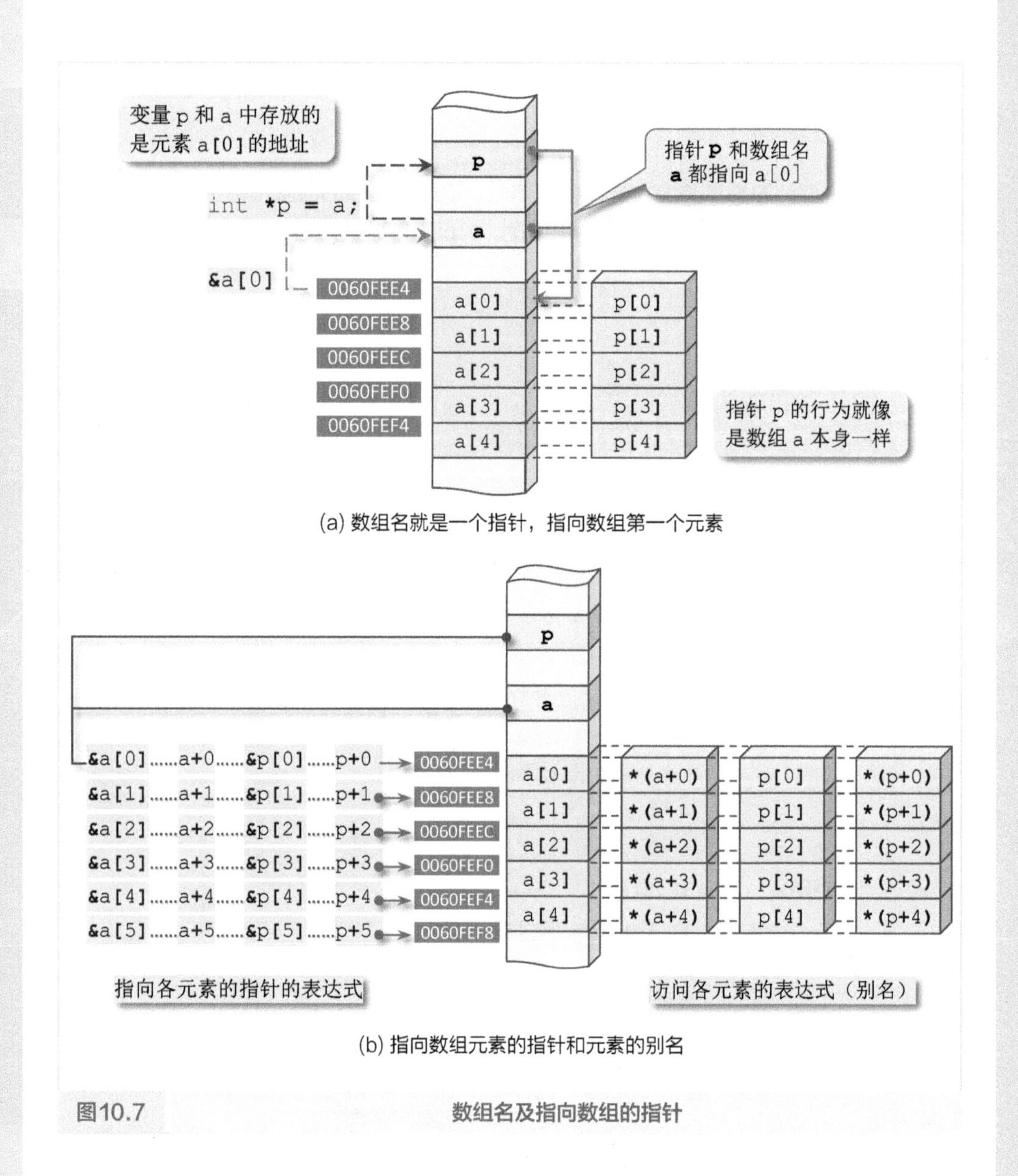

(a) 数组名就是一个指针，指向数组第一个元素

(b) 指向数组元素的指针和元素的别名

图10.7 数组名及指向数组的指针

知识点总结

数组名就是一个指针，而且它指向该数组的第一个元素。

10.5 指针和结构体

定义一个指针的基本类型为某种结构体时，该指针变量的值就是结构体变量在内存中的起始地址。图10.8所定义的如下结构指针 *p指向该结构体变量在内存中的起始地址。

```
struct student {
    char name[20];
    char sex;
    float score;
} *p ;
```

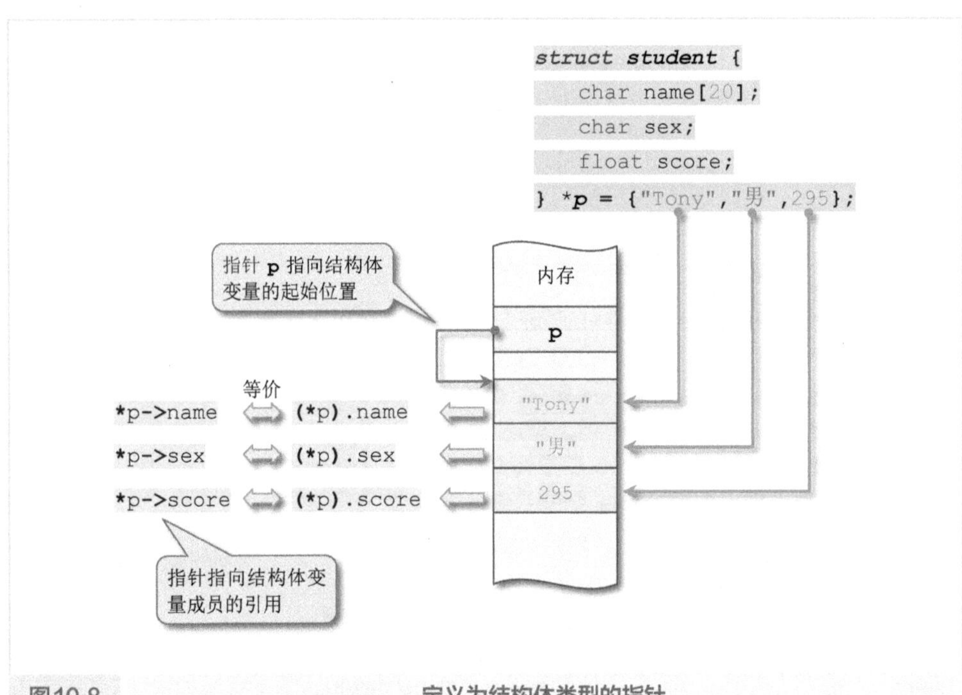
struct student {
char name[20];
char sex;
float score;
} *p = {"Tony","男",295};
指针 p 指向结构体变量的起始位置
内存
p
"Tony"
"男"
295
等价
*p->name
(*p).name
*p->sex
(*p).sex
*p->score
(*p).score
指针指向结构体变量成员的引用

图10.8 定义为结构体类型的指针

引用上面定义的结构体对象的成员可以用下面两种方法：

```
(*指针名).成员名  //"."的运算优先级高于"*"，所以用括号改变其运算顺序
*指针名->成员名   //"->"被称为"指向运算符"
```

例如：(*p).name与*p->name是等价的。

10.6 链表结构

前面讲到的数组是C语言中按顺序管理大量数据的一种方法，数组的元素都是按顺序存放在内存的一块连续空间中的（见图10.9(a)）。数组在定义时需要说明数组的大小，这样一来，如果数组定义大了，就会有大量空闲存储单元，定义小了，又会在运行中发生数组下标越界的错误，这是静态存储分配的局限性。

利用定义为指向结构体类型的指针，可以构造简单而实用的动态存储分配结构——**链表结构**。链表也是C语言中按顺序管理大量数据的一种方法，但它与数据在内存中的存放位置无关，即不需要按顺序存放在连续的内存空间中。链表的一个结点（数据元素，相当于数组中的数组元素）可以单独存放在内存的任意位置，并用指针来连接这些在内存中不连续的数据并管理这些数据的顺序（见图10.9（b））。

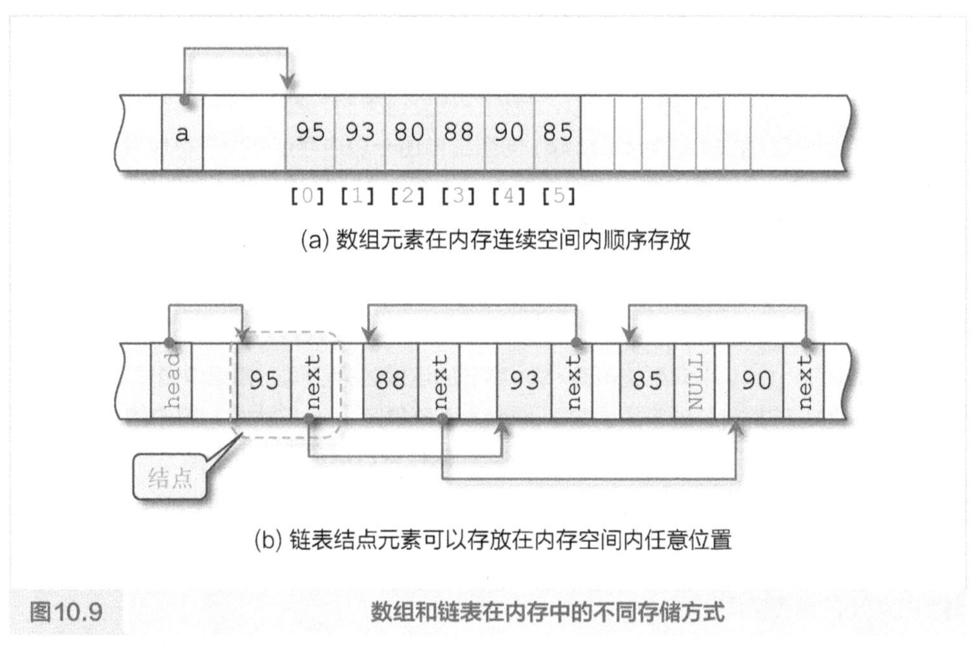

(a) 数组元素在内存连续空间内顺序存放

(b) 链表结点元素可以存放在内存空间内任意位置

图10.9　数组和链表在内存中的不同存储方式

知识点总结

链表利用指针连接内存中非连续存放的数据并管理这些数据的顺序。

链表中的一个结点元素就是一个结构体对象。

单向链表的结点由数据和指向下一个结点的指针（后继结点）构成。

可以用如下代码所示构造一个**单向链表**结构（见图10.10(b)）：

```
struct node{
    int data;
    struct node *next;          //该成员被定义为指向结构体自身类型的指针
}*head, *p, *q;
```

链表中的一个结点元素就是一个结构体对象，而且其中总有一个结构体对象成员被定义为指向该结构体类型的一个指针（如*next）。在单向链表中，这个指针指向下一个结点，被称为结点的**后继指针**。

如图10.10（a）所示，单向链表的结点由两部分组成，其中一部分专门用来存储其后继指针，称为**指针域**，另一部分用于存储其他数据（该结构体对象的其他成员），称为**数值域**。

链表的长度（结点的多少）是有弹性的，其最后一个结点的**后续指针指向为NULL即表示到达链表的尾部**，无须像数组一样事先指定大小。但是C语言中，所有的数据必须存储在指定大小的内存空间中，所以，我们在建立链表时，每新增一个结点，就用C语言提供的内存分配函数**malloc(size)**向系统申请一块内存空间用于存储该结点数据。同样地，在删除一个结点以后，也用函数**free(指针名)**释放它所占用的内存空间。因而，我们把链表结构称为是一种**动态存储分配结构**。

malloc(size)和free(指针名)都存放在malloc.h中，因此在调用时，要在程序开始加上#include <malloc.h>。

函数malloc(size)向系统申请size字节的连续内存空间，如果申请成功则返回连续空间起始地址的指针。通常用函数sizeof(x)来确定size的大小，其中的x是一个变量名或类型名，该函数返回的是x变量或类型在内存中占用空间的大小。

例如：**sizeof**(int)返回的就是一个int类型的数据所占字节的大小。

因此，可以如下面代码所示在定义一个链表结点后，用函数**malloc(size)**为它申请相应大小的内存空间：

```
struct node *head;
head = malloc(sizeof(struct node));
```

而free(head);则可以释放指针head指向的结点所占用的内存空间。

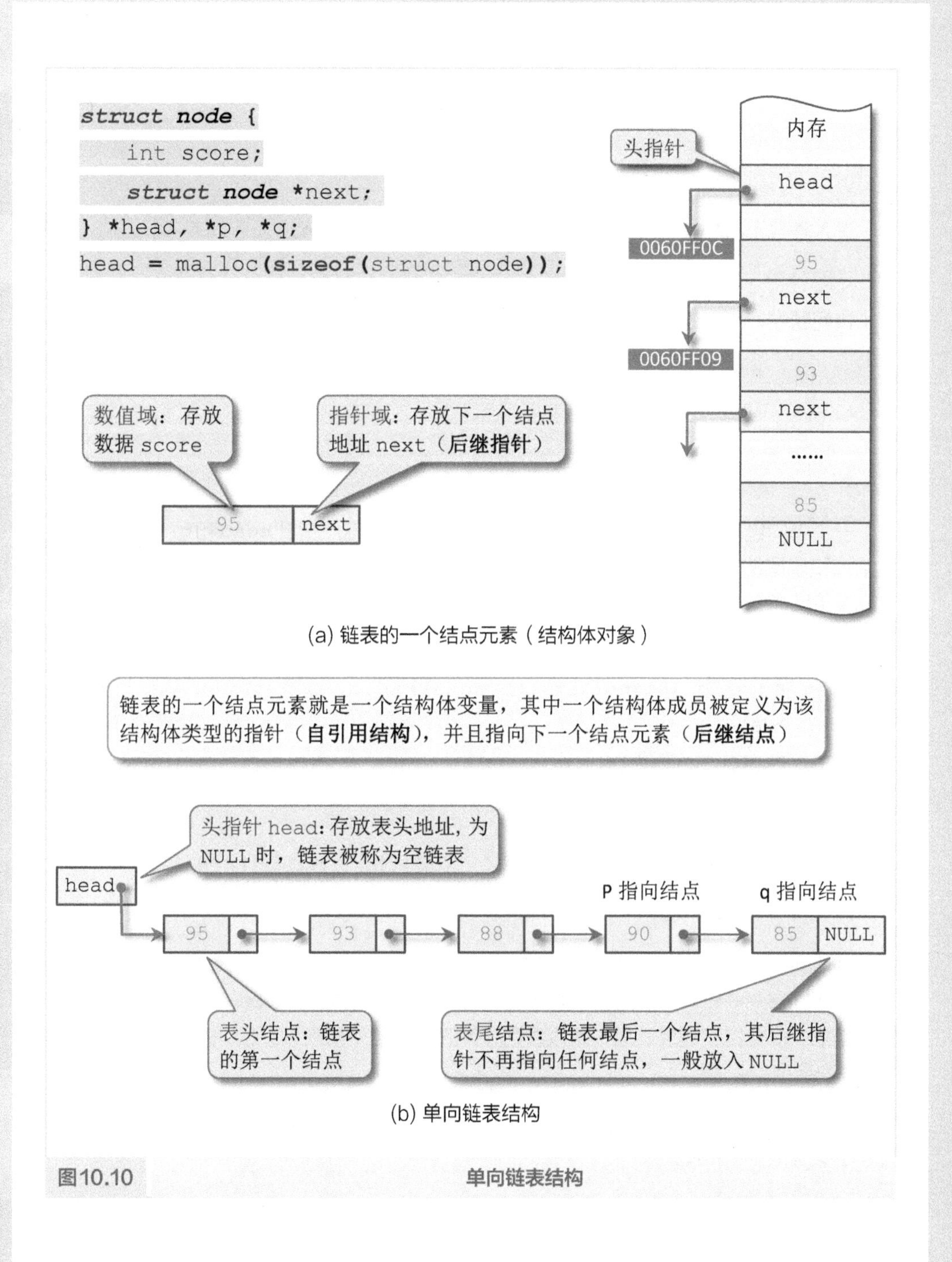

图10.10　单向链表结构

10.7 编程实例1：构造单向链表

一 问题10.1

读入整数n，建立一个单向链表，按顺序存储自然数1至n。

一 问题分析

该问题中，用于定义链表结点的结构体类型声明如下：

```
struct node{
    int data;                          //表示自然数1~n
    struct node *next;                 //定义链表后继指针
};
```

一个单向链表必然会有表头和表尾，因而定义两个结点指针**head**和**q**，分别指向表头结点和表尾结点。初始链表只有一个结点（即是表头又是表尾）。在创建初始链表时，首先要给链表结点申请相应大小的内存空间，并给代表结点的结构体对象成员赋初值：

```
struct node *head, *q;
head = malloc(sizeof(struct node));      //为链表结点申请内存空间
head->data = 1;                          //初始结点成员初始化赋值
head->next = NULL;
```

初始链表的表头和表尾是同一结点，所以`q = head;`

为了向链表中添加新的结点，我们定义一个指向当前结点的指针**new**：

```
struct node *new;
```

同样地，要为它申请相应的内存空间，并把当前要存储的自然数i赋值给`new->data`，即`new->data=i;`。把这个新结点new连接到初始链表的表尾，即`q->next=new;`，这样结点`new`成为了链表表尾，所以要把`new`的后续结点指向NULL，同时将表尾结点指针q指向结点`new`。

```
new = malloc(sizeof(struct node));       //申请内存空间
q->next = new;                           //加入新结点
new->data = i;                           //给数值域内的成员赋值
new->next = NULL;                        //后继指针指向为空
q = new;                                 //设置为表尾结点
```

以上代码通过for循环执行n-1次，就可以将自然数2至n存储到链表中。

打印输出链表时，我们可以用当前指针q从表头结点head开始顺序遍历整个链表，直至其后继指针为空：

```
for(q=head; q!=NULL; q=q->next){
    printf("%d ",q->data);
}
```

代码清单10.6　创建一个单向链表，按顺序存储自然数1至*n*

```
1   #include <stdio.h>
2   #include <stdlib.h>
3   #include <malloc.h>
4   struct node{
5       int data;
6       struct node *next;
7   };
8   int main(){
9       int i,n;
10      printf("请输入一个正整数n：");
11      scanf("%d",&n);
12      struct node *head, *new, *q;                //定义链表结点指针
13      head = malloc(sizeof(struct node));         //创建初始链表
14      head->data = 1;
15      head->next = NULL;
16      q = head;                                   //初始链表表头就是表尾
17      for(i=2; i<=n; i++){
18          new = malloc(sizeof(struct node));      //申请内存空间
19          q->next = new;                          //加入新结点
20          new->data = i;
21          new->next = NULL;
22          q = new;                                //q指向新增结点
23      }
24      for(q=head; q!=NULL; q=q->next){
25          printf("%d ",q->data);
26      }
27      printf("\n");
28      system("pause");    return 0;
29  }
```

10.8 单向链表的基本操作

对于单向链表常见的操作有链表结点数据的查找、插入和删除。

在单向链表中，查找目标数据，只需**从head指向的表头结点出发，沿着链表顺序遍历整个链表，并一一比较各个结点数值域中的数据**即可。例如，从head为头指针的单向链表中查找数值域中成员data为x的结点，可以编写成以下函数find()：

```
struct node{
    int data;
    struct node *next;
} *head;
void find(struct node *head, int x){
    int i=1;
    struct node *this;                          //定义一个当前结点指针
    this = head;                                //当前结点从头结点开始查找
    while((this!=NULL) && !(this->data==x)){                //遍历链表
        this = this->next;     //不匹配，当前结点指针指向下一个结点
        i++;
    }
    if(this==NULL) printf("没有找到！\n");
    else printf("%d在链表的第%d个结点中！\n",x,i);
}
```

在数组的某个元素后面插入一个新的元素时，需要将该元素后面的所有元素都向后移动位置。而在链表的结点p后面插入一个新的结点，不必像数组那样移动后面的结点，只要**将p的后继指针指向新的结点，并将新结点的后继指针指向p原来的后继结点**即可（见图10.11(a)）。例如，在单向链表的p结点后面插入一个数值域成员data的值为x的新结点，可以编写成以下函数ins()：

```
void ins(struct node *p, int x){
    struct node *new;                            //定义新结点
    new = malloc(sizeof(struct node));           //为新结点申请内存空间
    new->data = x;                          //给新结点数值域成员赋值
    new->next = p->next;                    //新结点后继指针指向p的后继结点
```

```
    p->next = new;                          //p的后继指针指向新结点
}
```

在单向链表中，要删除指针 p 指向的结点，只要**将其前面一个结点（前驱结点）的后继指针指向 p 后面的结点（后继结点），并释放 p 所占用的内存**即可（见图 10.11(b)）。例如，从 head 为头指针的单向链表中删除 p 指向结点，可以编写成以下函数 del()：

```
void del(struct node *p){
    struct node *this;                      //定义一个当前结点指针
    this = head;                            //当前结点从头结点开始查找
    if(this==p) head = this->next;  //p为头结点时
    else {
        while(this->next != p)      //遍历链表，查找p的前驱结点
            this = this->next;      //不匹配，当前结点指针指向下一个结点
        this->next = p->next;//当前结点this的后继指针指向p的后继结点
    }
    free(p);                    //释放结点p占用的内存空间
}
```

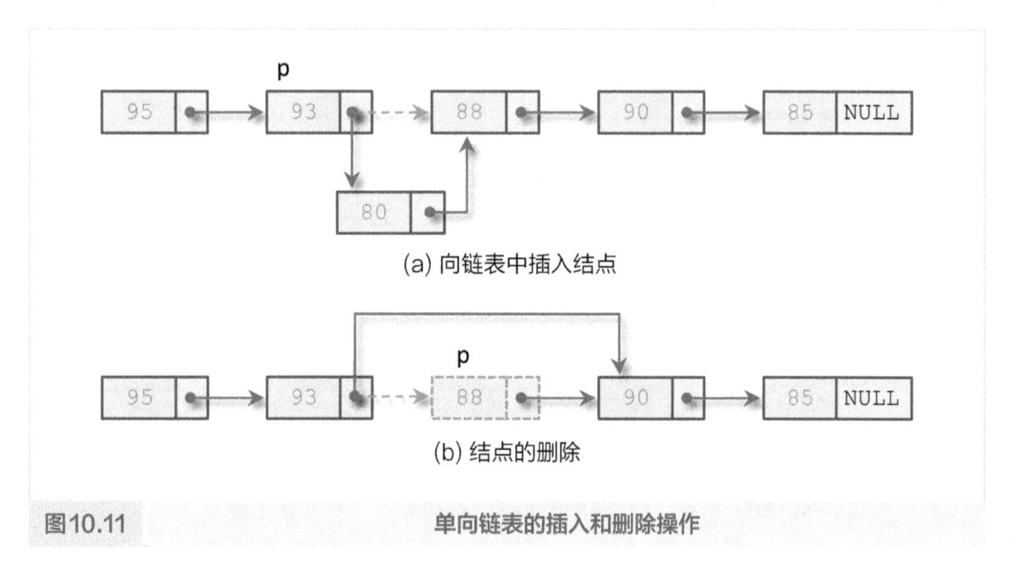

图10.11　单向链表的插入和删除操作

10.9 编程实例2：链表结点的查找、插入和删除

— 问题10.2

读入整数n，建立一个单向链表，按顺序存储自然数1至n，然后再在所有偶数后面插入2。

代码清单10.7 在链表中查找、插入结点

```
1   #include <stdio.h>
2   #include <stdlib.h>
3   #include <malloc.h>
4   struct node{
5       int data;
6       struct node *next;
7   } *head, *q, *p;                        //定义链表结点指针
8   void ins(struct node *p, int x){        //插入结点函数
9       struct node *new;
10      new = malloc(sizeof(struct node));
11      new->data = x;
12      new->next = p->next;
13      p->next =new;
14  }
15  void print(){                           //打印链表函数
16      for(q=head; q!=NULL; q=q->next)
17          printf("%d ",q->data);
18      printf("\n");
19  }
20  int main(){                             //主函数
21      int i,n;
22      printf("请输入一个正整数n：");    scanf("%d",&n);
23      head = malloc(sizeof(struct node)); //创建初始链表
24      head->data = 1;  head->next = NULL; //初始化头结点
25      q = head;                           //当前指针赋值
26      for(i=2; i<=n; i++){                //循环插入2~n
```

```
27            ins(q,i);
28            q = q->next;
29        }
30        print();
31        for(q=head; q!=NULL; q=q->next){   //查找偶数并在后面插入2
32            if((q->data)%2==0){
33                ins(q,2);
34                q = q->next;
35            }
36        }
37        print();
38        system("pause");  return 0;
39    }
```

问题10.3

读入整数*n*，建立一个单向链表，按顺序存储自然数1至*n*，然后删除其中所有的奇数。

代码清单10.8 在链表中删除结点

```
1    #include <stdio.h>
2    #include <stdlib.h>
3    #include <malloc.h>
4    struct node{
5        int data;
6        struct node *next;
7    } *head, *q, *p;                          //定义链表结点指针
8    void ins(struct node *p, int x){          //插入结点函数
9        struct node *new;
10       new = malloc(sizeof(struct node));
11       new->data = x;  new->next = p->next;
12       p->next =new;
13   }
14   void print(){                             //打印链表函数
15       for(q=head; q!=NULL; q=q->next)
16           printf("%d ",q->data);
17       printf("\n");
18   }
```

```
19  int main(){                                          //主函数
20      int i,n;
21      printf("请输入一个正整数n："); scanf("%d",&n);
22      head = malloc(sizeof(struct node));
23      head->data = 1;  head->next = NULL;  q = head;
24      for(i=2; i<=n; i++){                   //循环插入2~n
25          ins(q,i);  q = q->next;
26      }
27      q = head;
28      while(q->next!=NULL){                  //查找并删除所有奇数
29          if((q->data)%2==1){                //删除为奇数的头结点
30              q = head->next;                //当前指针指向头结点的下一个结点
31              free(head);                    //释放被删除的头结点内存
32              head = q;                      //重设头结点
33          }else{
34              p = q->next;
35              if((p->data)%2==1){            //删除为奇数的结点
36                  q->next = p->next;
37                  free(p);                   //释放被删除的结点内存
38              }else q = q->next;             //当前指针指向下一个非奇数结点
39          }
40      }
41      print();
42      system("pause");  return 0;
43  }
```

10.10　其他链表结构

在单向链表中，表尾结点的后继指针指向为NULL(空)。如果让表尾结点的后继指针指向表头结点，就形成了**单向环形链表**，简称**单链环**（见图10.12(a)）。

在单向链表中，每个结点只有一个指向后继结点的指针域。如果给每个结点再增加一个指向其前面一个结点（前驱结点）的指针域，那么这种链表称为**双向链表**（见图10.12(b)）。可以用如下所示代码构造双向链表：

```
struct node{
    int data;
    struct node *next, *prev;
};
```

与单链环类似，如图10.12(c）所示的链表结构称为**双向链环**。

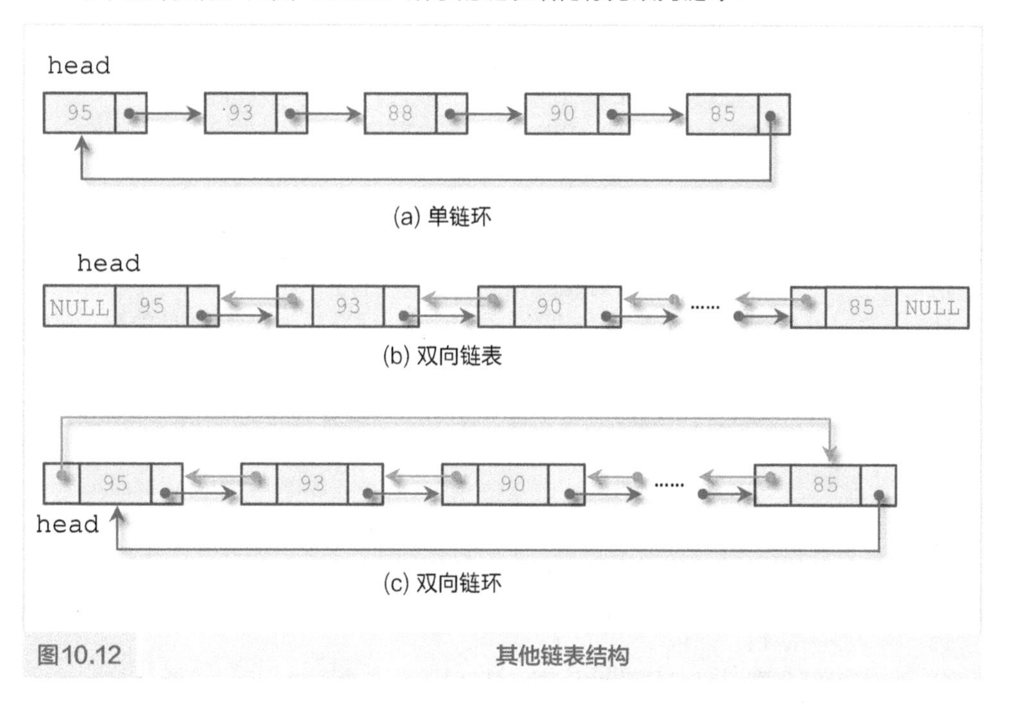

图10.12　其他链表结构

10.11 编程实例3：构造双向链表

一 问题10.4

输入以-1作为结束标志的整数序列（以空格分隔），将它们作为结点的数值，建立一个双向链表。分别从头到尾、从尾到头输出这些链表数据。

代码清单10.9 创建双向链表并从两个方向分别输出链表数据

```
1   #include <stdio.h>
2   #include <stdlib.h>
3   #include <malloc.h>
4   struct node{
5       int data;
6       struct node *next, *pre;
7   } *head, *tail, *p, *new;                          //定义链表结点指针
8   int main(){
9       int c;
10      printf("请输入以空格分隔的若干整数（-1结束输入）：");
11      head = malloc(sizeof(struct node));           //创建初始链表
12      head->next = NULL;  head->pre = NULL;         //初始化头结点指针域
13      head->data = scanf("%d",&c);                  //初始化头结点数值域
14      p = head;                                     //当前指针赋值
15      scanf("%d",&c);
16      while(c != -1){                               //循环插入结点
17          new = malloc(sizeof(struct node));
18          new->data = c;                            //新结点数值域赋值
19          new->next = NULL;                         //新结点后继指针指向为空
20          new->pre = p;                    //新结点前驱指针指向当前结点p
21          p->next =new;                    //当前结点p的后继指针指向新结点
22          p = new;                         //当前结点指针重置为新插入的结点
23          scanf("%d",&c);
24      }
25      tail = p;
26      for(p=head; p!=NULL; p=p->next)  //从头到尾打印结点数据
27          printf("%d ",p->data);
28      printf("\n");
29      for(p=tail; p!=NULL; p=p->pre)   //从尾到头打印结点数据
30          printf("%d ",p->data);
31      system("pause");  return 0;
32  }
```

10.12　编程实例4：约瑟夫问题（Joseph）

— 问题10.5

六一儿童节到了，学校给桐桐班级（总共30人）分配了15个草莓蛋糕和15个冰激凌。为了公平起见，老师将30位同学围成一个圈，从第一个人开始依次报数，数到9的人出列并给他一个冰激凌；他的下一个人再从1开始报数，同样数到9的人出列并给他一个冰激凌；依此规律重复下去，直到还剩15个人为止。剩下的15个人每人给一个草莓蛋糕。

— 问题分析

该问题中说“将30位同学围成一个圈”，因而可以构造一个单链环来表示。

30位同学分别用编号1～30表示。声明一个结构体类型来构造单链环，链表中的每个结点都有两个成员，其中数值域存放同学的编号，指针域则指向其下一位同学。数值域存放30的结点的指针域指向头指针（即数值域存放1的结点），这样就构成了一个完整的单链环。

```
struct node{
    int num;                        //存放同学编号
    struct node *next;              //指向下一位同学
} *head;
```

设置两个计数器i和left，left表示链表中的结点数。从head结点开始遍历链表，每遍历一个结点i的值增加1，到第9个结点时输出该结点数值域中的编号，并将其从链表中删除，left减小1；之后，计数器i归0，继续从下一个结点开始遍历链表……直到left的值为15（即还剩余15个结点）为止。已经输出的15个编号的同学就是得到冰激凌的同学。最后再输出剩余链表中的15个编号，这15个编号的同学就是得到草莓蛋糕的同学。

代码清单10.10　约瑟夫问题

```
1   #include <stdio.h>
2   #include <stdlib.h>
3   #include <malloc.h>
4   struct node{
5       int num;
6       struct node *next;
7   };
8   struct node *head,*p,*q;
```

```
9   main(){
10      int i,j,left;
11      head=malloc(sizeof(struct node));
12      head->num = 1;                          //建立初始的链环
13      head->next = head;
14      q = head;
15      for (i=2;i<=30;i++){              //以i作为数值域建立结点，并接入链环
16        p = malloc(sizeof(struct node));
17        p->num = i;
18        q->next = p;
19        p->next = head;
20        q = p;
21      }
22      q = head;                         //出列操作
23      left = 30;
24      do {                              //重复报数出列
25          i = 1;                        //i作为报数器
26          while (i < 9){                //循环报数，报9的出列
27              p = q;
28              i = i+1;
29              q = q->next;
30          }
31          printf("%2d ",q->num);        //输出出列人的编号
32          left = left-1;                //圈内剩余人数
33          p->next = q->next;
34          free(q);                      //释放该结点
35          q = p->next;
36      } while (left > 15);              //直到圈里还剩15人，结束操作
37      printf("\n");
38      for(i=1;i<=15;i++){               //输出剩余的15人的编号
39          printf("%2d ",q->num);
40          q = q->next;
41      }
42      system("pause");
43      return 0;
44  }
```

练习题

— 习题10.1 写出代码清单test_10_1中的程序的运行结果。

代码清单test_10_1

```
1   #include <stdio.h>
2   #include <stdlib.h>
3   int main(){
4       int *p, *q, a, b;
5       p = &a; q = &b;
6       *p = 10;  *q = 3;
7       *q *= *p;
8       printf("step1:a=%d *p=%d\n", a, *p);
9       printf("step1:b=%d *q=%d\n", b, *q);
10      *p = 200;
11      q = p;
12      printf("step2:a=%d *p=%d\n", a, *p);
13      printf("step2:b=%d *q=%d\n", b, *q);
14      system("pause");    return 0;
15  }
```

— 习题10.2 写出代码清单test_10_2中的程序的运行结果。

代码清单test_10_2

```
1   #include <stdio.h>
2   #include <stdlib.h>
3   int main(){
4       char *s = "I love China";
5       int i;
6       for(i=0;i<12;i++)
7           printf("%s\n", &s[i]);
8       while (*s) {
9           printf("%c", *s);
10          s++;
11      }
12      printf("\n");
13      system("pause");    return 0;
14  }
```

— 习题10.3 写出代码清单test_10_3中的程序的运行结果。

代码清单test_10_3

```
1   #include <stdio.h>
2   #include <stdlib.h>
3   int a;
4   void add2(int *x){
5       *x += 10;
6       printf("x=%d\n", *x);
7   }
8   int main(){
9       a = 0;
10      add2(&a);
11      printf("a=%d\n", a);
12      system("pause");
13      return 0;
14  }
```

— 习题10.4 写出代码清单test_10_4中的程序的运行结果。

代码清单test_10_4

```
1   #include <stdio.h>
2   #include <stdlib.h>
3   #include <malloc.h>
4   int main(){
5       int *p1, *p2, *p3;
6       p1 = malloc(sizeof(int));
7       p2 = malloc(sizeof(int));
8       *p1 = 100;
9       *p2 = *p1 % 2;
10      if(*p1 != *p2)
11          p3 = p1;
12      else
13          p3 = p2;
14      printf("%d\n%d\n%d\n",*p1,*p2,*p3);
15      system("pause");
16      return 0;
17  }
```

— 习题10.5 写出代码清单test_10_5中的程序的运行结果。

代码清单test_10_5

```
1   #include <stdio.h>
2   #include <stdlib.h>
3   #include <malloc.h>
4   void swap(int *q1, int *q2){
5       int *p;
6       p = q1;  q1 = q2;  q2 = p;
7   }
8   int main(){
9       int *p1, *p2;
10      p1 = malloc(sizeof(int));
11      p2 = malloc(sizeof(int));
12      *p1 = 100;  *p2 = 200;
13      if(*p1 < *p2) swap(p1,p2);
14      printf("%d %d\n",*p1,*p2);
15      system("pause");  return 0;
16  }
```

— 习题10.6 根据题意补充完整代码清单test_10_6中的程序：输入3个整数，从小到大排序输出。

代码清单test_10_6 从小到大排序

```
1   #include <stdio.h>
2   void swap(int *x, int *y){
3       *x += *y; *y = *x-*y; *x -= *y;
4   }
5   void sort(int *num1, int *num2, int *num3){
6       if(____①____) swap(num1,num2);
7       if(____②____) swap(num1,num3);
8       if(____③____) swap(num2,num3);
9   }
10  int main(){
11      int A, B, C;
12      scanf("%d %d %d",&A,&B,&C);
13      sort(_____④_____);
14      printf("%d %d %d\n",A,B,C);
15      return 0;
16  }
```

— 习题10.7 根据题意补充完整代码清单test_10_7中的程序：输入以-1为结束标志的若干整数（至少一个），然后将它们按相反的顺序输出。

代码清单test_10_7 按相反顺序输出整数序列

```
1   #include <stdio.h>
2   #include <stdlib.h>
3   #include <malloc.h>
4   struct node {
5       int data;
6       struct node *pre;
7   };
8   int main(){
9       struct node *p, *q, *head;
10      int c;
11      printf("请输入以空格分隔的若干整数（-1结束输入）：");
12      _______①_______;
13      scanf("%d",&head->data);
14      head->pre = NULL;
15      p = head;
16      scanf("%d",&c);
17      while(c!=-1){
18          q = malloc(sizeof(struct node));
19          q->data = c;
20          q->pre = p;
21          p = q;
22          _____②_____;
23      }
24      while(_____③_____){
25          ________④________;
26          p = p->pre;
27      }
28      printf("\n");
29      system("pause");
30      return 0;
31  }
```

— 习题10.8 根据题意补充完整代码清单test_10_8中的的程序：读入n个整数，然后将它们由小到大排序输出。

代码清单test_10_8 由小到大排序输出若干整数

```
1   #include <stdio.h>
2   #include <stdlib.h>
3   #include <malloc.h>
4   struct node {
5       int data;
6       struct node *next;
7   } *p, *q, *head, *p1;
8   int main(){
9       int n, c, i;
10      printf("请输入一个整数n："); scanf("%d",&n);
11      printf("请输入%d个整数：",n); _____①_____;
12      head = malloc(sizeof(struct node));
13      head->data = c;   head->next = NULL;
14      for(i=2;i<=n;i++){
15          scanf("%d",&c);
16          p = head;
17          q = malloc(sizeof(struct node));
18          q->data = c;
19          while((p->next != NULL) && (_____②_____))
20              p = p->next;
21          if(     ③     ){
22              if((p==head) && (p->data > c)){
23                  q->next = p;   head = q;
24              }else{
25                  q->next = NULL;
26                  p->next = q;
27              }
28          }else{
29              if((p==head) && (p->data > c)){
30                  q->next = p;   head = q;
31              }else{
32                 _____④_____;
33                  q->next = p1;
```

```
34                    p->next = q;
35                }
36            }
37        }
38        for(p=head;____⑤____;p=p->next)
39            printf("%d ",p->data);
40        system("pause");    return 0;
41    }
```

— 习题10.9 编程解决问题。

有n个人（编号分别为1、2、3、…、n）一起玩游戏。他们坐在一张圆桌周围，从编号为1的人开始报数，数到m的那个人离开圆桌；他的下一个人接着再从1开始报数，数到m的那个人也离开圆桌；依此规律循环下去，直到圆桌周围的人全部离开。

请编程输入n和m，输出n个人离开圆桌的顺序。

输入样例：

请输入总人数n($n>0$)：10

请输入出列序号m($0<m<n$)：8

输出样例：

出列顺序：8 6 5 7 10 3 2 9 4 1

第 11 章

文件处理：长期保存程序运行结果

```
FILE *fp;
fp = fopen("f01.txt","r");
```

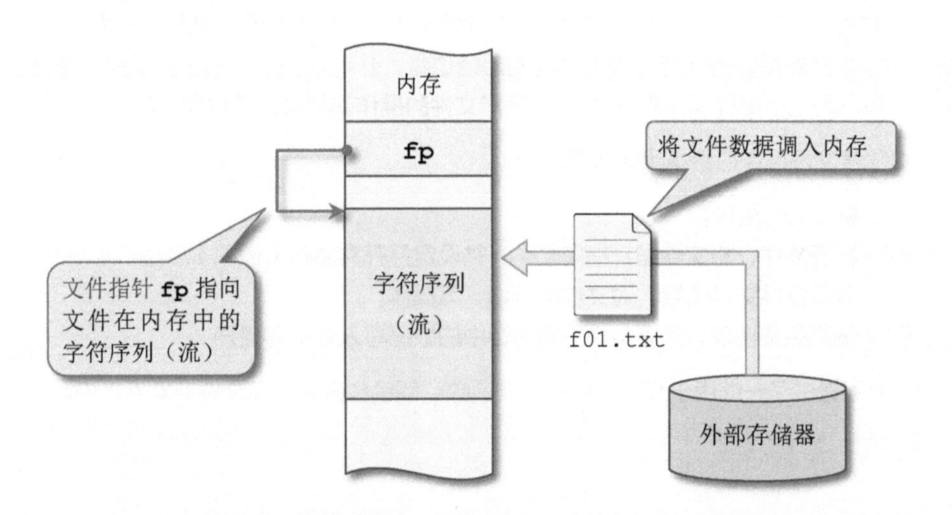

11.1 流式文件

在C语言程序设计中，数据的输入和输出是不可缺少的部分。在前面的章节中，输入设备是键盘，程序通过与键盘交互的方式（常用`scanf()`函数）输入原始数据；输出设备则指向显示器，程序的运行结果通常都输出在显示屏幕上（常用`printf()`函数），而且程序的运行结果会随着程序运行的结束而消失。但在现实工作和生活中需要计算机处理的问题，往往数据量都非常大，而且经常需要长时间保存原始数据和运行结果数据。那么，要如何保存和使用这些数据呢？

我们通常是用**文件**来保存和处理这些数据的，文件通常都保存在计算机的外部存储器中。数据以文件的形式存放在存储器后，能够长久保存，还可以被其他程序调用，从而实现数据的共享，而且不受计算机内存空间的限制，其容量可以很大，因而使用文件可以保存和处理大量的数据。

C语言将文件看作是由字符排列组成的一个序列，输入输出时也按字符的出现顺序依次进行，可以**将其想象成是由字符组成的字符河流**。C语言中文件类型有ASCII码文件（文本文件）和二进制文件两种。C语言在处理这两种文件时，都将其看成是字符流，按字节顺序进行处理，因而C文件常被称为“**流式文件**”。

计算机要处理文件，首先要把它从外部存储器调入到内存当中。这个将文件调入到内存的过程，我们通常称为**打开文件**。调入内存的文件通常占用一块连续的内存空间，我们用一个**文件指针**指向这块内存空间的起始位置，从而指定该文件，对文件中数据的处理就可以用这个指针操作来完成。**C语言对文件的操作都是通过函数完成的**。

C语言文件操作的基本步骤如下：

（1）建立文件指针；
（2）打开文件，将文件指针指向文件，并设定打开文件的（读写）类型；
（3）调用标准文件函数，对文件进行读、写操作；
（4）使用完文件后，关闭文件（将内存中的数据写入外部存储器）。

C语言提供了一批用于文件操作的标准函数，都包含在标准库文件`stdio.h`中。

知识点总结

打开文件实际上就是把文件从外部存储器调入内存，并用指针指向它。
C语言把内存中的文件看作是由字符组成的序列（字符流）。

11.2　文件的打开与关闭

C语言中，**打开文件**就是**将其从外部存储器调入内存，并定义一个文件指针指向该文件**，进而实现用指针对文件的读写操作（见图11.1(a)）。使用**fopen()**函数打开文件的格式如下：

```
FILE *文件指针名；                              //定义文件指针
文件指针 = fopen("文件名","文件打开方式");      //打开文件
```

例如，下面代码表示以“只读”方式打开文本文件f01.txt：

```
FILE *fp;
fp = fopen("f01.txt","r");
```

fopen()返回一个指向文件对象的指针，当打开操作失败时，返回空指针**NULL**。

表11.1所示为C语言常用的文件打开方式：

表11.1　C语言常用的文件打开方式

打开方式	说明
r	以只读模式打开文件，如果文件不存在或没有读取权限，则文件打开失败
w	以只写模式建立文件，如果文件已存在，则删除原有内容
a	以追加模式打开或建立文件，在文件末尾追加数据，不删除原有内容
r+	以更新（读写）模式打开文件，可以输入也可以输出，文件必须已经存在
w+	以更新（读写）模式建立文件，可以输入也可以输出，若文件已存在则删除原有内容
a+	以追加模式打开或建立文件，可以输入也可以输出，不删除原文件内容，在文件末尾写入

在结束文件操作后，必须使用**fclose()**函数关闭文件。计算机在向文件写入数据时，是先将数据写在缓存区，待缓存区被充满，才正式将数据写入文件。如果缓存区未被充满却结束程序，就会造成数据丢失。**关闭文件**的操作是，**先将数据写入文件，然后释放文件指针**，此后不能再通过文件指针对该文件进行操作（见图11.1(b)）。关闭文件的一般格式如下：

```
fclose(文件指针名);                             //关闭文件
```

例如，下面代码表示关闭“文件指针”fp所指向的文件：

```
fclose(fp);
```

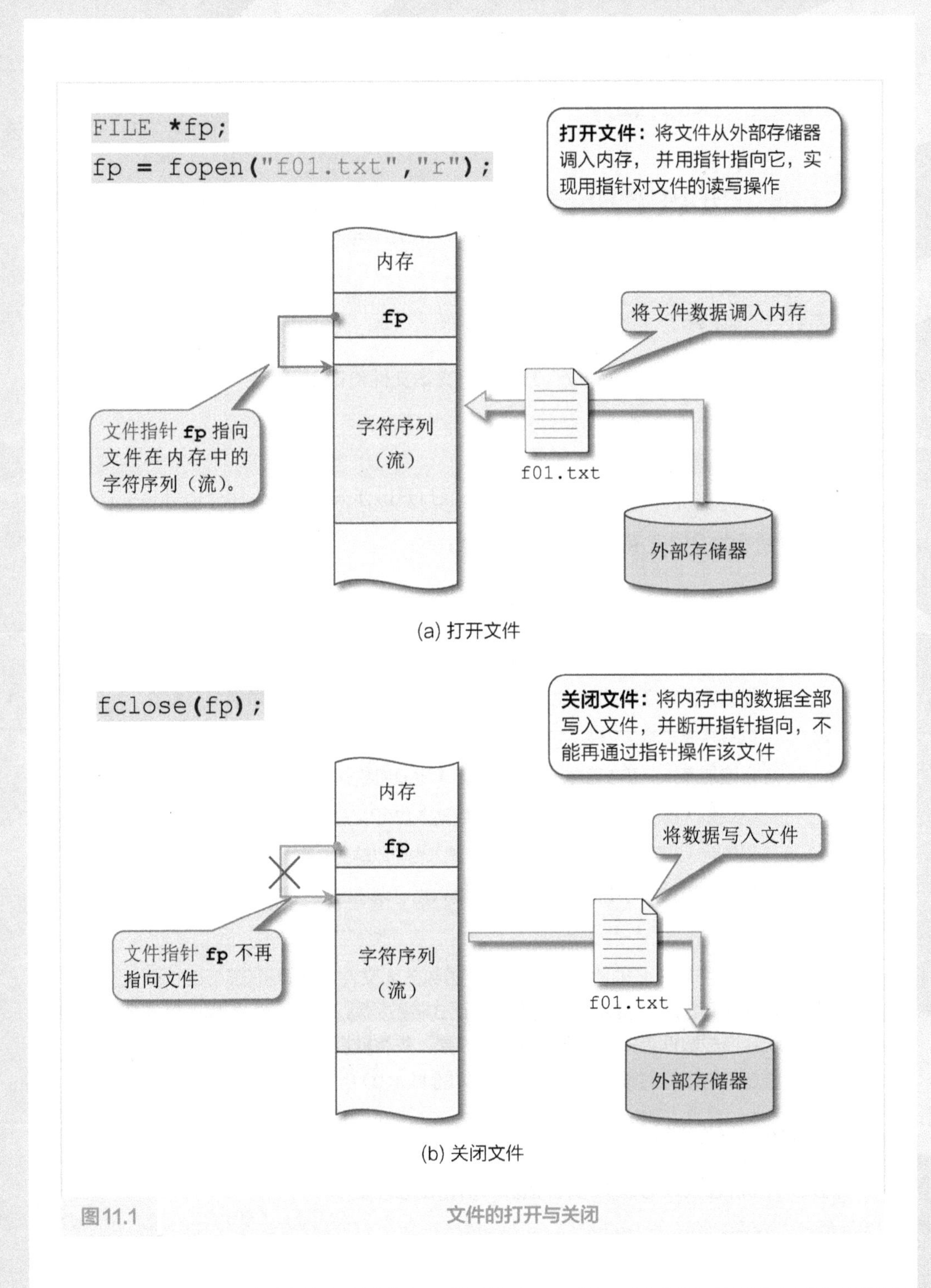

(a) 打开文件

(b) 关闭文件

图11.1 文件的打开与关闭

11.3 用函数对文件进行读写操作

C语言提供了多个用于文件读写的标准函数。文件打开后，就可以将“文件指针”作为函数的参数对文件进行读写操作。

读取字符：fgetc()

```
fgetc(文件指针);                //从“文件指针”所指向的文件中读取一个字符
```

该函数返回值为读取到的字符。**每读取一个字符后，文件的当前读写位置指针就自动下移到下一个字符的位置**（见图11.2(a)）。如果遇到文件结束，则返回文件结束标识符EOF(其值为-1)。例如：

```
ch = fgetc(fp);
```

表示从“文件指针”fp所指向的文件中读取一个字符，将其赋值给变量ch。

写入字符：fputc()

```
fputc(字符数据,文件指针);    //将字符数据输出到“文件指针”所指向的文件中
```

“字符数据”可以是字符常量也可以是字符变量。

输出成功，函数返回输出的字符，否则返回符号常量EOF。例如：

```
ch='A';
fputc(ch,fp);
```

表示将字符变量ch的值（'A'）输出到“文件指针”fp所指向的文件中。

读取格式数据：fscanf()

```
fscanf(文件指针,"格式控制字符串",读取变量地址列表);
```

fscanf()与scanf()的用法极其相似，唯一的不同之处就是fscanf()多一个“文件指针”参数，而且它是从“文件指针”所指向的文件中读取数据，而scanf()是从键盘输入获取数据。这两个函数的返回值为成功读取到的项目数。读取结束后，文件流的当前读写位置指针自动下移至下一个格式数据（见图11.2(b)）。例如：

```
fscanf(fp,"%d",&x);
```

表示从“文件指针”fp所指向的文件中读取一个整数值并保存到变量x中。

> **写入格式数据：fprintf()**

```
fprintf(文件指针,"格式控制字符串",输出变量列表);
```

fprintf()与printf()的用法极其相似，唯一的不同之处就是fprintf()多一个“文件指针”参数，而且它是将数据写入“文件指针”所指向的文件中，而printf()是将数据输出至屏幕。

例如：

```
fprintf(fp,"%d\n",x);
```

表示将整型变量x的值写入“文件指针”fp所指向的文件中。

> **文件的当前读写位置指针**

文件打开后会有一个指针表示当前的读写位置。用fgetc()读取一个字符后，文件的读写位置指针会自动移动到下一个字符的位置；用fscanf()读取格式数据后，文件的读写位置指针则会自动移动到下一个格式数据的位置（见图11.2(b)）。

此外，C语言还提供了一个标准**函数rewind()**，它可以将文件的当前读写位置指针重新定位到文件的开头。

```
rewind(文件指针);        //将文件的当前读写位置指针重新定位在文件的开头
```

> **文件结束标识**

C语言中，由**文件结尾标识符“EOF”**标识文件的结尾，在文件读写操作中用它来表示文件的结束。此外，C语言还提供了一个标准**函数feof()**，它可以判断文件当前读写位置指针是否到达文件末尾，如果在文件末尾，则返回1；否则返回0。

```
feof(文件指针);          //判断文件读写指针是否到达文件末尾，是，则返回1
```

例如：

```
rewind(fp);             //将文件的当前读写位置指针重新定位到文件开头
printf(feof(fp));       //输出函数feof(fp)的值
```

输出值为0，因为函数rewind(fp)将fp所指向的文件当前读写位置指针设置到了文件开头，它并不在文件结尾，因而函数feof(fp)的值为0。

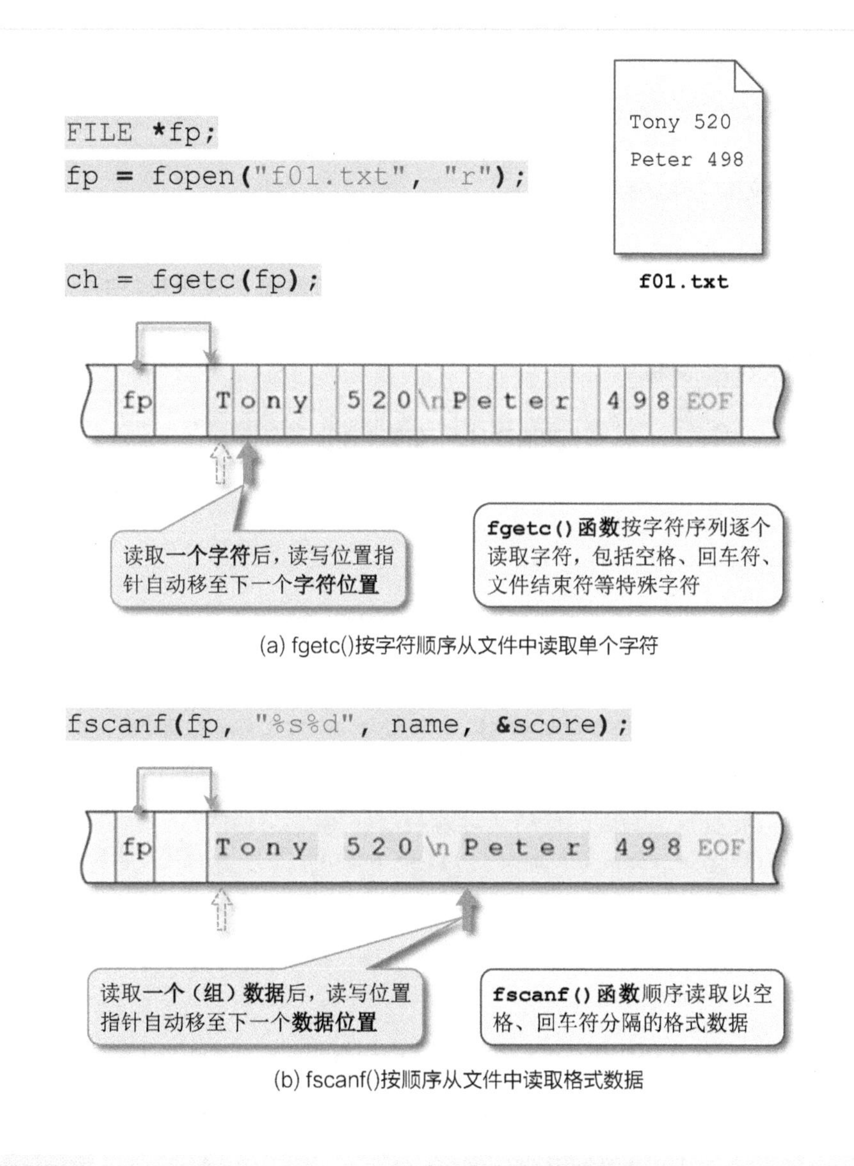

(a) fgetc()按字符顺序从文件中读取单个字符

(b) fscanf()按顺序从文件中读取格式数据

图11.2 从文件中读取字符和数据

知识点总结

表达式`(ch=fgetc(fp))!=EOF`为真表示尚未到达文件结尾。

表达式`!feof(fp)`为真也表示尚未到达文件结尾。

11.4 编程实例1：按字符复制文件

问题11.1

编写简易的文本文件复制程序。

问题分析

一个打开的文本文件在内存中就是顺序存放的字符流，只要将打开的文件用 fgetc() 函数按字符序列顺序读取，并用 fputc() 函数依次输出到另一个打开的文件中，就可以实现文本文件的复制。

代码清单11.1 复制文件

```
1   #include <stdio.h>
2   #include <stdlib.h>
3   #define FILENAME_MAX 1024
4   int main(){
5       char ch;
6       FILE *sfp;                                    //定义原文件指针
7       FILE *dfp;                                    //定义目标文件指针
8       char sname[FILENAME_MAX];                     //原文件名
9       char dname[FILENAME_MAX];                     //目标文件名
10      printf("打开原文件：");   scanf("%s",sname);
11      printf("打开目标文件：");  scanf("%s",dname);
12      if((sfp = fopen(sname,"r")) == NULL)          //打开原文件
13          printf("\a原文件打开失败！\n");
14      else {
15          if((dfp = fopen(dname,"w")) == NULL)      //打开目标文件
16              printf("\a目标文件打开失败！\n");
17          else {
18              while((ch=fgetc(sfp))!=EOF)          //读取原文件中的字符
19              {   putchar(ch);                     //将字符显示在屏幕上
20                  fputc(ch,dfp); }                 //将字符写入目标文件
21              fclose(dfp);                         //关闭目标文件
22          }
23          fclose(sfp);                             //关闭原文件
24      }
25      system("pause");
26      return 0;
27  }
```

11.5 编程实例2：存取格式数据

一 问题11.2

从图11.3所示的文件fin.txt中读取学生姓名、身高和体重，计算并显示它们的平均值，并且将显示结果保存到文件fout.txt中。

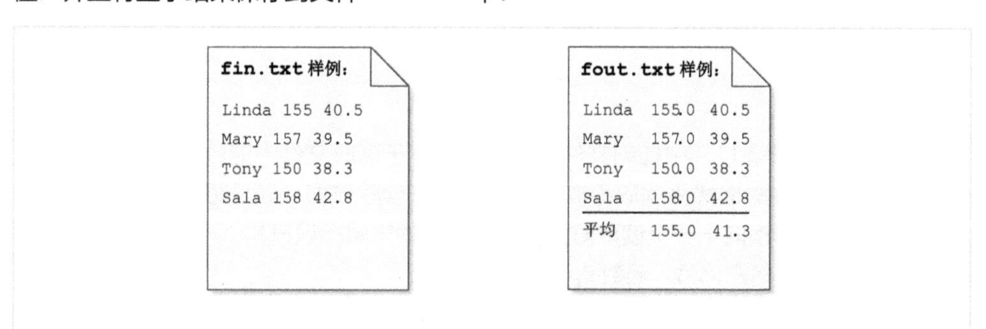

图11.3 输入输出文件示例

代码清单11.2 读取学生姓名、身高和体重，计算并显示它们的平均值

```
1   #include <stdio.h>
2   #include <stdlib.h>
3   int main(){
4       int num = 0;
5       char name[100];
6       double ht,wt,hSum=0.0,wSum=0.0;
7       FILE *fp1,*fp2;
8       fp1 = fopen("fin.txt","r")
9       fp2 = fopen("fout.txt","w");
10      while(fscanf(fp1,"%s%lf%lf",name,&ht,&wt) == 3){
11          printf("%-10s %5.1f %5.1f\n",name,ht,wt);
12          fprintf(fp2,"%-10s %5.1f %5.1f\n",name,ht,wt);
13          num++;
14          hSum += ht;
15          wSum += wt;
16      }
17      printf("----------------------\n");
18      printf("平均   %5.1f %5.1f\n",hSum/num,wSum/num);
19      printf(fp2,"----------------------\n");
20      fprintf(fp2,"平均   %5.1f %5.1f\n",hSum/num,wSum/num);
21      fclose(fp1);          fclose(fp2);
22      system("pause");     return 0;
23  }
```

11.6 编程实例3：文件合并

问题11.3

文本文件f01.txt和f02.txt中都保存着已经排好序（从小到大）的若干整数数据。请编写程序将文件f01.txt和f02.txt中的所有数据合并在一起，保存为文件f.txt，并且使得合并后的数据也按从小到大的顺序排列。

问题分析

这个问题与问题11.1中复制文件的不同之处在于读取文件中的数据时以整数读取，因而可以使用文件的格式化读取函数**fscanf()**来读取数据，而且**每读取一个整数后，文件的位置指针则指向下一个读取对象**（整数或文件末尾标识符EOF）。同样地，向文件中写入数据则使用格式化写入函数**fprintf()**。

算法描述

自然语言描述

（1）定义文件指针分别指向两个输入文件和一个输出文件；

（2）定义两个整型变量x和y分别存放从两个输入文件中读取到的数据；

（3）当两个输入文件均未读完时（位置指针还未指向文件末尾），重复执行：

(a)**如果**是首次读取，则分别从两个输入文件中读入一个数据，赋值给x和y；

否则，比较x和y，从读取到较小数据的文件中再次读入一个数据；

(b)比较x和y，将较小的数据写入输出文件；

（4）当读取得x的输入文件还未读完时，重复执行：

(a)**如果**x<y，则再次在该文件中读入一个数据赋值给变量x；

再次比较x和y，**如果**x<y，将x的值写入输出文件；

否则，将y的值写入输出文件；

(b)**否则**，将x的值写入输出文件；

再次从该文件读入一个数据赋值给x；

（5）当读取得y的输入文件还未读完时，重复执行：

(a)**如果**x>y，则再次在该文件中读入一个数据赋值给变量y；

再次比较x和y，**如果**x>y，将y的值写入输出文件；

否则，将x的值写入输出文件；

(b)否则，将y的值写入输出文件；

再次从该文件中读入一个数据赋值给y；

（6）输出最后一个x或y，并关闭所有文件；

（7）结束。

代码清单11.3　文件合并

```
1   #include <stdio.h>
2   int main(){
3       FILE *fp1, *fp2, *fp;        int m, x, y;
4       fp1=fopen("f01.txt","r");  fp=fopen("f.txt","w");
5       fp2=fopen("f02.txt","r");  m = 0;           //A：读取文件前
6       while(!feof(fp1) && !feof(fp2)) {          //C：循环执行
7           if (m==0) {                            //C0：首次读取
8               fscanf(fp1,"%d",&x); fscanf(fp2,"%d",&y); m=1;
9           }
10          else {
11              if (x<y) fscanf(fp1,"%d",&x);     //C1：读取下一个x
12              else fscanf(fp2,"%d",&y);         //C2：读取下一个y
13          }
14          if (x<y) fprintf(fp,"%d ",x);         //C3：输出较小的x
15          else fprintf(fp,"%d ",y);             //C4：输出较小的y
16      }
17      while(!feof(fp1)) {          //D：文件f01.txt未读完时循环执行
18          if (x<y) {               //D1：文件f02.txt的最后值大于x时
19              fscanf(fp1,"%d",&x);              //D0：读取下一个x
20              if (x<y) fprintf(fp,"%d ",x);     //D3：输出较小的x
21              else fprintf(fp,"%d ",y);         //D4：输出较小的y
22          }
23          else {                     //D2：文件f02.txt的最后值小于x时
24              fprintf(fp,"%d ",x); //D5：输出x
25              fscanf(fp1,"%d",&x); //D6：再次从f01.txt读取数据
26          }
27      }
```

```
28        while(!feof(fp2)) {              //E：文件f02.txt未读完时循环执行
29            if (x>y) {                   //E1：文件f01.txt的最后值大于y时
30                fscanf(fp2,"%d",&y);                //E0：读取下一个y
31                if (x>y) fprintf(fp,"%d ",y);     //E3：输出较小的y
32                else fprintf(fp,"%d ",x);         //E4：输出较小的x
33            }
34            else {                       //E2：文件f01.txt的最后值小于y时
35                fprintf(fp,"%d ",y); //E5：输出y
36                fscanf(fp2,"%d",&y); //E6：从f02.txt读取数据
37            }
38        }
39        if (x<y) fprintf(fp,"%d ",y);                    //F1：输出最后y
40        else fprintf(fp,"%d ",x);                        //F2：输出最后x
41        fclose(fp1); fclose(fp2); fclose(fp);
42        return 0;
43    }
```

假如文件f01.txt和f02.txt的内容如下所示：

f01.txt：**1 2 5 9**

f02.txt：**3 4 6 7 10 15 20**

在程序运行过程中，各变量变化情况、两个输入文件的当前读写位置指针指向情况和输出文件f.txt的内容变化如表11.2所示。

表11.2　代码清单11.3的程序运行过程中各变量的值及文件读写位置指针的变化情况

执行点	变量m	fp1	变量x	fp2	变量y	输出文件：f.txt
A	0	→1		→3		
C0	1	→2	1	→4	3	
C3	1	→2	1	→4	3	1
C1	1	→5	2	→4	3	1
C3	1	→5	2	→4	3	1 2
C1	1	→9	5	→4	3	1 2
C4	1	→9	5	→4	3	1 2 3

续表

执行点	变量m	fp1	变量x	fp2	变量y	输出文件：f.txt
C2	1	→9	5	→6	4	1 2 3
C4	1	→9	5	→6	4	1 2 3 4
C2	1	→9	5	→7	6	1 2 3 4
C3	1	→9	5	→7	6	1 2 3 4 5
C1	1	EOF	9	→7	6	1 2 3 4 5
C4	1	EOF	9	→7	6	1 2 3 4 5 6
E0	1	EOF	9	→10	7	1 2 3 4 5 6
E3	1	EOF	9	→10	7	1 2 3 4 5 6 7
E0	1	EOF	9	→15	10	1 2 3 4 5 6 7
E4	1	EOF	9	→15	10	1 2 3 4 5 6 7 9
E5	1	EOF	9	→15	10	1 2 3 4 5 6 7 9 10
E6	1	EOF	9	→20	15	1 2 3 4 5 6 7 9 10
E5	1	EOF	9	→20	15	1 2 3 4 5 6 7 9 10 15
E6	1	EOF	9	EOF	20	1 2 3 4 5 6 7 9 10 15
F1	1	EOF	9	EOF	20	1 2 3 4 5 6 7 9 10 15 20

在程序运行中，确保读取出所有的整数，同时也确保将所有读取出的整数输出到输出文件。

11.7 编程实例4：按考试成绩排名次

— 问题11.4

期末考试结束后要对同学们的考试成绩进行排序，张老师已经计算好了每一位同学的总成绩，并按学号排序填好了一张成绩表。请编写程序，按成绩高低输出名次表。

— 问题分析

该题和第9章中的[问题9.3]是同一类问题，只是输入和输出都要通过操作文件来完成。从输入文件中读取一行数据，依次赋值给对应的结构体对象成员；输出时则把结构体对象成员的值按要求格式输出到文件中。输入输出文件格式如图11.4所示。

输入文件格式：

第一行，一个整数n表示学生人数（不超过1000）；

之后n行，每行包括以空格分隔的三个数据，分别表示学号、姓名和总成绩。

输出文件格式：

共n行，每行包括学号、姓名、总成绩和名次，数据之间用空格分隔。

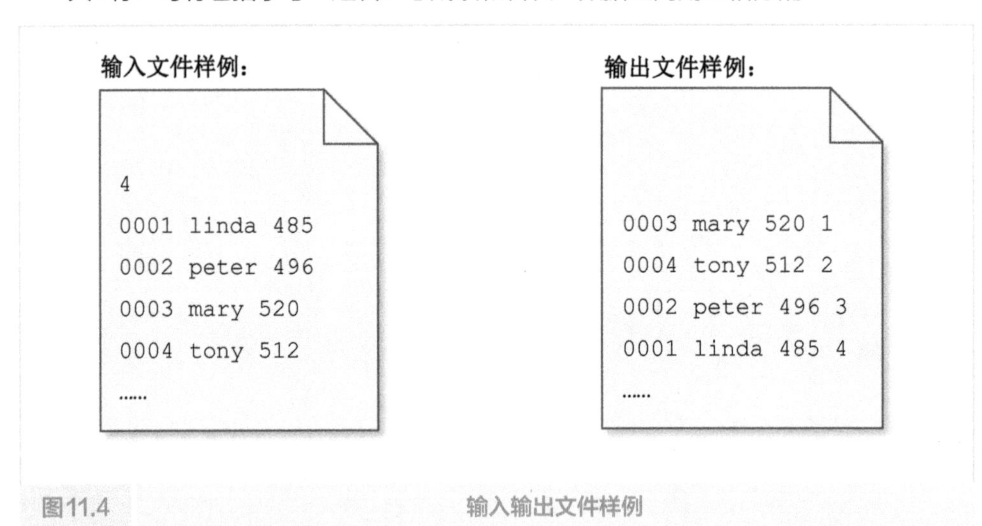

图11.4 输入输出文件样例

代码清单11.4　从文件读取学生成绩排列名次后输出到另一个文件

```
1    #include <stdio.h>
2    int main(){
3        struct student{                              //声明结构体student
4            char id[5];
5            char name[40];
6            float score;
7            int num;
8        }stu[100],temp;
9        int i,j,n;
10       FILE *fin, *fout;                            //定义文件指针
11       fin = fopen("scoreIn.txt","r");              //打开输入文件
12       fout = fopen("scoreOut.txt","w");            //打开输出文件
13       fscanf(fin,"%d\n",&n);                       //读取学生人数
14       for(i=0;i<n;i++){                            //逐行读取学生信息
15           fscanf(fin,"%s",stu[i].id);
16           fscanf(fin,"%s",stu[i].name);
17           fscanf(fin,"%f\n",&stu[i].score);
18       }
19       for(i=0;i<n;i++){                            //按成绩排序（冒泡法）
20           for(j=i+1;j<n;j++)
21               if(stu[i].score<stu[j].score){
22                   temp=stu[i]; stu[i]=stu[j]; stu[j]=temp;
23               }
24           stu[i].num = i+1;
25       }
26       for(i=0;i<n;i++){                            //逐行输出到文件
27           fprintf(fout,"%s ",stu[i].id);
28           fprintf(fout,"%s ",stu[i].name);
29           fprintf(fout,"%.2f ",stu[i].score);
30           fprintf(fout,"%d\n",stu[i].num);        //输出名次
31       }
32       fclose(fin); fclose(fout);                   //关闭文件
33       return 0;
34   }
```

以上程序中的A和B两段代码可以书写成如下形式：

```
A: fscanf(fin,"%s %s %f\n", stu[i].id, stu[i].name, &stu[i].score);
B: fprintf(fout,"%s %s %.2f %d\n",
           stu[i].id, stu[i].name, stu[i].score, stu[i].num);
```

练习题

— 习题11.1 有一个整数的矩阵，其中每一项的值都是由其所在的行和列确定的，即第m行n列的值是$10\times m+n$，例如第一行第三列的值是$10\times 1+3$。请编写程序输出该矩阵m行n列的所有数据（m和n均为不大于20的正整数），并将其写入文件test11_1.txt中。

— 习题11.2 请采用代码清单11.2的文件写入形式，参照图11.5所示的输入输出文件样例，编写程序从键盘读取姓名、身高和体重并将这些数据写入文件test11_2.txt中。

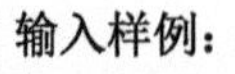

输入样例：

```
Linda 155 40.5
Peter 160 45.0
Mary 157 39.5
```

输出文件样例：

```
Linda    155.0   40.5
Peter    160.0   45.0
Mary     157.0   39.5
```

图11.5 输入输出文件样例

— 习题11.3 请编写程序从[习题11.2]的结果文件test11_2.txt中读入姓名、身高和体重，按身高排序后显示在屏幕上，并写入文件test11_3.txt中。

— 习题11.4 请编写程序实现从键盘读入文件名，在屏幕上显示该文件内容同时复制该文件为test11_4.txt。

— 习题11.5 请编写程序实现从键盘读入文件名，计算该文件的行数（换行符的个数）和字符数并显示在屏幕上。

— 习题11.6 奇偶数分离：在separate.txt文件中存放有一批整数，具体数量不详但很多。请编写程序对这批数据进行奇偶数分离，将奇数存入文件test11_6Odd.txt中，偶数存入文件test11_6Even.txt中。

输入文件separate.txt样例：

```
12 5 69 36 54 51 98 68 52
```

输出文件test11_6Odd.txt样例：

```
5 69 51
```

输出文件test11_6Even.txt样例：

```
12 36 54 98 68 52
```

参考答案

第1章

【习题1.1】选择题：

（1）B （2）D （3）AC （4）D （5）C （6）C （7）A

（8）B （9）A （10）B （11）D （12）B （13）A （14）C

第2章

【习题2.1】补充完善程序：

① include
② {
③ ;
④ ;
⑤ }

【习题2.2】补充完善程序：

① main
② return

【习题2.3】填空题：

（1）机器语言　　（2）编译
（3）算法 流程　　（4）顺序 选择 循环

【习题2.4】选择题：

（1）D （2）A （3）B （4）C （5）BC

第3章

【习题3.1】选择题：

（1）AE （2）CD （3）C （4）C （5）D

第4章

【习题4.1】补充完善程序：

① int main()
② printf("输入长：")
③ %d
④ width*height

【习题4.2】补充完善程序：

① int a, b
② a/b = %d
③ a/b
④ a%%b = %d
⑤ a%b

【习题4.3】写出程序运行结果：

```
int   型变量n的值：9
           n/2 = 4
double型变量x的值：9.990000
            x/2.0 = 4.995000
```

【习题4.4】写出程序运行结果：

```
a和b的平均值为：42
a和b的平均值为：42.500000
a和b的平均值为：42.50
```

【习题4.5】写出程序运行结果：

```
n1 = 2
n2 = 2
n3 = 2
n4 = 2

d1 = 2.000000
d2 = 2.500000
d3 = 2.500000
d4 = 2.500000
```

一 第5章

【习题5.1】 写出程序运行结果：

① c

```
请输入一个字符：c
十进制序号：99
字符：c
前一个字符：b
后一个字符：d
```

② F

```
请输入一个字符：F
十进制序号：70
字符：F
前一个字符：E
后一个字符：G
```

【习题5.2】 补充完善程序：

① math.h

② float

③ sqrt(p*(p-a)*(p-b)*(p-c))

④ "%.2f\n",s

【习题5.3】 写出程序运行结果：

```
a=123
2*a=246
a=123
3636.234560
          3636.23
3636.23
3636.23
```

第6章

【习题6.1】写出程序运行结果：

① 2

```
2是偶数。
```

② 17

```
17是奇数。
```

③ 10

```
10是偶数。
```

【习题6.2】写出程序运行结果：

① 12

```
12 15
```

② 10

```
10 10
```

【习题6.3】写出程序运行结果：

① EF

```
DE
```

② CB

```
DC
```

③ be

```
ad
```

【习题6.4】补充完善程序：

① `N/10%10`

② `N/100`

③ `D1*D1*D1+D10*D10*D10+D100*D100*D100==N`

【习题6.5】补充完善程序：

① `a==b`

② `switch(a)`

③ case 0: printf("A胜\n"); break;
④ case 2: printf("B胜\n"); break;

第7章

【习题7.1】 写出程序运行结果：

```
2500
```

【习题7.2】 写出程序运行结果：

```
#
##
###
####
#####
```

【习题7.3】 补充完善程序：

① N!=0
② S += N%10
③ N /= 10

【习题7.4】 补充完善程序：

① 2*n-1
② abs(i-n)
③ printf(" ")
④ (n-abs(i-n))*2-1
⑤ printf("#")
⑥ printf("\n")

第8章

【习题8.1】 写出程序运行结果：

```
0976
```

【习题8.2】 写出程序运行结果：

```
12
```

【习题8.3】补充完善程序：

① num<2

② num%i==0

③ return 1

④ isPrime(N) == 1

【习题8.4】补充完善程序：

① long int n

② return 2*fun(n-1)+10

③ fun(m)

【习题8.5】补充完善程序：

① i*i<=num

② num%i==0

③ isPrime(i-2) && isPrime(i)

④ twinPrime(N)

第9章

【习题9.1】补充完善程序：

① j<3

② strcmp(temp,cand[j].name)==0

③ cand[j].count++

④ cand[i].name

⑤ cand[i].count

第10章

【习题10.1】写出程序运行结果：

```
step1:a=10 *p=10
step1:b=30 *q=30
step2:a=200 *p=200
step2:b=30 *q=200
```

【习题10.2】写出程序运行结果：

```
I love China
love China
love China
ove China
ve China
e China
China
China
hina
ina
na
a
I love China
```

【习题10.3】写出程序运行结果：

```
x=10
a=10
```

【习题10.4】写出程序运行结果：

```
100
0
100
```

【习题10.5】写出程序运行结果：

```
100 200
```

【习题10.6】补充完善程序：

① *num1>*num2

② *num1>*num3

③ *num2>*num3

④ &A,&B,&C

【习题10.7】 补充完善程序：

① `head = malloc(sizeof(struct node))`

② `scanf("%d",&c)`

③ `p!=NULL`

④ `printf("%d ",p->data)`

【习题10.8】 补充完善程序：

① `scanf("%d",&c)`

② `p->next->data <= c`

③ `p->next == NULL`

④ `p1 = p->next`

⑤ `p!=NULL`

参考文献

[1] 矢泽久雄. 计算机是怎样跑起来的 [M]. 胡屹，译. 北京: 人民邮电出版社, 2015.

[2] 杉浦贤. 电脑世界的通关密语：电脑编程基础 [M]. 滕永红，译. 北京: 科学出版社, 2012.

[3] 杉浦贤. 程序语言的奥妙：算法解读 [M]. 李克秋，译. 北京: 科学出版社, 2012.

[4] 佩里. 写给大家看的C语言书 [M]. 谢晓钢, 刘艳娟，译. 2版. 北京: 人民邮电出版社, 2010.

[5] 邱桂香, 陈颖. 全国青少年信息学竞赛培训教材：C语言程序设计 [M]. 杭州: 浙江大学出版社, 2010.

[6] 柴田望洋. 明解C语言：入门篇 [M]. 管杰, 罗勇, 杜晓静，译. 3版. 北京: 人民邮电出版社, 2015.

[7] 曹文, 吴涛. 全国青少年信息学奥林匹克分区联赛初赛培训教材 [M]. 杭州: 浙江大学出版社, 2011.

[8] 贾蓓, 郭强, 刘占敏. C语言趣味编程100例 [M]. 北京: 清华大学出版社, 2013.

[9] 王金鹏. C语言可以这样学 [M]. 北京: 清华大学出版社, 2016.

[10] 曹文, 秦新华. 程序设计与应用习题解析（中学C/C++）[M]. 南京: 东南大学出版社, 2012.